国家林业和草原局"十三五"规划教材

金属家具
METAL FURNITURE
设计与制造
DESIGN AND MANUFACTURE OF

张继娟 马文瑞 张仲凤 编著

U0199390

中国林业出版社

图书在版编目(CIP)数据

金属家具设计与制造 / 张继娟,马文瑞,张仲凤编著 . --
北京:中国林业出版社,2019.6
ISBN 978-7-5038-9175-5

Ⅰ.①金… Ⅱ.①张… ②马… ③张… Ⅲ.①金属家
具—设计②金属家具—生产工艺 Ⅳ.① TS664.4

中国版本图书馆 CIP 数据核字 (2019) 第 117743 号

中国林业出版社

责任编辑:陈　惠　王思源

出版发行　中国林业出版社(100009　北京西城区德内大街刘海胡同 7 号)
　　　　　http://www.forestry.gov.cn/lycb　电话:(010)83143500
印　　刷　北京中科印刷有限公司
版　　次　2019 年 6 月第 1 版
印　　次　2019 年 6 月第 1 次
开　　本　1/16
印　　张　13.5
字　　数　320 千字
定　　价　58.00 元

金属家具与传统的木家具相比，具有更高的强度，更好的性能，以及绿色环保、防水、防火、防虫等优势，其色彩选择和造型实现也更为丰富。

随着人类生态环境保护意识的增强，许多国家都纷纷采取措施限制木材的加工和出口，于是，生产家具的原材料开始朝着金属家具的方向发展。金属家具以其材料固有的材质特性和加工工艺特性，必将在未来的家具市场中占据重要地位。

金属家具历史悠久，在现代人的生活中更是扮演着非常重要的角色，衣、食、往、行均有金属家具的参与。从产业的角度来看，金属家具在家具行业中占据着重要地位；从专业角度看，各高校工业设计、产品设计、木材科学与工程、环境设计等相关专业都开设有"金属家具设计与制造"的专业课程，因此，"金属家具设计与制造"专业知识的普及与推广很有必要。

本书全面系统地介绍了金属家具的发展演变、种类与特点，金属家具的结构特点及结构设计方法与要点，金属家具加工工艺分别从管型材加工工艺、板料加工工艺、焊接工艺、表面装饰工艺等方面详细介绍了各类加工工艺要求与所用设备，对金属家具的设计与制造技术进行了全面、系统的论述。本书既可作为相关专业的教科书，同时也可供行业专业人士学习阅读。全书理论联系实际、图文并茂、深入浅出、通俗易懂，内容系统全面。

全书共7章，除了三位作者的撰写之外，中南林业科技大学家具与艺术设计学院研究生陶静、李乙平、杨瑞、谌震四位同学在本书的编写过程参与了资料的收集与整理及图片绘制工作；杨舒然、朱琳、宋菲菲、赵蕴、彭金旺、卢晓杰等同学参与了文稿校对工作。另外本书撰写过程中得到了福建钢泓金属科技股份有限公司的大力支持，在此一并表示感谢，对书中参考的理论观点和引用的网络图片也一并表示感谢。

由于笔者的水平所限，再加上我国金属家具行业正处在快速发展和变化时期，书中的许多观点难免偏颇或错误，恳请广大读者和专家多多批评指正。

编著者

2019年6月

目录

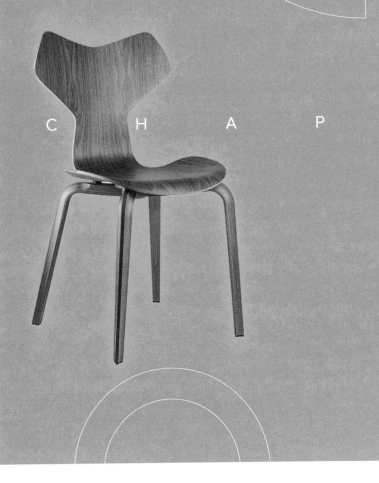

1

金属家具
概述

C H A P T E R

1.1　金属家具的概念与类型

1.1.1 金属家具的概念

家具是指人类维持正常生活、从事生产实践和开展社会活动必不可少的一类器具。家具的使用几乎涵盖了所有的家庭空间、公共空间等室内空间，甚至室外空间。随着社会的发展，人民生活水平的不断提高，家具的需求显著增加。目前，我国家具生产的原材料主要是木质材料，而木材是天然材料，自然生长慢，加之我国木材资源贫乏，森林覆盖率低。如果全部采用木质家具，需要占用我国木材采伐量的很大比重。

金属在自然界中广泛存在，在生活中应用极为普遍，是现代工业使用量最多和应用范围最广的一类物质。金属是一种具有光泽、富有延展性、容易导电、导热等性质的物质。金属强度高、质感硬朗、富有韧性和张力，可进行焊、锻、铸等加工，可任意弯成不同形状，营造出曲直结合、刚柔相济、纤巧轻盈、简洁明快的各种造型风格。

金属代表了人类的文化与文明。史前人类开始使用金属之时，便是文明的开端，"青铜器时代"、"铁器时代"是人类以当时使用的金属定义文明形态的一种方式。金属材料质地坚硬，可以放置较长时间而不变形；它不透明，富有光泽，在家具设计中占有着重要的地位。金属家具在现代人的生活中扮演着非常重要的角色，衣、食、往、行，均有金属家具的参与。

金属家具是指以金属管材、板材等其他型材为主要组成构架或构件，配以木材、人造板、皮革、纺织面料、塑料、玻璃、石材等辅助材料制作零部件的家具，或全部由金属材料制作的家具。

金属家具承重能力强、材料机械加工性好、有利于机械化生产、便于实现拆装结构。金属家具多以金属材料为主要构件，金属构件由一个或多个具有特定用途和结构的零件组成，其结构形状、尺寸大小、材料选择和加工方法，主要根据金属家具的使用要求，按强度、刚度、稳定性和其他性能要求来确定。金属构件大都采用厚度为1~1.2mm的优质薄壁碳素钢、不锈钢管或铝型材等制作，由于薄壁金属管韧性强、延展性好，设计时可充分发挥想象力，加工成各种曲线多姿、弧形优美的造型和款式，可谓千姿百态，令人赏心悦目，展现出极强的个性化风格，这些往往是木质家具难以比拟和企及的。金属家具以独特的使用性能及材料表现力成为现代家具中的重要成员。金属家具可以很好地营造家庭中不同房间所需要的不同氛围，也更能使家居风格多元化和更富有现代气息。

木材制作家具已有几千年的历史了，而金属被用做家具材料仅仅不到百年，随着技术的进步，金属家具的品类会更加丰富，使用范围会越来越广，中国家具工业将由"木器时代"跨入"金属时代"，木材的节约与替代，符合环境和产业发展需求，对我国这个家具制造大国具有重要意义。

1.1.2 金属家具的分类

金属家具形式多样，用途各异，所用的原辅材料和生产工艺也各有不同。从不同的角度有不同的分类方法。

（1）根据金属家具构件所使用材料的不同，可将其分为全金属家具、金属与木质材料结合的家具、金属与其他材料结合的家具三大类。

全金属家具（图1-1）：除了作为装饰性和非主要结构的少部分构件外，其他所有构件都用金属材料制造的家具。全金属家具常用的金属材料有钢、铸铁、铜及铜合金和铝及铝合金等。以前，由于金属材料加工技术的限制，全金属家具质感较冷，因而只用于一些特殊场合，如用金属薄板制作的文件柜、金属货架、生产线用控制台（桌）、公共厨房家具、户外家具等。随着金属材料表面处理技术的成熟和丰富，全金属家具的种类和用量越来越多，如办公用金属薄板写字台、文件柜、档案箱、卡片柜、保险箱及生活用的单人床、双人床、轻便钢丝床、钢折椅、不锈钢家用橱柜、全铝衣柜等。全金属家具既是对金属材料美的完美展现，也是对常规家具形态的视觉突破，其所表现出来力的动态平衡美、力的传递关系美及结构逻辑美会形成强烈的视觉冲击，吸引人们对它注意力。

金属与木质材料结合的家具（图1-2）：又称为钢木家具，这类家具以金属管材或型材为主要结构骨架、装嵌木质板材制作而成，不同材质之间碰撞产生强烈的对比效果。其数量在金属家具中所占比重较大，如金属与木质材料结合的衣柜、折叠椅、折叠桌等都属此类。这类家具从材料的使用上突破了传统木质家具的视觉感受，金属材质与木材的混搭组合，可以说是工业制品与自然结合的缩影。完美表现工业风，给人带来一种原始美感，迎合了现代审美趣味，营造出舒适氛围。另外，由于金属材料的各种加工性能和使用性能的特别，使得这类家具的造型丰富，满足人们对家具审美功能的需求。

金属与其他非金属材料结合的家具（图1-3~1-6）：这类家具系金属材料与其他材料（如玻璃、纺织品、皮革、塑料、竹、藤等）结合制成，这些家具均以金属管材或型材为主要构件，再装嵌上述材料所制成。

图1-1 全金属家具

图1-2 钢木结合金属家具

图1-3 金属与皮革

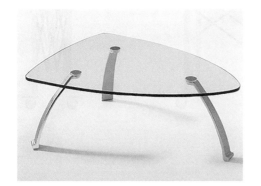

图1-4 金属与玻璃

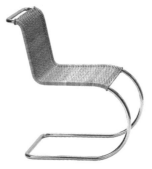

图1-5 金属与藤编

图1-6 金属与布艺

（2）根据金属家具连接方式的不同，可将其结构分为：固定式、拆装式、折叠式、插接式等。

固定式：产品中各个构件之间采用焊接或铆接，使之固定结合在一起。这种结构受力及稳定性较好，牢固度高，有利于设计造型，但也给后续的表面处理工艺带来一定的困难。常因生产场地和设备条件的限制，而不得不将大构件分解开进行镀、涂加工，镀、涂后再焊接或铆接在一起。因而使工艺繁琐，工效下降。同时，因为体积较大占用空间多，不便运输。

拆装式：将产品分为几个大的部件，部件之间用螺栓、螺钉、螺母及其他可拆装连接件连接（加紧固装置）。拆装式金属家具的优点是零部件可拆卸，便于镀、涂等表面加工，体积可以缩小，便于运输，减少包装费用，特别是大型或组合的家具，其经济性更为明显。缺点是拆装过于频繁时，容易加速连接件及紧固件的磨损，不及固定式的牢靠稳定。

折叠式：折叠式金属家具又可分为折动式与叠积式，常用于桌椅类（图1-7~1-9）。

折动式是利用平面连杆机构原理，以铆钉连接为主，把产品中的各部分（杆件）连接起来，使家具具有折叠功能。存放时可以折叠起来，占用空间小，便于携带，使用、存放与运输方便。但在造型设计上有一定的局限性。折动结构一般应用两条或多条折动连接线，在每条折动线上设置不同距离、不同数量的折动点，同时，必须使各个折动点之间的距离总和与这条线的长度相等，这样才能折得动，合得拢。随着家具产品的日益更新，新的折叠家具及折叠方式被应用于家具设计中。

叠积式也叫套叠式，常见于座椅的设计上（图1-10），它是利用固定、拆装、折叠的长处，加以演化而设计出来的。它不但具有外形美观、牢固度高等优点，而且能够把多张椅子套叠起来，可以充分利用空间，减少占地面积和包装运输容积，便于运输。这些产品广泛使用于餐厅、会场、酒楼等场所。进行这类结构设计时，应注意套叠时的稳定与平衡，防止碰撞摩擦，因而对加工工艺也有较高的精度要求。叠积式结构并不特殊，主要在脚架与背板的空间位置上来考虑设计。

图1-7 折叠桌

图1-8 折叠椅

图1-9 折叠床

图1-10 叠积式金属家具

插接式：插接式又称套接式，是利用产品构件之一的管子作为插接件，将小管的外径插入大管的内径之中，用螺钉连接固定，亦可采用轻金属铸造插接头，如二通、三通、四通等插接件。这类形式同样可以收到拆装的效果，而且比拆装式的螺钉连接方便得多。竖管的插入连接插接件，利用本身自重或加外力作用使之不易滑脱。

（3）根据构成金属家具构件结构形式的不同，可以将其分为板类结构和框架类结构两大类。

板类结构：以金属板材作为主要材料，通过对板材的弯折成型加工出板类部件，部件之间通常以焊接、铆接、紧固件连接以及销接等方式拼装成产品的结构类型。

框架结构：以型钢如方钢、圆钢等管材通过焊接、铆接、折管等工艺加工成框架，用作家具的骨架部件，再根据家具结构特点的需要，中间填以板类部件做成家具。

（4）根据金属家具的用途可分为以下五类（图1-11~1-13）。

桌类：金属桌类产品有餐桌、课桌、写字桌、计算机桌、办公桌、会议桌等。桌类产品在使用、外形、结构方面差异较大，造型单调、设计制造难易不等。桌类产品一般桌面采用木质或其他非金属材料，而支撑部位采用金属型材制造，连接部位采用螺纹连接、铰接和铆接。除金属型材制造以外，其他工艺比较简单。学生课桌桌面板及放书部位应采用可调结构，以适宜学生的身体发育需要。

椅类：金属椅类产品品种多、档次全。既有螺旋、气动升降的高级转椅，也有各种软椅和普通的斜腿折叠椅、凳，还有各类影剧院折叠椅、公共空间排椅、沙滩椅、庭院椅、酒吧椅、按摩摇椅、躺椅等。其中普通斜腿折叠椅的应用最为普遍，在办公室、家庭、餐厅等使用领域已基本取代了木质椅。斜腿折叠椅采用四摇杆折叠结构，全部铆接，折叠灵活，连接牢固，使用、运输都很方便，这些都体现了金属家具的优势，其主要加工工艺为弯管工艺。但因为斜腿折叠，造型变化受到限制，难以形成多样化的艺术风格。影剧院折叠椅多采用铸铁固定支撑，椅面铰接于固定支撑之上，其主要加工工艺为铸造工艺。螺旋、气动升降高级转椅使用方便可靠、结构简单，是高级办公用椅的主导产品，需求量大。

床类：金属床类产品品种多、档次齐全，各种艺术风格并存。使用的金属材料品种繁多，如普通碳素结构钢型材（圆管、方管等）、不锈钢型材、铜合金型材、铝合金型材等。床头、床尾、床屉所采用的连接结构多为螺纹连接和插接，有些床头床尾也全部是拆装组合连接结构，极大地方便了包装运输。表面装饰采用喷烤漆、镀层、抛光等工艺。金属床类产品的主要加工工艺为金属型材的弯曲成型工艺、焊接工艺和表面电镀工艺。

柜类：金属柜类产品，由于使用功能和结构的原因，多使用金属板材制造。金属柜在制造过程中，由于受剪切下料、冲压、折弯等模具的限制，很难用各种曲线组合形式形成各种不同的艺术风格。一般都设计为挺拔流畅、敦厚憨实型，如金属文件柜、橱柜、床头柜等。金属柜类产品材料多为普通碳素结构钢薄钢板。其结构特点是两侧壁支撑，与托板的连接采用螺纹连接和插接，门的连接采用插铰接。两支撑侧壁、门、托板的制造采用折弯工艺，固定连接部位采用电阻焊或各种保护焊。这类产品结构简单，制造容易，使用、运输、装配方便，牢固耐用，发挥了金属家具的优势。

架类：金属架类产品有衣架、茶几架、电视机架、书架、货架、钢丝网架等。架类产品结构简单，只有腿、托板、面板、柱杆等部件。架类产品的设计灵活多变，在造型上容易形成各种各样的艺术风格。其主要材料为各种薄壁管材，其主要加工工艺为弯管工艺、焊接工艺和螺纹连接。其用于档案、图书的收藏时可以节省空间，且承重量大、稳定性好，市场潜力大。

图1-11 金属桌椅

图1-12 金属床

图1-13 金属柜架

（5）根据金属家具表面镀层工艺，可将其分为烤漆金属家具、喷塑金属家具、电镀金属家具、镀铬金属家具、镀镍金属家具五大类。其中烤漆家具成本最低，但容易掉漆生锈；喷塑、电镀、镀铬金属家具较常用，其中电镀家具比镀铬家具工艺更精细，表面更亮更光滑；镀镍家具采用目前最新电镀工艺，可更好地防水。

1.2 金属家具的发展演变

金属冶炼与制造技术，是金属家具产生的前提条件。人类伊始，祭祀用的礼器家具最初就是金属制作的。

铜是人类最早发现的金属之一，也是人类最早开始使用的金属。考古学家在伊拉克北部发掘的由自然铜制造的铜珠，据推测已超过1万年。世界上最早进入青铜时代的是两河流域和右埃及等地，始于公元前3000年。古希腊和中国约于公元前2500年进入青铜时代，欧洲较晚，约在公元前1400年。

最先出现铁器使用的是古埃及与苏美，在公元前4000年已出现极少量的使用，但大多是在陨石中得到铁，而非由铁矿中提取。在公元前3000年至公元前2000年，在小亚细亚，古埃及与美索不达米亚越来越多地从陨石矿中提炼铁。中国北京平谷和刘家河商墓也出土了公元前14世纪时商朝的5件铁刃铜钺，中国古人将铁称为"天石"。有些考古证据指出铁在当时是在提炼铜时生成的副产品，称为海绵铁，在当时的冶炼技术来说是不可进行大量生产的，铁是比金更昂贵的金属。在那些时代，铁器大多用在礼仪上，青铜器仍然是主要的生产用具。冶铁比冶炼青铜难得多，因为冶炼青铜炉火的温度只需要1000℃左右，烧柴火就能达到，但是冶铁需要将炉火的温度提高到1300℃以上，而且需要用焦炭从铁的氧化物中将铁还原出来。

最早大量生产铁并将其应用的是赫梯帝国，其于公元前1400年已掌握了冶铁技术。而到了公元前1200年，铁已在中东各地广泛运用，但在当时并未取代青铜在应用上的主要地位。公元前1000年左右，东欧已开始进入铁器时代。现在已知最早制造钢的地方是东非，约在公元前1400年。

中国最早的人工炼铁为西周虢季墓中发掘出的玉柄铜芯铁剑，此剑被称为最早的中国铁器物。中国在公元前7世纪已出现了生铁制品，公元前621年的秦穆公墓中出土有铁铲。

1.2.1 西方古代金属家具的起源与发展

古埃及家具，是同时期地球上最成熟、最豪华的家具，多以黄金和黄铜浇铸，辅以野兽皮毛作为软垫。器型严谨工整，比例端庄匀称且符合人体工学，镶嵌彩釉、宝石、象牙和珍稀贝类，支撑家具的脚部以狮掌、牛蹄作为造型，辅以鹰翅、狮首等油漆彩绘，加饰植物纹饰与几何图案，其设计水平与工艺水平，直到今天仍让人叹为观止。古埃及时期金木技术已很高，加工技术有槌打和熔铸术、金箔制造术、包金术、着色法、镶嵌法等。最擅长贴金箔技术，先涂动物油和丝柏的灰泥，再涂上动物胶和树脂胶，最后贴上金箔。古埃及时期，已经出现带有金属铰链的箱子和盒子。金属被覆盖在家具表面作为保护和装饰，部位有家具脚、腿、椅子靠背等。古埃及时期还制作了带金属装饰的折叠凳（图1-14）。

在古埃及家具中，雕刻装饰最精致的是图坦卡蒙黄金王座椅（图1-15）。座椅是黑檀木制成的，高138cm，椅背高54cm。外面镀金，镶象牙和宝石。前端有两个狮头，椅腿是狮子的腿和脚，狮子在古埃及象征权威。扶手是两只鹰。鹰是古埃及天神何鲁斯的象征，鹰下是蛇，蛇是太阳神的保护神。椅子靠背是纯金制成的，其正面是一幅珐琅画，画面上方是太阳，两边是有精美雕刻的圆柱。

图1-14 古埃及折叠凳   图1-15 古埃及图坦卡蒙黄金王座椅

政长官使用的金属折叠凳，此外还有青铜床、金属化妆盒等，显示当时金属冶炼和铸造工艺的发达。锁、钥匙、拉手也在此时期出现，并被用于家具中。

拜占庭时期的家具，豪华尊贵。家具的制作技术沿用了古罗马时期的技法。用黄金作桌子、象牙雕刻椅子，金属、金银被嵌入家具中作为装饰，在家具中采用了合页。

在中世纪的仿罗马时期，箱子除了运用浮雕和涂以缤纷色彩之外，会采用铁制部件加固、连接不牢的结构和增加安全性，甚至铁饰品的工作量大于箱子制作的工作量——铁匠们常将涡形装饰转化为一种艺术品。钉子仍然是家具结构连接的重要方法，榫眼和榫的连接技术在公元1200年左右才开始应用。13世纪，用合钉加固榫眼和榫的技术极为普遍。

在文艺复兴时期，金属工艺虽然不如中世纪那样居于艺术设计的中心地位，但从整体而言还是保持了相当程度的繁荣。特别是其中的金、银等贵金属工艺，由于多为宫廷、主教和王公贵族所需求，为之服务的金匠将艺术的观赏性、造型的逼真性融入到设计中，大大提高了金属工艺的地位。

文艺复兴后期诞生的巴洛克风格是继承了文艺复兴末期装饰风格的一种宫廷艺术形式，主要服务对象是教堂和皇宫。在宫廷中金银的应用一直是主旋律，在巴洛克时期同样出现了很多特有风格的金银制品。巴洛克家具之所以豪华，是因为它既具有宗教的特色又有享乐主义的色彩，家具上一般都有比较繁复、奢华、精致的雕花，采用金色、银色描边或一些浓重的色调布艺，看起来给人宫廷般金碧辉煌的感觉。法国巴洛克风格亦称法国路易十四式风格，其家具特征为：既有雕刻和镶嵌细工，又有镀金或部分镀金或银、镶嵌、涂漆、绘画（图1-16）。

18世纪，随着洛可可艺术风格的流行，金银器具作为贵族生活的必备之物，其设计风格突破了文艺复兴时期的庄重、繁丽与严谨，而显露出一派轻快、妩媚、纤巧、自由的作风，尤其偏爱不对称的设计、婉转多变的曲线形式、不同材质的巧妙对比。这一时期的金属制品，主要有日用的餐饮器具、首饰盒、洁具用品、鼻烟壶，还有室内常用的烛台、挂钟以及镜框等。家具的华丽装饰包括雕刻描金、镶嵌、镀金、油漆、彩饰。法国洛可可风格又称为法国路易十五式风格，是18世纪初期在法国宫廷中形成的一种绘画、建筑、室内以及家具的艺术风格，随后传到欧洲其他国家，成为18世纪中期欧洲流行的文化艺术形式（图1-17）。

新古典风格泛指从18世纪中期至19世纪中期这一百年里，对巴洛克、洛可可风格的改良，去除太多无用

的奢华虚饰，重新回归古典的一种历史艺术风格。法国新古典家具风格分为两个阶段，一个是法国路易十六式家具（图1-18），另一个是法国帝政家具（图1-19）。法国路易十六式家具是在法国洛可可家具之后出现的，前者是对后者的创新，并吸收了古代希腊罗马家具文化所形成的一种艺术风格。法国帝政风格制作精致，富有雕塑感。

1880年后，家具由机器制作，采用了新材料和新技术，如金属管材、铸铁、弯曲木、层压木板。椅子装有螺旋弹簧，装饰包括镶嵌、油漆、镀金、雕刻等。采用红木、橡木、青龙木、乌木等。构件厚重，家具有舒适的曲线及圆角。

1.2.2 中国古代金属家具的起源与发展

在中国，早在夏朝人们就开始使用青铜制品。在商周时期就已经制作了青铜案、俎等金属家具。到了西汉时期，铁器已经在中国广泛使用，说明当时火炉的温度可以提升到1100℃以上了。

商周时期，中国处于青铜时代。青铜冶炼和制造技术已有很高水平。古人把铜锡合金做成兵器、乐器、礼器等，创造了光辉灿烂的青铜文化，然而其中也有一些生活用品已经是木质家具的先河。家具上开始使用铜制造的铜插销进行扣合并可以拆卸，这

图1-16 巴洛克家具

图1-17 洛可可镀金家具

图1-18 法国路易十六风格镀金家具

图1-19 法国帝政风格铜镀金圆桌

是五金件应用较早的实证。

1979年义县出土的商代饕餮纹板足悬铃青铜俎（图1-20），其前后板足架起俎面和俎面下悬铃，槽形俎面为后世带拦水线的食案之先驱。特别是这件青铜俎在前后板足中央留出壶门轮廓，这是我国迄今壶门形象所见的最早实物。

西周时期出现了木胎包铜工艺。西周时期的橱柜出现开门形式，刘敦桢在《中国古代建筑史》中，描绘有一种反映中国早期建筑与家具构件形象的兽足方鬲，门用铜制合页作开启连接。

到了春秋战国时期，青铜制作工艺技术得以改进，出现了金银错、鎏金等装饰工艺，在制作青铜家具时，采用了金银丝、金属片、金箔、水银等金属材料，漆器上也采用了金、银、青铜等金属装饰部件（图1-21、1-22）。这些青铜部件，既起到装饰作用，又是整个造型、功能中的有机组成部分。另外还常在漆木家具上配以青铜扣件，所谓扣件就是在漆器家具边缘、足部或其他部分包镶金边、银边或青铜等，既增加了木质家具的牢固实用性，又增加了其装饰性。如漆木案上的四隅常常包铜角，两边常加青铜铺首衔玉和装铜质蹄状矮足等。这个时期的家具上还出现了金属提环。

1974年在河北省平山县出土的战国时期的中山国龙凤鹿铜方案（图1-23），案面早已腐朽不存，推测系漆木制。案的用途相当于现在的桌子，此案构思巧妙，制作工艺精湛。器身满饰错金银纹，精巧富丽。动态各异的四龙、四凤、四鹿，巧妙地组合在一起，繁而不乱。为了便于制造，面板被制成单独构件。方形面框被四只神态安详的龙头顶着斗拱从八处稳稳地托住，S形龙颈自然地向底盘吸去。为了分散案面及承载物的重力，龙头耳后又生出两条飘逸潇洒的羽角，它不仅增加了动态美，还把龙的上部组成了由两个三角形、一个梯形结合的支架。在下部的羽角和龙翼穿插成杏叶形的空间里，四只振翅怒号的凤鸟突兀而立，仿佛它们才是称职的卫士。鹿，无论在现实中或神话里都是驯良的。古代的工匠们，就把鹿可爱老实的形象作为案足，让它们温顺地紧贴在底盘边。由此看来，现代用动物做家具的脚型也

图1-20 商代饕餮纹板足悬铃青铜俎

图1-21 春秋镂空龙纹青铜俎

图1-22 战国青铜俎

图1-23 战国时期的龙凤鹿铜方案

图1-24 战国时期的牛虎铜案

是由来已久的。这件由天上、人间动物构成的金属家具，从整体看是那样地精巧华美、雄健稳定，在它身上充分体现了动和静、虚和实、凝聚与松弛等对立的美学规律。

牛虎铜案是战国时期青铜材料铸成的案祭礼器（图1-24）。案又称"俎"，是中国古代一种放置肉祭品的礼器。牛虎案就是用来放献祭牛牲的，是古代祭祀中最重要的献祭。其造型由二牛一虎巧妙组合而成。以一头体壮的大牛为主体，牛四脚为案足，呈反弓的牛背作椭圆形的案盘面，一只猛虎扑于牛尾，四爪紧蹬于牛身上咬住牛尾，虎视眈眈于案盘面。大牛腹下立一条悠然自得的小牛，首尾稍露出大牛腹外，寓意了大牛牺牲自己对小牛犊的保护。牛虎铜案中的大牛颈肌丰硕，两巨角前伸，给人以重心前移和摇摇欲坠之感，但其尾端的老虎后仰，其后坠力使案身恢复了平衡。大牛腹下横置的小牛，增强了案身的稳定感。此铜案特殊的组合造型使整个铜案重心平稳，大小和谐，动静均衡统一。也因其奇特造型，新颖构思，既有中原地区四足案的特征，又具有浓郁的地方特点和民族风格，此铜案达到了极高的艺术境界极具观赏价值，是中国青铜艺术品的杰作，更为我国古代文化之稀世珍品。

汉代家具除继续沿用传统的"金铜扣"外，有了新的发展和创造，柜上开始采用锁、合页、乳钉等五金配件。并在家具上贴金箔、饰鎏金铜饰，使家具显得格外华丽夺目，表现出汉代家具制作的新水平工艺。后汉有一种家具称为"胡床"（图1-25）。这种器物和常见床榻形制大不相同，其前后两腿交叉，交接点作轴，上横梁穿绳代坐，可以折叠。两腿交叉处作轴为金属轴，这是用于结构连接的较早的家具五金。

魏晋南北朝时期的家具制作工艺总体来说处于一个新风格的孕育时期，是家具从低型向高型过渡的时期。两晋、南北朝时期，开始出现高足家具，床、榻也开始增高增大。家具造型和装饰也有所变化，家具五金配件也从实用性向装饰性与实用性并重方向转变。这个时期家具五金有合页、锁、插销、包角、提环、具有拆卸功能的床帐角等。

隋唐五代时期家具工艺，在用料、工艺技术、装饰方法、品种样式等方面都有了新的成就和特征，金银工艺也有了新的发展。唐代的家具五金件已经具有装饰性，例如橱柜的蝶形合页、橱门插销、橱门锁等。

经济发展、城市繁荣、海外贸易为宋代家具的发展打下了坚实基础，特别是宋代的高超的制作技术，为家具业带来了繁荣与兴旺。1956年苏州虎丘塔整修时发现的宋代经箱（图1-26）式样和明代时期的箱子相差无几。经箱镂金工艺甚为精湛，箱子各棱角和接缝处都包镶银质鎏金花边，用二排圆帽钉固定。其迎面搭扣上还装有精妙的錾花鎏金锁。

图1-25 胡床

图1-26 宋代经箱

　　由于元代统治者崇尚豪华，曾一度盛行金银器家具。随着生产力以及人们审美情趣的改变，以木质为主的家具逐渐取代了各种金属家具而成为人们的日常生活用品，而各种金属家具则在一定程度上成为装饰品，金、银、铜等金属材料更多被用于制作家具的装饰材料。

　　明代家具一直被誉为我国古代家具史上的顶峰时期，视为中华民族的精粹。使用金属配件是我国明代家具装饰的又一大特点（图1-27）。明代家具常在重要部位，用装饰加以点缀，以打破家具的单一和沉闷。它通常指镶在柜、箱、橱、椅、交杌做包裹及面叶、拉手、合页的各种饰件等，以箱、柜、橱应用最多。它们根据功能要求而配置，因其品种繁多、工艺考究，用途甚广。它们或有天然花纹，或人为雕琢，各具装饰意趣，不仅发挥了良好的装饰意义，同时也起到了增强家具功能的作用，为传统家具增添了不少光彩。如罗圈交椅，其大部分接合转折或角部，都用白铜为饰件以增强其承受力度。明代家具金属配件主要有合页、面叶、面条、扭头、吊牌、曲曲、眼钱、拍子、提环、包角、套腿等品种。

　　金属饰件发展至清代已使用相当普遍，工艺上亦相当精细和成熟。在技术上有错金、错银、錾花和鎏金等。清代家具饰件在类型上与明代基本一致，只是在式样、装饰题材上有所变化，装饰趋于繁琐，大都在铜片上刻出各种花纹，图案、纹饰呈多样化。根据作用可分为套在家具足端的套脚，连接在家具两部分并能使之活动的合叶（即现在的铰链），附着在箱子上下开口处可开启和关合及上锁的拍子，镶嵌在家具转角处的包角，有抽屉面板上作为拉手的吊环和吊牌，有为防止家具磨损而安装在交杌转轴处的护眼钱，有钉在橱柜前面的面叶等。这些金属饰件不仅有加强家具结构牢固的意义，又因其具有特殊色泽，与木材形成了强烈的对比。这种鲜明的装饰效果，形成了清式家具的一大特色。

　　由于金属具有耐磨性，强度刚度优于木材，因此，被用于家具容易磨损、破损的部位，或包镶、或镶嵌、或铆合固定起保护作用，以传统家具的腿、脚以及角部包镶为表现形式。同时，金属的表面具有光泽，可以铸造或雕饰富有吉祥寓意的图案。因此，金属在传统家具表面形成特殊的装饰效果，与木材纹理色泽交相呼应，是技术与艺术的完美结合。在装饰功能的基础上，具有推拉、提携、开启等功能的五金件（如拉手、锁、吊环、吊牌等）也开始产生。传统家具金属饰件在明代前期都使用白铜或黄铜制作，后期则使用红铜镀金，更显得华丽。清代家具的金属饰件材料主要有金、银、铜、铁。金银主要作镶嵌装饰，常采用金和银做成的薄片或做成极细的金银丝作为镶嵌漆器的花纹，由于花纹所用的原料不同，其艺术效果各有不同。在中国，铜构件堪称家具上的精灵，是家具文化中一抹奇妙的色彩。尽管这些配件的形状或体量

图1-27 明清家具五金配件

很小，却是家具使用上必不可少的装置，同时又起着重要的装饰作用，为家具的美观点缀出灵巧别致的奇趣效果，有的甚至起到了画龙点睛的美感作用。铜可以说是中国家具五金配件中不可或缺的一部分，这些贵重金属装饰了家具的同时也增加了其价值。

1.2.3 西方现代金属家具的发展演变

现代金属家具的问世，约在20世纪初期，可以追溯到第一次世界大战的战后时期。当时，交战国的建筑物大多毁于战火，而作为国家建设和民用建筑重要物资的木材，极为短缺，相反，钢材却成了剩余物资。人们重建家园急需家具，就开始想到利用钢材来制造一些轻巧的钢家具。另一方面，迅速发展和普及的工业材料制造技术，在产品创新上也扮演了重要的角色。1909年意大利达尔明开始生产无缝钢管，并在全球传播开来。这种新材料的轻量、耐用、低价等特点，促使设计者开始探索钢管在家具中的可用性。19世纪目睹了钢的发展给材料世界带来的巨大冲击——可煅的高强度金属使从缝纫机到火车头这么大范围的产品生产更加方便，可挤压的钢材很快进入人类环境中。从19世纪30年代开始，家具也开始探索铁管的可利用性。随着工业生产水平的不断提高，弯管在20世纪初开始出现。

（1）早期钢管家具的诞生与发展

1925年德国包豪斯学院的设计师马塞尔·布劳耶（Marcel Breuer）从自行车受到启发，发明了用一根铁管弯曲而成连续的悬臂式扶手椅——瓦里西椅（Wassily Chair）（图1-28），是世界上最早最典型的钢管椅，成为了金属家具的开山之作。瓦西里椅造型轻巧优美，结构单纯简洁，具有优良的性能，一经问世便很快风行世界，曾被称作"20世纪椅子的象征"，在现代家具设计史上具有重要意义。钢管椅的出现，突破了木质家具的造型范围，颠覆了传统木作家具的形象。此后，越来越多的设计师开始涉足金属家具这一新领域的设计。世界各地也相继出现了许多金属家具的制造工厂，金属家具就是在这样的材料供应条件和供求中应运而生的，成为家具工业的一个独特品类。荷兰建筑师沃尔玛·斯塔姆于1927年设计了第一把真正体现钢管材料潜力的悬臂椅，并为其他家具设计师进一步发展家具的"弹性"留下了空间。1928年布劳耶设计了更实际的悬臂椅（图1-29），将古老的藤编坐面以及靠背与现代化的弯曲钢管结合起来，使之更舒适，成为椅子设计史上的转折点。继瓦西里椅之后，布劳耶采用钢管和皮革或者纺织品、藤编相结合，还设计出大量功能良好，造型现代化的新家具，包括椅子、桌子、茶几等，得到世界广泛的欢迎（图1-30）。

图1-28 瓦西里椅　　　　　　　　　　　　　　图1-29 悬臂钢管椅

图1-30 布劳耶设计的钢管家具

　　布劳耶也是第一个采用电镀镍来装饰金属的设计师。他认为金属家具是无风格的，因为它除了用途和必要的结构外，并不期望表达任何特定的风格。并且所有类型的家具都是有同样的标准化的基本部分构成，这些部分随时都可以分开或转换，这种标准化的家具生产方式为现代大批量的工业化的家具制作奠定了基础。

继布劳耶之后，1927年设计师路德维希·密斯·凡·德罗（Ludwig Mies van der Rohe）在斯图加特主办了现代住宅展览会，展出欧洲各主要现代建筑师的作品，在密斯自己设计的4层公寓中，他首次布置了刚完成的先生椅（MR Chair）（图1-31），这件以弯曲钢管制成的悬挑椅显然受

图1-31 先生椅

到一两年前布劳耶和斯坦作品的启发，但却以弧形表现了对材料弹性的利用，如前文所述，这种弹性后来被布劳耶进一步发挥到极致。密斯在这里的弧形构图令人很容易回想起半个世纪以前的蒂奈特所设计的弯曲木摇椅。这件先生椅后来又被密斯以同样的构图手法直接加上扶手，显得天衣无缝，更加高雅。

1929年，密斯为巴塞罗那世界博览会德国馆设计了巴塞罗那椅（Barcelona Chair）及同款的凳子（图1-32）。这件椅子的不锈钢构架成弧形交叉状，非常优美又功能化，纤细的不锈钢支撑架与皮面的泡沫胶垫形成对比，显得非常优雅。两块长方形皮垫组成坐面及靠背。与椅子同时设计的还有名为"奥特曼"的凳子，亦以完全统一的构思完成，它们最初是为前来剪彩开幕的西班牙国王和王后准备的，这件体量超大的椅子也明确显示出高贵而庄重的身份，巴塞罗那椅连同德国馆都引起前去参观的捷克人图根哈特夫妇的注意，他们于次年邀请密斯为其在家乡布鲁诺设计住宅及家具并要求与巴塞罗那的德国馆及其家具风格一样。密斯为他们设计了一组家具，用与巴塞罗那椅相同的材料和工艺制作。第一件是后来称为"图根哈特椅"（图1-33）的休闲椅，这件作品从构思上是对1927年设计的先生椅及巴塞罗那椅的一种综合，主要构架之间仍是设计师惯用的焊接方式，这件作品虽不如前两件影响大，但它实际上使用起来更舒服。第二件是布鲁诺椅（图1-34），是以主人所在城市命名。这是为餐厅设计的餐椅，最初曾考虑直接使用加扶手的先生椅，但其大弧形扶手前伸太多，用作餐椅使用显然很不方便，于是密斯重新设计了一件悬挑椅，事实证明这件作品非常适于用作餐椅。这件悬挑椅结构不同于先生椅，构架材料则用钢条而非钢管，这方面与前面第一件图根哈特椅相同。主体构架连同扶手形成一个框式，而坐面与靠背所组成的另一个框式与主体构架结合，从而形成一个简洁优雅的形式。第三件巴塞罗那咖啡桌（图1-35）为方形矮桌结构，极为简单，十字交叉的主体构架支承着玻璃面，典型体现了密斯设计哲学的一个内在统一的方面，即细部的简洁。但这种简洁的取得并非一蹴而就，而是苦思冥想的结果，如这件看似轻而易举而成的矮桌，密斯实际上曾画出数十种不同构思的草图，曾尝试过多种方式，如圆桌面、弯曲腿、三条腿或五条腿形式，斜腿式样以及托泥腿形式。1931年密斯又在先生椅的基础上设计了一系列躺椅（图1-36），同样很成功。这些高贵的设计造价也是昂贵的，但社会的需求始终不断，其变化系列亦在后来的生产中不断出现。

图1-32 巴塞罗那椅　　　　　图1-33 图根哈特椅　　　　　图1-34 布鲁诺椅

图1-35 巴塞罗那咖啡桌　　　　　　　图1-36 钢管躺椅

　　法国建筑师兼设计师勒·柯布西耶（Le Corbusier），和密斯·凡·德罗、格罗皮乌斯并称为现代建筑派的主要代表。他的家具设计也同样深刻反映出他在建筑上的哲学思想，他设计的家具无一不是经典之作，表现突出的有柯布西耶躺椅（Chaise Longue）、LC2、LC3系列沙发椅、巴斯库兰椅和LC10咖啡桌。

图1-37 LC1 巴斯库兰椅

　　柯布西耶意识到设计的局限性：金属太重，因而不适用于普通办公室或者居家室内。于是他在1928年设计出了巴斯库兰椅（Basculant Chair），也叫做Le Corbusier LC1 或 The LC1 Sling Chair（图1-37），它在视觉上和实际上很轻便，成为普通休闲场所很受欢迎的家具。这件椅子上下支撑部分和主体部分是融为一体的。主体结构的材料是钢管，但柯布西耶并未像另外几个大师一样以弯曲的方式使用它们，而是用焊接方式形成主体构架，使这件设计更具机器形象。

　　柯布西耶在1928年设计的LC2、LC3系列沙发椅也被称为"满是垫子的盒子"（图1-38），这件以新材料、新结构来设计的沙发椅，将金属和皮革这两种至刚和至柔的材料完美地结合在一起，金属框架暴露在外面，具有鲜明形状及简洁线条感，几块立体方皮垫依次嵌入钢管框中，直截了当又便于换洗。这

件被柯布西耶称为 "Grand Comfort"（豪华舒适）的沙发椅，成为柯布西耶"椅子是坐的机器"（追求家具设计"以人为本"）思想的代表作品，也被誉为"现代家具艺术的里程碑式作品"。

柯布西耶躺椅（Chaise Longue chair LC4）（图1-39）是1929年勒·柯布西耶和Pierre Jeanneret、Charlotte Perriand共同设计的，将不锈钢钢管和皮革这两种至刚和至柔的材料完全结合在一起，它堪称最人性化的设计，每一个角度都对人体做出最佳承托，每一个细节都带给人休息的欢愉。这个可随意调整躺卧倾斜的钢管架构躺椅，在当时是很前卫之作，产生了爆炸性的效应。它具有极大的可调节度，可调成从垂腿坐到躺卧的各种姿势。它由上下两部分构架组成，如果去除基础构架，则上部躺椅部分可当做摇椅使用。

图1-38 LC2、LC3系列沙发椅

艾琳·格雷在1929年设计完成的必比登（Bibendum）扶手椅（图1-40），可堪称为经典之作，是20世纪最知名的家具设计之一。这款个性的椅子其命名是来自于法国米其林轮胎公司的吉祥物——米其林宝宝，格雷设计的必比登椅外形好像是用轮胎围合起来的一样，正好符合米其林宝宝一圈圈的造型，因此命名为"必比登"椅。必比登椅椅腿的框架是由表面镀铬的不锈钢钢管构成，靠背和扶手的两个半圆形状是由真皮材质和海绵制成的，柔软而舒适。再比如艾琳·格雷设计的E-1027茶几（图1-40），整个结构是由玻璃和镀铬不锈钢钢管组成，简单大方，干净稳重。这款不锈钢茶几有着精巧的比例，独特的外形，可以上下调节高度的功能更是极具创新。由于这种灵活的功能性，以及精美的外观造型，一经推出便引起广泛的关注和喜爱。

图1-39 LC4躺椅

蝴蝶椅（Butterfly Chair）（图1-41）又被称Hardoy Chair，由三位阿根廷设计师Ferrari、Kurchan、Bonet于1938年创作（又名B.K.F，三名设计师名字缩写）（图1-41）。它的形状像一只飞翔的蝴蝶，是设计师们为了与一座公寓做搭配设计出来的。它是全世界第一款由两弯钢管杆和皮革吊带创造悬挂式座椅，它的原版框架被漆成黑色，吊带是棕色皮革。

图1-40 Bibendum扶手椅与E-1027茶几

Landi Chair（图1-42）作为1939年瑞士国际展览会的官方户外用椅，由Hans Coray设计，他造就了20世纪轻量化金属椅的设计传奇。简洁的设计满足了基本的户外家具设计特点：结构简单，整体只有两个部件，适于工业化批量生产。由焊接横梁连接的一对U形型材形成自支撑框架，并同时用作椅腿和低扶手；91孔冲孔不仅保证了舒适的外壳，适度的重量和灵活性，还具有防水性，满身的空洞不会形成积水；轻质，通体仅3kg，可叠放的Landi Chair坚固耐用。

二战后，生产力不断发展，金属加工手段日趋先进和完备，美国、英国、日本等国以其发达的钢铁和机械工业为后盾，大规模发展金属家具生产，金属家具开始真正进入人们日常生活。

（2）美国金属家具设计

埃罗·沙里宁（Eero Saarinen）是20世纪著名的芬兰裔美国建筑设计师和工业设计师。他的家具设计具有高度艺术性和强烈时代气息，他设计的椅子都经过严格的物理、力学、人体工程学的试验，表明了他严格的科学态度。沙里宁1946年设计的子宫椅（Womb Chair）（图1-43），脚架为纯不锈钢管，椅子内部是玻璃钢材质，由模具出模成型，坚固的材质不会变形开裂，椅表面是纺织品和弹性海绵，再配有不锈钢脚的脚踏，外观圆滑且富有弹性，坐感舒适。郁金香椅（Tulip Chair）（图1-44）设计于1956年，采用了塑料和铝两种材料，以宽大而扁平的圆形底座作为支撑，从下至上均以流线型为主，整个形体显得非常优雅舒适。这张椅子的设计试图让椅脚变得更简洁，摆脱传统椅子四个支撑脚的结构，使人们坐在这张椅子上腿部有更多的活动空间。这些形式是仔细考虑了生产技术和人体姿势才获得的，并与新材料、新技术联系在一起。该椅椅壳用玻璃纤维加塑料一次压制成型，椅柱是铝合金铸型。

查尔斯·伊姆斯（Charles Eames）是美国最杰出、最有影响的家具与室内设计大师。1940年他与沙里宁一道设计的胶合板椅在美国现代艺术博物馆举办的设计竞赛中获得大奖。伊姆斯夫妇在1946年设计了一把无扶手胶合板椅（Plywood LCM Chair）（图1-45），椅背及座面由胡桃木胶合板制作，压成微妙的曲面形，由一镀铬钢架支承。椅子呈现了有力、稳定和精巧的造型。伊姆斯夫妇还以法国埃菲尔铁塔为灵感来源，利用金属条焊接和弯曲成型的技术设计制造了一款经典的餐椅，坐垫是金属条交织而成，坐垫面符合身体的弧度，椅脚的部分由金属条交织而成，形似埃菲尔铁塔，优美的外形和实用功能使埃菲尔金属餐椅（图1-46）立即大受欢迎。伊姆斯模压塑料扶手椅（图1-47）利用金属支架和成形的塑料外壳，是第一个工业化生产的塑料椅，既经济，又轻便、坚固。

图1-41 蝴蝶椅　　　　　　　　图1-42 Landi Chair　　　　　　　　图1-43 子宫椅

图1-44 郁金香椅　　　　　　　　图1-45 Plywood LCM Chair

伊姆斯储物柜（图1-48）是伊姆斯夫妇受放置在车库或地下室中的组装式货架启发设计的储存系统。伊姆斯储物柜由一组标准化组件构成。立柱、横拉条、打孔金属村板都由镀锌钢板制成。金属横梁和立柱为其赋予了工业感，柜腿底部装有尼龙滑垫。柜门用带有微凸图案的层压胶合板制成。架子和抽屉面板也用胶合板制成。所有规格的伊姆斯储物柜都可根据面板、横拉条和支架进行随意组装。伊姆斯储物柜由于经济实用，具有模块化结构，且采用自由拆卸的组装方式，在家具设计史上占有十分重要的地位。自从1950年它的设计理念第一次呈现在世人面前以来，伊姆斯储物柜已经给许多设计师和建筑师带来了设计灵感。

1956年，由伊姆斯设计、米勒公司制造的铝系列椅（图1-49），其底座是压铸铝制的肋状支架，上部的座位和靠背连成一体，细部结构都隐藏在坐垫内，坐垫面层是有机织物，内充乙烯基塑料泡沫，两种截然不同的材料就这样融成自然的一体，这是伊姆斯的设计中始终如一且十分注重的方面。

钻石椅（图1-50）是于1952~1953年美国设计师哈里·贝尔托亚（Harry Bertoia）通过最简单的金属焊接手法，将一根根金属线条纵横焊接成"钻石"般的椅面结构，再加上金光闪闪的金属质感，使椅子有"钻石"般的光芒。设计师希望这款椅子拥有钻石般的纯净感；另一方面，不锈钢的材质，又多了一分"钻石"的特质。

椰子椅（图1-51）是由美国设计师乔治·尼尔森于1955年创作的。其设计构思源自椰子壳的一部分，将椰子分为八个部分，取其中之一作为椅子的外形。这件椅子尽管看起来很轻便，但由于"椰子壳"为金属材料，其质量并不轻。椰子椅凭借着它可爱的造型、精简的结构和极大的视觉冲击力，改变了美式家具的外观和人们对它的印象，成为20世纪50年代的一个设计经典。

图1-46 埃菲尔金属餐椅

图1-47 伊姆斯模压塑料扶手椅

图1-48 伊姆斯储物柜

图1-49 铝系列椅

图1-50 钻石椅　　　　图1-51 椰子椅

图1-52 Leonard Chair

图1-53 Ernest Race BA3 Chair

图1-54 PK22 chair

图1-55 PK9 chair

（3）英国金属家具设计

1945年，设计师伦纳德（J·W·Leonard）为英国教育协会设计的扶手椅（图1-52），以金属为骨架，结合传统的曲木工艺，充分应用先进的人体工程学的科学原理，椅背曲线适度，坐用舒适，造型美观大方。另一位英国著名的家具设计师欧恩斯特·雷西（Ernest Race），他设计成功可在现场装配的铸铝金属椅（图1-53），以其制作简单、造型优美、便于运输等优点被英国伦敦设计学会评为"最优家具设计"。

（4）北欧金属家具设计

北欧诸国得天独厚，以木材资源丰富驰名。他们制作家具的历史悠久，技术精湛，深获世界各国好评。在天然资源日趋减少的二次大战后，他们在家具制工业中应用金属材料也作出了重要贡献。丹麦设计师保尔·雅荷尔摩（Poul Kjaerholm）设计的系列家具都被冠以姓名缩写PK+编号。他于1957年设计的扁钢藤椅PK22（图1-54），具有轻巧、结实、优美、舒适等优点。PK特别热爱新材料，尤其是不锈钢。这把PK22椅，没有焊接点，固定整把椅子支架的内六角螺丝，原先是用在一战飞机上的。PK22坐面和靠背还可使用皮革，表达另一种质感。其另外一把椅子PK9（图1-55）也表现出高超的技艺。

丹麦建筑师、设计师阿纳·埃米尔·雅各布森（Arne Emil

Jacobsen）是20世纪丹麦现代主义的代表人。蚂蚁椅（图1-56）是1952年由雅各布森为丹麦一家制药公司餐厅设计的餐椅。由丹麦家具设计公司弗里茨·汉森生产。最初的蚂蚁椅只有三足，适合重叠堆放，减少占地面积，后来发生了因为椅子翻倒而酿成死亡的事故，便改变成了现在的四足样式。蚂蚁椅造型设计简单，却具有极强的舒适坐感。他把椅背和椅座连在一起采用胶合板一次模压成型，蚂蚁椅是成型胶合板与钢管结合的经典家具之作，简单的线条分割加上层压板的整体弯曲，座面与背靠弧度的变化，极度符合人体结构的需求，即使不采用任何软体材料来作为与人体的接触部位，但是光洁的座面却完全感觉不到僵硬与冷漠，相反更具舒适性。黑色的椅板，细长的椅腿，整体造型和蚂蚁的轮廓极其相似，也因此被命名为"the ANT"。

蚂蚁椅问世后的第3年，1955年全新进化的7号椅系列"SERIES 7"诞生了（图1-57），这是雅各布森最出名的设计。这把同样可叠放的4腿椅子，更是称得上层压加工技术的集大成者。雅各布森运用更新的技术，创造出了耐久性更强，曲线更为明显的7号椅。而比蚂蚁椅更大一圈的靠背和座面设计，正是追求贴合人体曲线、进一步提升舒适度的改良结果。

在蚂蚁椅、7号椅的相继问世后，又一不朽之作于1957年在丹麦工艺博物馆的春季展览会上首次亮相，并在同年的米兰三年展上一举夺得金奖，这款椅子也因此被冠名"金奖椅"（Grand Prix）（图1-58）。当时金奖椅的座面和椅腿均采用了成型胶合板制成。座面仍沿用了上一代贴合人体曲线的弧面设计，纤细的木质椅腿看上去相当轻盈。后来没过多久便停止生产，直到2008年才迎来铬制椅腿版本的复刻。

除了这三把传世之作的椅子外，雅各布森还设计了著名

图1-56 蚂蚁椅　　　　　图1-57 7号椅

图1-58 金奖椅

图1-59 蛋椅

的蛋椅（图1-59）和天鹅椅（图1-60），都以铝合金和不锈钢等金属材料作为脚架。

（5）其他具有代表性的金属家具设计

Paulistano chair（图1-61）是巴西建筑师 Paulo Mendes da Rocha 于1957年给圣保罗一个体育俱乐部设计的。轻盈，舒服，实用，成本低。它的座椅和靠背用的是一块布料，和钢管无缝贴合，非常有质感。

First Chair（图1-62）是意大利建筑师、设计师米歇尔·德·卢基（Michele De Lucchi）于1983年为孟菲斯设计的椅子，充满了探索性质。椅架与椅脚由上漆的金属圆

图1-60 天鹅椅

管焊接支撑，从前方两个椅脚上方延伸出一个圆形环状作为椅背支架，造型新颖、配色别致。

在此之前，所谓金属家具充其量还只是将其用做家具的支撑骨架或各种连接材料。随着科学技术的进步，完全以金属制作的家具终于在20世纪70年代问世。1970年瑞典设计师设计制成的弹力型薄金属钢板扶手椅，全部采用薄钢板一次拉压成型，以其优美、舒适、富于弹性受到称赞。该椅具有时代感，工艺先进，符合大规模工业化生产。但是全部采用金属做家具以后，由于金属在观感、质感等方面的缺欠，始终给人予冷酷、生硬的感觉，令人生畏。

与此同时，地处东方的日本，战后三十年来科学技术得到了高速发展。在20世纪70年代末期应用金属表面镀膜的先进涂饰技术，终于克服了金属表面的冷硬感觉。其人工木纹，色泽柔和，纹理清晰，天然明快，大有面貌一新之感，使薄钢板金属家具品质得以升级。

Lockheed Lounge 躺椅（图1-63）是澳大利亚设计师马克·纽森（Marc Newson）于1984年在澳大利亚手工业协会举办的展览中展出的作品。整个椅子看起来很像一张没有扶手的贵妃榻，浑身上下都是自由曲线和曲面，没有一处直线和

图1-61 Paulistano chair

图1-62 First Chair

图1-63 Lockheed 躺椅

图1-64 Well Tempered 椅

图1-65 W.W.椅

直角。设计师采用内置玻璃钢的内壳，外面再铆接上打制成型的铝片，最后制造出了全金属质感的多曲面家具，凭着手工打造的银色金属漆与弧形线条，整个躺椅呈现出具有迷幻色彩的流动感。

Well Tempered椅（图1-64）是以色列设计师雷·阿拉德早期的成果代表作，于1986年设计。Well Tempered椅的外形是利用螺旋拉伸的方式将钢片弯曲拱起，具有一定的弹性。

W.W.椅（图1-65）是菲利普·斯塔克于1990年设计的经典之作，它是向德国电影导演Win Wenders致敬的作品。W.W.椅用拟人的设计元素表现了植物向上生长的雕刻形象。椅子腿和延伸的花茎有着暧昧的关系，整体散发着安静生长的生命力，整个造型使用的是金属铝材料。

（6）21世纪的创新金属家具设计

马克·纽森2006年设计了The RANDOM PAK Armchair & Sofa（图1-66），这件作品特有的泡沫状蜂窝结构是通过长达一年多的软件和原型开发（从数字建模和3D打印/激光烧结到电铸和手工精整）而实现的。使用了通常用于为汽车或航空航天工业创建快速原型的技术，并通过加热将粉末聚结成固体的烧结过程。

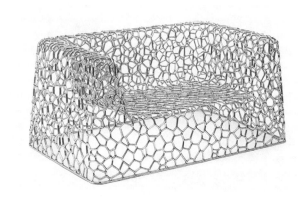

图1-66 RANDOM PAK Armchair & Sofa

波兰先锋建筑师奥斯卡·泽塔（Oskar Zieta）发明了FiDU金属充气法。这种技术，简单说就是内部气体压力成型，由汽车车体与钣金制造时常用的"冲压成型"技术简化而来的。FiDU最大的革新和特点在于它把两片金属薄片焊接后，通过灌入高压液态气体成型，而这个过程只要用小型机具就能完成。钢材由于内部压力产生形变，然后膨胀成各种立体造型，同时兼具了超轻的结构。这项技术能让产品以二维的方式运输，到达目的地后再塑造成立体物品，从而提升了运输效率。激光切割是FiDU生产线上的第一步，也是重要的一步。具体来说，每件产品在造型上要切割成两片同样形状和大小的金属。其中一片还要开洞，以便最后插入充气的气阀。接下来，两片切割好的金属型材要进行焊接。之后，就能在里面充气了。有了这样的工艺过程，金属的造型就可以不依赖铸造技术了。

2000年，奥斯卡·泽塔开始构思一种能把金属薄板制成家具，并且具备节省材料、简化程序、稳固耐用和轻便等优点的工艺。2003年初，他试图在金属腔内注入高压液体，经过多次失败和反思后，泽塔决定改用气体，并且找出了最适当的压力值。2007年，他在瑞士成立了技术顾问与研发制作公司。一年后，金属充气凳Plopp问世。2008年获得红点设计奖的Plopp凳子（图1-67）就是从两片边缘焊接

图1-67 Plopp凳子

在一起的金属，注入气体后，可把二维的金属片变成三维的立体产品，可以负荷10倍于金属片本身的重量。金属充气家具改写了金属制品在人们脑海中的印象，令人眼前一亮。继Plopp凳子之后，泽塔又用同样的方式设计和制造了Kamm衣架（图1-68）、Chippensteel椅子（图1-69）。

作为FiDU技术的延伸，泽塔又发明了"BLOW & ROLL"技术。这种金属造型，在充气前是一个卷曲且相当轻巧的小物品。用气瓶充气后，金属卷开始膨胀延伸。就好像是儿时玩的吹卷口哨一样。泽塔把这项技术用在了许多装置艺术上，既开辟了新的艺术表现形式，也扭转了人们心中金属又大又刻板的印象。

如今，泽塔又开发了一项名为3+的创新技术，专门用来固定金属片材，并且用它设计和制造出了相应的家具系列（图1-70）。"这是一个模数化的产品解决方案，适用于现在居无定所和移动的生活方式。"泽塔解释说，"有了这种连接的方法，每个用来固定的穿孔都可以成为创建新的产品结构的起点。3+针对当前，准备好了解决各种因变化而起的实际需求。"这项技术以灵活互动的方式，重新创造了金属材料的使用性，为日常工作、商业和生活提供了轻便的产品结构。由于用计算机来控制金属板的生产，并且采用了精确的CNC工艺，因此，每个物品都是独特的，能根据个人的需要来定制。不仅如此，还可以根据不同的孔栅、尺寸、颜色和不同材质，如铁或不锈钢生产出不同的物品。泽塔还特别指出，"我们虽然能提供椅子、桌子和架子等家具，但并不会把它们归入到办公、餐厅、工作室或者厨房使用中的某一类，因为这取决于用户和他们的需求。"

金属一向给人以沉重和缺乏生机的印象，但设计师奥斯卡·泽塔却通过技术创新和与之对应的产品设计，让金属物品有了灵动、活力和个性。

图1-68 Kamm衣架　　　　　　　　　图1-69 Chippensteel椅子　　　　　　　　　图1-70 3+技术家具系列

现代金属家具的设计与制造，从20世纪20年代开始到今天虽然只有短短的不到一百年的历史，但是在各国专家和有关人员的共同努力下，通过大量的实践，无论是在工业化生产上或是在经济效益上都取得不容忽视的成就。

随着科学技术的发展，在家具制作上，对金属材料和其他非自然材料的利用，越来越广泛。从早期的铸铁、铸铝到各种轻金属合金；从不锈钢管材到各种金属型材等异型材料甚至整张薄型钢板；为了保护金属、防止腐蚀、延长使用寿命和美化外形，还出现了镀膜、喷漆、烤漆等各类表面处理技术；以及创新金属家具造型设计的快速原型技术、3D打印技术、FiDU金属充气技术等。在世界自然资源日益减少的情况下，今后的金属家具生产，无论是在利用人工合成材料代替自然材料方面，还是在设计、造型和美学修养等方面，必然会受到各国政府和有识之士的重视。

1.2.4 中国现代金属家具的发展演变

我国家具设计与制造的历史悠久，技艺精湛，在国内外市场享有盛誉。但由于早期工业化水平较低，金属材料的生产量较低，需要大量进口各类金属材料。因此，20世纪30年代的上海虽有人尝试把金属材料引进到家具制造工业中，但真正发展起来是在20世纪50年代后期。当时，产品设计大多数是仿制，造型简单，品种单一，工艺落后，原材料只有厚壁圆钢管、圆钢、角钢等。生产厂家不多，设备简陋、产量较低。由于造型与品质受消费者传统习惯的影响，金属家具在公共、办公环境的比例要高于家庭。

改革开放后，金属家具也随着我国家具工业的崛起，取得了长足的进步，产品设计不断创新、生产技术也发生了很大变化。产品设计已由原来的单件产品设计，发展到根据不同需要和功能要求，设计出完整的成套金属家具产品；在材料和结构类型等方面，由用单纯的钢材，发展到以铝合金为主的轻金属等多种材料，由原来的钢家具、钢木家具，发展到以金属材料为主，与藤、竹、塑料等材料结合的各种类型的金属家具；在生产技术上，大量采用新技术及新工艺，并研制了一批专门设备和专业生产线，已经形成了独立的生产行业。

金属家具产业是家居行业中的重要产业之一，近几年，市场份额越来越高，有着极大的发展前景。据统计局数据显示，2017年金属家具完成主营业务收入1626.78亿元，同比增长6.53%，占总量17.96%。

目前，中国已经形成几大各具特色的金属家具产业基地：江西樟树、河南洛阳庞村镇、河北霸州胜芳镇等。

江西樟树金属家具产业起源于20世纪70年代，从家庭作坊到集团公司，从手工敲打到流水线生产，从年产值不足20万元到突破百亿元。基地现有金属家具生产及配套企业一百多家，从业人员3万余人。主要产品有金属家具、档案装具、图书设备、保险设备、存放架、校具设备、城市户外家具、医疗器械等10大类500多个品种。2012年4月樟树市被中国家具协会命名为"中国金属家具产业基地"。2017年樟树市金属家具产业集群总产值实现200亿余元，同比增长22.6%。目前，樟树市金属家具产品份额已占到国内四分之一以上，销售网络覆盖全国31个省市区，部分产品已销往港澳地区和越南等东南亚国家。

河南洛阳庞村镇作为中国钢制家具基地，起源于20世纪80年代，在21世纪初形成一定规模，已有近30年的发展历史。庞村钢制家具产业集群现有生产企业和原材料供应、锁具、包装等配套企业共318家，从业人员达4万余人。拥有1个中国名牌（花都）、3个中国驰名商标（花都、莱特、星高）、3个河南省名牌和18个河南省著名商标，拥有100余项国家发明、外观设计和实用新型专利。产品包括办公家具、民用家具、文件柜、保险柜、金融保险设备、图书设备、校用设备、防盗防火门及军用床柜等9大类1000多个品种，销售份额占全国市场的50%以上，办公家具占全国同类产品市场的80%以上，产品出口中东、欧美、非洲、澳大利亚等50多个国家和地区。

河北省霸州市胜芳镇金属玻璃家具产业于20世纪80年代起步，20世纪90年代初具规模，进入21世纪后取得长足发展，尤其是自2004年以后，胜芳家具进入高速发展阶段，成为引领中国金属玻璃类家具的潮流风向标。近30多年来，金属玻璃家具产业从无到有，规模从小到大，质量从低到高，品种从少到多，产品种类涉及餐饮、办公、休闲、家庭等4大类，现拥有金属玻璃家具生产企业1400余家，从业人员6万余人，年产金属玻璃家具8000万（台）套，年销售收入300多亿元，产销量占到全国同类产品总量的70%，产品出口欧盟、美国、日本、俄罗斯、东南亚等35个国家和地区。

随着定制家具的兴起以及人们环保意识的增强，不锈钢橱柜和全铝家具最近又流行开来，强烈的现代金属风格、时尚前卫的造型、靓丽的色彩、优良的材质性能，深受人们的喜爱。近几年，涌现出一批知名不锈钢橱柜品牌：广东法迪奥、广州百能、福建钢泓、宁波卡利亚、浙江康钛、富兰卡、深圳斯沃德、上海欧琳娜、广西桂林紫韩、徐州亮田与富兰卡等，以及忠旺、狮迪等全铝家具品牌，深受消费者喜爱。

以下为我国近些年设计制造的部分金属家具产品样式（图1-71~1-82）。

图1-71 金属办公桌

图1-72 金属办公屏风

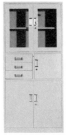

图1-73 金属文件柜

图1-74 金属智能密集架

图1-75 不锈钢橱柜

图1-76 金属衣柜

图1-77 金属排椅

图1-78 金属课桌椅

图1-79 钢木家具

图1-80 金属圈椅　　　　　　　　图1-81 金属搁架　　　　　　　图1-82 金属户外座椅

　　虽然我国金属家具是家具工业中比较年轻的产品品类，但随着技术的进步，人们生活水平的不断提高，金属家具工业的发展步伐不断加快。随着科技及生产力的不断发展，金属材料的质量、加工手段、表面涂饰技术会有大幅度的提高，金属材料以其独特的质感及美学效果会成为现代家具制造中不可或缺的重要材料。相信在市场经济和现代高科技的推动下，我国金属家具产品会不断向高品质、世界一流的水平发展。

1.3　金属家具的特点

　　金属家具的特点，主要是与传统的木质家具相比而言。由于两者各自的材料、结构、性能和加工工艺等方面有很大区别，所以表现出来的特点也不同。

1.3.1 材料特点

　　金属家具使用各种金属材料作为受力构件，而金属材料的机械性能大大优于木材等其他材料。金属材料化学性能稳定，因此金属家具耐用性、耐磨损性比较好，其独特的防火防潮性能适合厨房等高温高湿的环境。同时，金属材料的导热、导电性能好，故其表面装饰处理适宜于电镀、电泳及静电喷涂等先进工艺。利用金属材料的可塑性和可焊性，还可以进行铸造、锻造、模压、焊接和多种方法的自动化、机械化加工。再者，金属材料没有木质材料的各向异性、不均匀性等缺陷，在家具制造及使用中，不会因气候变化而产生变形开裂，因而易于提高构件的精度，使构件有良好的互换性。

　　金属家具可使用普通碳素结构钢、合金结构钢、不锈钢及灰铸铁等黑色金属材料以及铜合金、铝合金、钛合金等有色金属合金材料制造，材料来源广泛、价格低廉。金属材料从选用到制作过程以及用后淘汰，都不会给社会带来资源浪费，更不会对生态环境产生不友好的影响，环保性能好，具有可回收再循环利用性。同时，金属家具没有甲醛、苯、二甲苯等污染物质的危害。

　　金属材料的不足之处也像它的长处一样明显，金属材料是化工提炼而成，不像木材、竹材那样是有机生物，和人类有生命亲和力。同时，类比没有生命感的玻璃，它又缺乏通透的活泼感。由于金属材料物理性能表现为有光泽，质感冷且硬度很大，金属家具容易在视觉、触觉、情感及心理上都给人距离感、冷峻感和生硬感，同时也会产生人们不太喜欢的声响。但金属材料与其他材料的搭配能力非常强，如搭配使用木、竹、藤、玻璃、石材、塑料、纺织品和皮革等不同材质的构件，既可以中和"冰冷"的视觉效果，又可以形成层次鲜明、有机和谐的统一整体，并且不同的搭配具有不同的造型特征和独特风格。

1.3.2 加工工艺特点

金属材料的加工技术较为成熟，具有实现机械化、自动化加工的有利条件。因此，金属家具的制造工艺过程简单、自动化程度高、生产效率高、适合于大批量生产。

金属家具使用的金属材料多以空芯管材、薄型板材等为主，这就决定了金属家具的加工工艺也大致以管型材的成型加工和薄型板材的剪裁和冲压等加工为主，配合模压、弯曲、焊接等加工方法，少有车、钳、刨、铣等常规金属切削加工方式，所以加工工艺流程短、效率高。近年来，轻质铝型材由于铸造方便、强重比高、不生锈等特点，也大量用于家具制造中，但多以型材为主，少见板材，家具厂对它的加工就更为简单，主要是管型材的截断、钻孔等加工。但由于金属材料强度高，金属家具的加工设备往往都比较庞大，切削力也比较大，设备投资大，而且复杂程度高。

金属家具的表面装饰常用电镀、烤漆、敷塑、喷涂等工艺，特别是近年来发展的粉末静电喷漆，不仅使得涂料的利用率提高，也使得金属家具制造在环保方面得到很大的改善。经过表面处理，不仅可使金属家具外观五彩缤纷、斑斓多姿，而且起到保护金属、提高表面硬度防止划伤、增强耐腐蚀的作用。金属表面也可以抛光而显现其自然本色（如铜、不锈钢等），还可镀其他材料以获得不同光泽，如镀铬、镀锌、仿金镀等。

1.3.3 结构及连接特点

金属家具多采用拆装、折叠、套叠、插接等结构，通常采用焊、螺钉、销接等多种连接方式。金属家具最大限度地采用了通用标准件，成本低、质量好。一些螺钉、螺母、轴、垫和家具专用连接件等均有专业生产厂家制造。家具的零部件可以分散加工、集中组装，有利于实现零部件的标准化、通用化、系列化。金属家具的构件及连接件，在生产过程中占用场地小，仓容小、质轻，包装体积小。采用薄板材、薄壁管材作零部件，可以减少构件的数量。因此，金属家具具有结构简练、轻盈舒适、使用灵活、运输方便等特点。在金属家具构件中，采用铸造加工，实现模具化生产，将有利于金属家具结构造型的创新，如剧院、礼堂等公共场所，座椅的腿采用铸铁，具有结构牢固、造型优美、取材新颖、工艺简单和便于批量生产等优点。

1.3.4 造型特点

金属家具造型具有材料美、结构美、工艺美、形式美的特征。金属家具所用的金属材料具有良好的可加工性，可任意弯曲成不同的形状，营造方、圆、尖、扁等不同造型，所以金属家具多设计成曲直结合，刚柔相济的造型风格。还可通过对金属材料的冲压、锻、铸、模压、焊接等加工获得造型各异的金属家具。同时金属家具还可通过电镀、喷涂、覆塑等加工工艺来获得丰富多彩的表面装饰效果，表现独特的金属光泽。

金属家具容易实现折叠功能，不仅使用起来方便，还可节省空间。金属家具造型优美，形态独特，色彩明快，风格前卫，展现出极强的个性化风采，这些往往是木质家具难以比拟和企及的。

传统的金属家具，由不同的材料与加工工艺，决定了不同的造型特点。主要分为三大类，一类是以金属材料作为支架，辅以木材、玻璃、石材等硬质材料，这类金属家具的主要造型特点是结构鲜明、洗练简洁、体型轻盈；第二类是以金属材料为承载，辅以织物、皮革、海绵等软质材料，这类金属家具的主要造型特点是线条流畅、刚柔并济、富有张力；第三类是完全以金属作为主要材料，这类家具的主要造型特点是轻巧通透、线条疏朗、质感突出。随着时代的发展变化和工艺技术的进化，金属家具的造型越来越大胆前卫，推陈出新，不再拘泥于这三类。

1.4 金属家具的创新设计

我国人口众多，家具市场广阔，潜在消费量很大。因此，金属家具生产有着广阔的发展前景。以前金属家具多用于办公场合，随着金属家具性能的提高和环境的改善，金属家具逐渐进入家庭、办公、餐饮、休闲、娱乐等场所。因此，产品不断创新，增加花色品种，对于适应国内外消费者不断变化的新需求，具有重要的意义。金属家具的创新设计方法有以下几种。

（1）材料的创新

材料是实现家具产品的物质基础，材料的创新一直作为家具创新设计的一种有效途径，新材料的出现一般会为家具设计带来变革。金属家具材料创新的途径主要有：①新材料的研发与有效使用。每一种新材料的出现都代表着一种新技术的诞生。②材料之间新的搭配方式。金属家具材料的组合各式各样，不同的组合会有不同的视觉感和肌理感。

（2）结构创新

结构的创新主要体现在金属材料之间的连接工艺、金属材料与其他材料搭配使用时的连接工艺以及五金件的使用等方面。不同的结构能产生不同的造型。金属家具通过创新连接结构不仅能简化工艺，丰富造型，同时还能提高舒适性，如利用各种可调控五金连接件将金属家具各组成部分连接，能让金属家具更加贴近使用者的使用习惯，给人带来更舒适的使用效果。

（3）工艺技术创新

工艺技术是保证金属家具创新设计得以实现的条件。金属成型加工技术的进步使金属家具部件的结合更巧妙、形态更自由，家具形态更容易实现个性化和多样化。如金属板料渐进成型技术，无需模具就能精确制造复杂曲面。表面处理技术的创新能带来更丰富的视觉效果和更亮丽的色彩，如金属表面进行拉丝效果的处理，不仅可以给家具带来丰富的视觉效果和舒适的手感，更能把金属家具的档次和品位推向一个极高的境界。

（4）形态创新

利用金属优良的性能，结合各种造型设计方法、形式美法则，可以创造出更多具有艺术感、雕塑感的金属家具造型，能给人强烈的视觉冲击感，是视觉功能的体现，也是实际功能与实质内涵的延伸和创新。

金属家具在我国的发展时间不长，因为冷酷的外表和消费者的传统习惯，更多被用于户外和公共家具。在设计中融入传统文化元素，可以软化金属家具的冷峻感，增强金属家具的文化属性和审美趣味。在应用传统文化元素设计时，不但要进行文化形态的研究，更要把握现代工艺技术和社会发展的特点，才能找到合适的平衡点，设计出符合大众需求的产品。

（5）功能创新

设计开发多功能金属家具，如围绕轴心旋转或者通过折叠结构进行横向推拉，或者竖向升降实现其功能的转换。在多功能家具中可以充分发挥金属材料的优势，如钢管可用于主体框架结构，能保证结构强度、节省材料、保持轻量，并使转换动作灵活实现。

（6）标准化创新

金属家具的制造大量采用冲压模具，工费较大，影响了金属家具品类的扩充和成本的降低。所以应提高金属家具的标准化程度，将金属家具的某些零部件，如台面、抽屉、转椅底盘、搁板等实现社会分工专业化生产，这样既可提高工装模具的利用率，又可降低生产成本。同时，金属家具厂家通过灵活选用各种规格的零部件，便可制造多种规格的产品，以满足市场的不同需求。

1.5 金属家具的发展趋势

目前，国外金属家具生产已向着自动化、连续化的现代化生产方向发展。一些欧美国家把金属家具放在重要地位，在家具行业中独树一帜。金属家具也是我国家具行业需要加速发展的产品门类。未来金属家具的发展趋势，可以从以下三方面来概括。

（1）适用范围扩大，产品品类更加丰富，新的造型和结构形式层出不穷

目前，金属家具的市场占有率相对较低，金属家具正处在成长的过程。未来几年，随着人们生活水平的提高，追求卓越、强调个性、展示自我，清新、自然、环保、融合时代气息和显示家居品位的金属家具将成为市场的主流之一。金属家具使用范围也会越来越广，轻便、结构牢固、线条简洁明快的金属办公家具很受欢迎；在旅游、健身、美容方面，金属家具也有广阔的市场前景；家庭中高档金属床、几桌椅类金属家具也逐渐被人们所喜爱。未来金属家具的设计将从单件产品、成套产品发展到整座建筑的家具设置的全面统一设计。

折、拆、叠、套、插的结构形式，适应金属材料的特点，特别是折叠式的金属家具，结构简练，轻巧美观，灵活方便，是中、低级产品中比较理想的结构形式。因此，折叠、拆装、组合多用家具也是发展方向之一。今后，根据其使用功能，在外形、结构和材料的配合方面不断改进、创新，将沿着现代化、多用化、艺术化、智能化方向发展。

（2）高级专用家具得以发展

未来，金属家具将向自动化、智能化方向发展。如智能密集架可通过电脑装置和电脑软件实现对档案的智能存储、查询、调用。通过在传统密集架的基础上安装智能芯片，实现通过终端设备可以遥控操作整个密集架的移动存取工作，既可大量节省图书馆的建筑面积，又能减轻管理人员的劳动强度。

智能文件柜采用主控系统、档案盒定位系统、RFID识别系统、扫描器等结合智能档案管理软件，实

现了对档案盒的权限存取、定位管理、智能存取、智能盘点、在线监控等功能，实现对档案文档的规范化、智能化、自动化管理，有效提高档案管理的效率以及存取的可靠性。针对涉密性文件资料，柜体装有电控锁，可以通过指纹认证、刷卡、密码输入等方式进行权限开启文件柜门，同时可以通过摄像头记录资料文件存取记录，实现了可靠性管理文件资料的功能。

带有智能除湿、抑菌、香薰等功能的智能衣柜，可为衣物提供最佳储存的湿度、温度环境。在这个环境下，它甚至提供熨烫服务，熨完还可以烘干。甚至可以喷洒香水，让每一次从里面拿出的衣服都保持最佳状态。

（3）金属家具加工技术的自动化程度越来越高

近年来，我国金属家具的生产取得了很大的发展。激光切割技术具有图形任意、尺寸和深浅度调节随意、精度高、速度快、切口光滑无毛刺、自动排版省材料、无模具消耗等优势，将精湛的切割和镂空工艺融入原本呆滞冰冷的金属材质，可实现创意个性化定制；管材的弯曲工艺，已经由每次弯一根管材到弯曲多根管材，从双直角弯曲发展到四直角同时弯曲成型。弯管机械也已经发展为半自动化、自动化的弯管机，甚至数控技术也应用到家具加工机械中；冲压工艺正向自动化和先进的安全操作方面发展；现代工业生产中的先进焊接工艺，已成功地应用于金属家具的生产中，焊接工艺已由气焊发展到根据不同构件、不同部位的要求采用相应的焊接方法和工艺、甚至可以实现一次成型机器人焊接；不释放有害物质的粉末静电喷涂工艺也已得到应用。加工技术的进步对金属家具的发展将起到很好的推动作用。

随着人类对于生态环境的保护意识越来越强烈，许多国家都纷纷采取措施限制木材的加工和出口，于是，生产家具的原材料开始朝着金属家具的方向发展。金属家具以其材料固有的材质特性和加工工艺特性，必将在未来的家具市场中占据重要的地位。

复习思考题

1、金属家具的概念。

2、金属家具的分类。

3、金属家具的特点。

4、试述金属家具的发展演变过程。

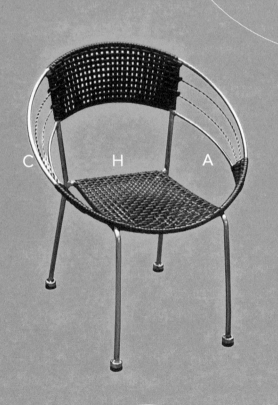

2

金属家具
材料

C H A P T E R

金属家具可以是全部由金属材料制作而成，也可以由金属管材、板材等其他型材为主组成的构架或构件，配以木材、人造板、皮革、纺织面料、塑料、玻璃、石材等辅助材料制作而成，因此，生产制造金属家具的材料除了主要的金属材料以外还有其他辅助材料。

2.1 金属材料种类与性能

2.1.1 金属材料的种类

金属材料是指金属元素或以金属元素为主构成的具有金属特性的材料的统称。

金属材料通常分为黑色金属、有色金属和特种金属材料。

黑色金属：通常指的是以铁为主要成分的各种铁合金，主要是指铁碳合金，即我们生活中的铁和钢，包括含铁90%以上的工业纯铁，含碳2%～4%的铸铁，含碳小于2%的碳钢，以及各种用途的结构钢、不锈钢、耐热钢、高温合金、精密合金等。但有一种铁合金不是黑色的，那就是铁与铬或锰形成的合金，称为不锈钢，是银白色的。广义的黑色金属还包括铬、锰及其合金。

有色金属：是以一种有色金属为基体（通常大于50%），加入一种或几种其他元素而构成的合金。通常是指除铁、铬、锰以外的所有金属及其合金，又称非铁金属。通常分为轻金属（如铝、镁）、重金属（如铜、铅、锌）、贵金属（如金、银、铂）、半金属、稀有金属和稀土金属等。有色合金的强度和硬度一般比纯金属高，并且电阻大、电阻温度系数小。

特种金属材料：包括不同用途的结构金属材料和功能金属材料。其中有通过快速冷凝工艺获得的非晶态金属材料，以及准晶、微晶、纳米晶金属材料等；还有隐身、抗氢、超导、形状记忆、耐磨、减震阻尼等特殊功能合金，以及金属基复合材料等。

家具中常用的金属材料有钢和铁、铝及铝合金、铜及铜合金等。

2.1.2 金属材料的性能

金属材料性能一般分为工艺性能和使用性能两类。

工艺性能是指产品零件在加工制造过程中，金属材料在特定的冷、热加工条件下表现出来的性能。金属材料工艺性能的好坏，决定了它在制造过程中加工成型的适应能力。由于加工条件不同，要求的工艺性能也就不同，如铸造性能、可焊性、可锻性、热处理性能、切削加工性等。

使用性能是指产品零件在使用条件下，金属材料表现出来的性能，它包括力学性能、物理性能、化学性能等。金属材料使用性能的好坏，决定了它的使用范围与使用寿命。在家具产品中，一般零件都是在常温、常压下使用的，且在使用过程中各零件都将承受不同载荷的作用。金属材料在载荷作用下抵抗破坏的性能，称为力学性能。金属材料的力学性能是零件设计和材料选择的主要依据。外加载荷性质不同（例如拉伸、压缩、扭转、冲击、循环载荷等），对金属材料要求的力学性能也将不同。常用的力学性能包括强度、硬度、刚度、弹性、塑性、变形、冲击韧性和疲劳破坏等。

（1）强度：是金属材料抵抗破坏的能力。金属材料的强度分为屈服强度、抗拉强度、抗压强度、抗弯强度和抗剪强度等。

（2）硬度：是的指材料抵抗硬物压入表面的能力。常用的硬度标准为布氏硬度（HBS）和洛氏硬度（HRC）两种。

（3）刚度：材料在受力时抵抗弹性变形的能力。

（4）变形：金属材料在外力作用下，所引起的尺寸和形状的改变，称为变形。可分为压缩变形、拉伸变形、剪切变形和弯曲变形等。

（5）弹性与塑性：金属材料在外力作用下发生变形，若将外力解除，其变形又完全恢复，这种变形称为弹性变形。金属材料的这种性质叫做弹性。

（6）塑性变形与塑性：金属材料受外力作用，产生的永久变形，仍保持材料不受破坏的状态，称为塑性变形。材料的这种性质叫做塑性。

（7）冲击韧性：是指材料抵抗冲击的能力。冲击韧性的测定，在冲击试验机上进行。冲击载荷的破坏能力，要比静载荷大得多。因此，制造冲击力较大的工件，需选用具有良好冲击韧性的金属材料。

（8）疲劳破坏：是指零件在循环应力或循环应变作用下，当材料和结构受到多次重复变化的载荷作用后，应力值虽然始终没有超过材料的强度极限，甚至比弹性极限还低的情况下，产生裂纹或突然发生完全断裂的破坏现象，叫做金属的疲劳破坏。

2.2 金属家具常用金属材料

2.2.1 钢和铁

铁在自然界中蕴藏量极为丰富，占地壳元素含量的5%，居地球物质中的第四位。铁元素很活泼，容易与其他物质结合。

2.2.1.1 钢铁材料的分类

根据含碳量标准，铁金属可区分为铸铁、锻铁和钢三种基本形态。

（1）铸铁

含碳量在2%以上的铁称为铸铁或生铁。根据生铁中碳存在形态的不同又可分为白口铁、灰口铁和球墨铸铁。白口铁中碳以Fe_3C形态分布，断口呈银白色，质硬而脆，不能进行机械加工，是炼钢的原料，故又称炼钢生铁。碳以片状石墨形态分布的称灰口铁，断口呈银灰色，易切削，易铸，耐磨。若碳以球状石墨分布则称球墨铸铁，其机械性能、加工性能接近于钢。铸铁的晶粒粗而韧性弱，硬度大而熔点低，耐压耐磨，铸造性好，适合铸造各种铸件。金属家具中的某些零件，如桌椅腿、铸铁底座、支架及装饰件等承受压力及稳定性要求较高的部件一般用灰铸铁制造。

（2）锻铁

含碳量在0.05%以下的铁（用生铁精炼而成），称为锻铁、熟铁或软钢。其硬度小而熔点高，晶粒细而韧性强，不适于铸造，但易于锻制各种器物。利用锻铁制造家具历史较久，传统的锻铁家具多为大块头，造型上繁复粗犷者居多，是一种艺术气质极重的工艺家具，或称铁艺家具。锻铁家具线条玲珑，气

质优雅，款式方面更趋多元化，由繁复的构图到简洁的图案装饰，式样繁多，能与多种类型的室内设计风格配合。

（3）钢

钢是含碳量小于2%的铁碳合金，为了保证其韧性和塑性，含碳量一般不超过1.7%。钢的主要元素除铁、碳外，还有硅、锰、硫、磷等。钢不仅有良好塑性，而且钢制品具有强度高、韧性好、耐高温、耐腐蚀、耐磨、易加工、抗冲击、易提炼等优良物化性能，因此被广泛利用。

钢材制成的家具强度大、断面小，能给人一种沉着、朴实、冷静的感觉，钢材表面经过不同的技术处理，可以加强其色泽、质地的变化，如钢管电镀后有银白而又略带寒意的光泽，减少了钢材的重量感。不锈钢属于不发生锈蚀的特殊钢材，可用来制造现代家具的组件。

制造金属家具常用的钢材，主要有两类：碳钢和合金钢。

① 碳钢

碳钢也称碳素结构钢，是铁和碳的合金。碳钢是最常用的普通钢，冶炼方便、加工容易、价格低廉，而且在多数情况下能满足使用要求，所以应用十分普遍。

按碳钢含碳量不同分类：低碳钢、中碳钢和高碳钢。随含碳量升高，碳钢的硬度增加、韧性下降。

按碳钢的质量分类：普通碳素钢、优质碳素钢、高级优质碳钢。

按碳钢用途分类：碳素结构钢（主要用于制造工程构件、金属家具、各种机器零件）、碳素工具钢（主要用于制造各类刃具、模具、量具）。

表2-1 优质碳素结构钢常用牌号

牌号	主要特征	用途举例
08F，10F	强度硬度低，塑性韧性高。冲压、拉延等冷加工性能和焊接性能优良。	用于轧制薄钢板、钢带、钢管和冲压零件等，为钢制家具常用材料。
15，20	强度较低、塑性韧性、冷加工和焊接性能都很好。切削加工性能较差。	用于轧制薄板，制造各种板金件及钢管为钢家具常用材料。
35，45	高强度中碳钢，综合机械性能较好，焊接性较差，机械厂最常用钢种。	用作各类调质件，一般不作焊接件使用。钢家具中常用作织金属网，45钢锻造床头具有仿古的效果。
65Mn	高强度高碳钢，热处理可获得较高弹性极限。焊接性能，冷加工性能不好。	常用于制造各类弹簧。钢家具中用于绕制各类螺旋弹簧。

②合金钢

合金钢又叫特种钢，在碳钢的基础上加入一种或多种合金元素，使钢的组织结构和性能发生变化，从而具有一些特殊性能，如高硬度、高耐磨性、高韧性、耐腐蚀性，等等。合金钢种类很多，通常按合金元素含量多少分为低合金钢、中合金钢、高合金钢。

不锈钢是合金钢的一种。不锈钢是在碳钢的基础上添加一定含量的铬、镍等元素冶炼制成，在空气或化学腐蚀介质中能够抵抗腐蚀的高合金钢。不锈钢是不锈钢和耐酸钢的总称。不锈钢一般是指耐空气、蒸汽、水等弱腐蚀介质或具有不锈性的钢，耐酸钢是指耐化学腐蚀介质（酸、碱、盐等化学浸蚀）腐蚀的钢。

不锈钢中最常用的合金元素是铬，可使钢的表面形成一层稳定、致密的与钢基体结合牢固的钝化膜，这层膜极薄而透明，肉眼几乎看不到，看到的依然是银亮光泽的金属表面。这层膜使金属与外界的介质隔离，能有效地制止或减缓金属的腐蚀破坏；并且还具有自我修复的能力，如果一旦遭到破坏，钢中的铬会与介质中的氧重新生成钝化膜，继续起保护作用。

实际上，为了使不锈钢既具有良好的耐腐蚀性能，又具有良好的力学和物理等其他性能，根据不同要求，钢中除添加较高含量的合金元素铬以外，还可以添加镍、钼、锰、氮等其他合金元素。这样不仅可以改变钝化膜的化学组成，强化它在苛刻介质中的耐腐蚀能力，而且使钢材还能获得足够的强度、塑性和韧性，以及良好的工艺性能，如可焊接性、加工成型性等。

不锈钢中含碳量一般很低，其原因是由于碳与铬的亲和力很大，能与铬形成碳化物，从而使钢的耐蚀性下降，所以含碳量愈高，不锈钢的耐蚀性则愈差。但是不锈钢的强度，随含碳量的提高而增加。

不锈钢除具有良好耐蚀能外，还具有良好的机械性能和加工性能，是常用的金属家具材料。

常用的不锈钢有40多种。不锈钢的分类方法很多，按主要化学成分可分为：铬系不锈钢（俗称400系）、铬镍不锈钢＆铬镍钼不锈钢（俗称300系）、铬锰氮不锈钢（俗称200系）；按所加元素的种类不同可分为：铬不锈钢、铬镍不锈钢和铬锰氮不锈钢等；按组织状态可分为：马氏体不锈钢、铁素体不锈钢、奥氏体不锈钢、奥氏体－铁素体（双相）不锈钢、沉淀硬化不锈钢等。

马氏体不锈钢：具有较高的强度、硬度和耐磨性，但耐蚀性稍差，用于力学性能要求较高、耐蚀性能要求一般的零件上。这类钢是在淬火、回火处理后使用的。锻造、冲压后需退火。常用牌号有0Cr13、1Cr13、2Cr13、3Cr13、4Cr13。前三种含碳量较低，作结构钢使用，在大气或水蒸气中具良好耐蚀性。在淡水、海水等介质中也具有足够的耐蚀性。常用于制造家用器皿、家用电器、建筑装饰材料、不锈钢家具等。后两种常用作外科刀具和医疗器械等。

铁素体不锈钢：因为含铬量高（15%～30%），耐腐蚀性能与抗氧化性能均比较好，但机械性能与工艺性能较差，多用于受力不大的耐酸结构及作抗氧化钢使用。这类钢能抵抗大气、硝酸及盐水溶液的腐蚀，并具有高温抗氧化性能好、热膨胀系数小等特点，用于硝酸及食品工厂设备；可制造在高温条件下工作的零件等。常用牌号有Cr17、Cr17Mo2Ti、Cr25、Cr25Mo3Ti、Cr28等。

奥氏体不锈钢：含铬大于18%，此外含有8%左右的镍及少量钼、钛、氮等元素。综合性能好，可耐多种介质腐蚀。常用牌号有1Cr18Ni9、0Cr19Ni9等。这类钢具有良好的塑性、韧性、焊接性、耐蚀性能和无磁或弱磁性，有高的化学稳定性，常用作制造各类化工用设备、乳制品和食品加工工业。目前，也有的家具厂商采用日本进口大口径厚壁奥氏体不锈钢管，配以真空镀钛合金的工艺生产床具。奥氏体不锈钢和钛合金具有较强的耐腐蚀性和较高的机械性能，使得床具不仅光亮润泽、富丽堂皇，同时更加坚固、耐磨、耐强酸（碱、卤）。

奥氏体－铁素体双相不锈钢：双相不锈钢通常由奥氏体和铁素体两相组织构成，两相比例可以通过合金成分和热处理条件的改变加以调整，兼有奥氏体和铁素体不锈钢的优点。与铁素体相比，塑性、韧性更高，无室温脆性，耐晶间腐蚀性能和焊接性能均显著提高，同时还保持有铁素体不锈钢的475℃脆性以及导热系数高，具有超塑性等特点；与奥氏体不锈钢相比，强度高且耐晶间腐蚀和耐氯化物应力腐蚀有明显提高。双相不锈钢屈服强度高、耐点蚀、耐应力腐蚀，易于成型和焊接。

沉淀硬化不锈钢：沉淀硬化不锈钢按其组织分成马氏体沉淀硬化不锈钢、半奥氏体沉淀硬化不锈钢和奥氏体加铁素体沉淀硬化不锈钢。这种类型的不锈钢可借助于热处理工艺调整其性能，使其在钢的

成型、设备制造过程中处于易加工和易成型的组织状态。半奥氏体沉淀硬化不锈钢通过马氏体相变和沉淀硬化，奥氏体、马氏体沉淀硬化不锈钢通过沉淀硬化处理使其具有高的强度和良好的韧性。

常用的不锈钢牌号有0Cr18Ni18，0Cr17Ti，1Cr18Ni17Ti，1Cr17Ni9，0Cr18Mn2Ti等。

不锈钢的牌号：第一位数字表示平均含碳量的千分之几，小于千分之一的用0表示，后面表示主要合金元素的符号及其平均含量。

例：2 Cr13Mn9Ni4，表示含碳量为0.2%，平均含铬、锰、镍依次为13%，9%、4%。

2.2.1.2 钢铁材料的规格

钢材一般分为板（带）材、管材、型材和丝材等四大类。

（1）板（带）材

板（带）材分为板、片、带和卷板等几种：厚度＜4mm的板材为薄板；厚度4~24mm的板材为中板；厚度为25~60mm的板材为厚板；厚度＞60mm的板材为特厚板。

钢带可加工成各种类型的管材，它在一定弯曲半径范围内可进行任意弯曲造型；钢板可加工成条状或块状的板料，按结构的需要冲压成形，成为各种形态的零件。金属家具常用一些冷轧薄钢板或不锈钢板冲压或弯折各种零件，板材厚度大都为0.8~3mm。这类薄钢板加工方便，设备简单，在技术上及经济上都有较高的优越性。凡用于弯曲或拉延的板材应符合关于普通碳素结构钢及低合金结构钢薄钢板和深冲压用冷轧薄钢板的有关技术条件的国家标准，或不低于同等性能的冷轧板材。

常用的不锈钢板厚度小于4mm，尤其是厚度在2mm以下的板材用得最多。不锈钢可分为平面钢板和凹凸钢板。平面钢板又分为三类：板面光反射率在90%以上者，称为镜面钢板；板面反射率小于90%但大于70%者，称为有光钢板；而板面反射率在50%以下者称为亚光钢板。凹凸钢板也分为三类：浮雕板、浅浮雕花纹板和网纹板。平面钢板通常是经研磨、抛光工序而制成的。凹凸钢板通常是正常的研磨与抛光之后，再经辊压、腐蚀、雕刻等加工，最后再经特殊研磨而制成的。不锈钢板如通过化学浸渍着色处理，可制得彩色不锈钢板。彩色不锈钢板无毒、耐腐蚀、耐摩擦，加工性能好，色泽随光照角度不同产生变幻的色调效果。彩色涂层能耐200℃以下高温，耐盐雾腐蚀性能较一般不锈钢好。

不锈钢板使用范围很广，主要用于建筑内外墙装饰板、天花板、门、窗、柱、楼梯扶手、电梯，还可用于制造防腐设备、牌匾、广告壁面、板面、装饰图案、仪表仪器面板及各类车辆装饰板。由于其特殊的耐腐性能以及较高的表面光洁度，因此在公用厨房家具、工业用操作台、户外家具等方面有广泛的应用。

（2）管材

按照形状可分为圆管、扁管、方管、六角管及异形管；按照生产方式可分为无缝钢管和焊接钢管两类。

金属家具常用管材多为高频焊接管材，其强度较高，富有弹性，易于弯曲，有利于设计造型，也便于与其他材料的组合和连接。经表面镀、涂后色彩多样，美观大方，普遍用作金属家具主要受力的支撑构架。管材所用带钢应符合国家有关标准的规定。我国目前金属家具用高频焊管的规格主要为壁厚1~1.5mm；外径有13、14、16、18、19、20、22、25、28、32、36（mm）等规格；常用的有14、19、22、25、32、36（mm）等规格。管材直径由小到大的递增可以方便家具结构上管件的套接或做相应的零件。

用于金属家具的管材形状除圆管外，比较流行的还有方管、矩形管、菱形管、扇形管、平椭圆管、梭子管、三角管、边线管等异形管，如图2-1所示。此类异形管都是以钢带投料，经过高频联合焊管机轧制成型，焊接加工而成。

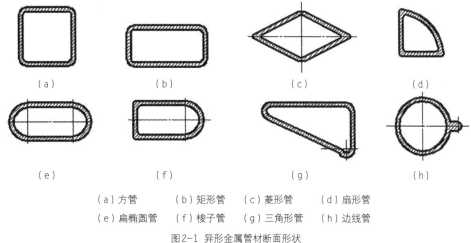

(a)方管　　(b)矩形管　　(c)菱形管　　(d)扇形管
(e)扁椭圆管　　(f)梭子管　　(g)三角形管　　(h)边线管

图2-1 异形金属管材断面形状

（3）型材

型材可分为简单断面和复杂断面两种。简单断面包括圆钢、角钢、扁钢、方钢和其他异形断面钢，其中 Φ6.5～9.0mm的圆钢称为线材或盘条。复杂断面则是指工字钢、槽钢、钢轨、窗框钢、钢板桩及其他异形钢材。

（4）丝材

丝材是线材的一次冷加工产品，其断面形状有圆形、扁形、三角形及方形等。钢丝除了直接使用外，还用于钢丝绳、钢绞线和其他制品。

钢丝网是目前金属家具生产中用来制作为各种床屉和折叠床绷，俗称钢丝床或钢丝绷。家具使用的钢丝网一般选用优质碳素钢，钢丝直径一般0.8mm，表面镀锌钢丝。钢丝网的网面采用织网机编织而成，钢丝成螺旋状互相交错而形成网面，并有一定的伸缩性，最后再根据所需的幅面尺寸进行卡边而成。钢丝还可以制作成各类弹簧用在软体家具上，有盘簧、弓簧、拉簧等形式，常用于制作床垫、沙发垫等。

2.2.2 铝及铝合金

铝是有色金属中的轻金属，铝在地壳中的含量仅次于氧和硅，位列第三。在金属品种中，仅次于钢铁，为第二大类金属。铝在自然界中以化合物状态存在，如：铝矾土、高岭石、明矾石等。铝是较活泼的金属，极易与空气中的氧生成一层氧化铝薄膜，使铝受到保护作用，具有一定的耐蚀性。但铝制品不能与强酸或强碱接触，否则将被腐蚀。

铝的表面为银白色，反射光能力强。铝具有一系列比其他有色金属、钢铁、塑料和木材等更优良的特性，如：密度小，仅为2.7g/cm³，约为钢铁的1/3；其导电性和导热性仅次于铜，可用来做导电与导热材料；良好的力学性能和抗冲击性；延展性良好，可塑性强，可以冷加工成板材、管材、线材及薄壁空腹型材，也可辗压成厚度很薄的铝箔。此外，铝材的高温性能、成形性能、切削加工性能、铆接性、胶合性及表面处理性能也较好。因此，铝材在航空航天、航海、汽车、桥梁、建筑、电子电器、能源动力、冶金化工、机械制造、农业排灌、包装防腐、电器、家具、日用文体等各领域都有着广泛的应用。但铝的强度和硬度较低，为了提高强度和改善性能，可在纯铝中添加镁、锰、铜、硅和锌等合金元素获得铝合金。

铝合金既保持了铝质量轻的特性，同时机械性能明显提高，大大提高了使用价值。铝合金以它特有的力学性能和材料特性广泛地应用于现代金属家具结构框架、五金配件等，如用铝合金与玻璃等材料结合制成的满足不同功能的各类家具、家用电器、厨房用具等，体现出结构自重小、不变形、耐腐蚀、隔热隔潮等优越的性能特点。

铝合金由于其重量轻、强度高、塑性好、优良的抗腐蚀性及着色性，所以在现代工业生产和室内装饰中有广泛的应用。用它制造金属家具，可使家具轻便坚固、方便携带、抗腐蚀、经久耐用和色彩绚丽美观。目前，一般轻金属家具多选用铝—镁—硅系合金材料，其具有强度中等、耐蚀性高、无应力腐蚀破裂倾向、焊接性能良好等优点。铝合金材型有板材、型材、管材、带材、棒材、线材等多种。家具中常用的铝合金制品是铝合金板材、型材及管材。

（1）铝合金板材

普通铝合金板材包括用工业纯铝、防锈铝和超硬铝冷轧或热轧的标准板材。这些板材表面装饰性差，家具较少直接使用。一般都是用它做基材，经各种装饰加工后做成铝合金花纹板、铝合金浅花纹板、铝合金压型板等。铝合金花纹板花纹美观、板材平整、尺寸准确、安装方便，用于装饰面板及装饰构件等。铝合金浅花纹板花纹精巧别致，色泽美观大方，抗污垢、抗划伤、抗擦伤性能也有所提高，可用于实验室等场所的各类金属家具。铝合金压型板是用工业纯铝和防锈铝加工而成的装饰板材，通过表面处理或涂饰可以得到各种颜色的产品，它重量轻、刚度高、美观大方、线条流畅，用于柜台、橱窗、广告装饰等。

（2）铝合金型材

铝合金具有良好的可塑性和延展性，可采用挤压加工方式制造出各种断面形状的铝合金型材。铝合金型材具有重量轻、耐腐蚀、刚度高等特点。表面经过氧化着色处理后美观大方，色泽雅致，在家具中用途十分广泛，可用做家具结构材料、屏风骨架、各种桌台脚、装饰条、拉手、走线槽及盖、椅管等。目前大多数铝加工企业都生产这类家具专用铝合金型材，其断面可根据用途、结构、连接等要求轧制成多种形状，并且可得到理想的外轮廓线条，如图2-2、2-3所示，使用时可根据用途及部位进行选择。

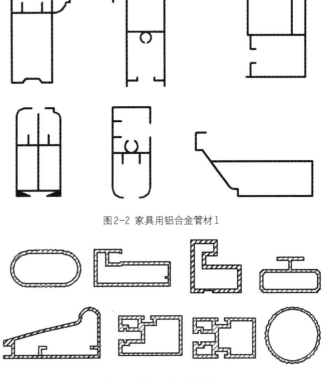

图2-2 家具用铝合金管材1

图2-3 家具用铝合金管材2

（3）铝合金管材

桌子、柜子、沙发、椅子等底座、支座框架和扶手是由铸造、拉制或挤压的管材（圆形、正方形或矩形）、薄板或棒材制造而成。用于制作家具的铝合金管材，其断面可根据用途、结构、连接等要求轧制成多种形状，并且可获得理想的外轮廓线条。

随着金属家具的迅速发展，所用材料不单纯是管材和型材，而是根据产品花色品种结构的需要，采用压铸或铸造，以使产品更显珍贵和富有艺术性。

铝合金家具采用常规的制造方法，通常采用氩弧焊接或硬钎焊或铆接连接，采用不同的表面加工方法，如机械、阳极氧化、氧化上色、涂釉层或喷漆。

2.2.3 铜及铜合金

人类对金属铜的认识可以追溯到青铜时代，铜是人类使用较早，用途较广的一种有色金属。在古代家具及装饰中，铜材是一种重要材料。在现代家具中，铜材是高级连接件、五金配件和装饰件等的主要材料。

铜在地壳中的储量约占0.01%，且在自然界中很少以游离状态出现，多以化合物的状态存在。

铜为有色重金属，密度为$8.92g/cm^3$。纯铜因表面氧化生成的氧化铜薄膜呈紫红色，故称紫铜。铜材的装饰效果集古朴和华贵于一身，美观雅致，光亮耐久，可体现华丽高雅的氛围。常用于公共建筑和高级住宅的楼梯扶手、栏杆和防滑条，以及卫生器具和五金配件等。

在铜中掺入锌、锡等元素可形成铜合金。铜合金保持了铜的良好塑性和高抗蚀性，又改善了纯铜的强度和硬度等机械性能。

铜及铜合金由于具有电导率与热导率高、抗腐蚀性强、加工成型性好、强度适中等一系列优良特点，目前已在各行各业得到广泛应用。常用的铜合金为黄铜、青铜。

（1）黄铜

黄铜为铜与锌的合金，随着锌含量的加大，黄铜的色泽变淡，机械性能也随之改变。一般，含锌量为30%时，黄铜的塑性最好，含锌量为40%时，强度最高。一般黄铜的含锌量大多在30%以下。

黄铜的韧性较大，但切削和加工性差，可再加入其他合金元素，称为特殊黄铜，常加入的有铅（可改善黄铜的切削性能）、锡（可提高黄铜的强度、硬度和耐蚀性）和镍（可改善力学性能、耐热性和耐腐蚀性）等，可分别成为铅黄铜、锡黄铜和镍黄铜。

黄铜色泽美观，有良好的工艺和力学性能，导电性和导热性较高，在大气、淡水和海水中耐腐蚀、易切削和抛光、焊接性良好。常用于制作导电、导热元件，耐腐蚀结构件，弹性元件，日用五金（图2-4）及装饰材料，用途广泛。

图2-4 黄铜制作的家具五金配件

（2）青铜

青铜是以铜和锡为主要成分的合金，具有良好的强度、硬度、耐蚀性和铸造性。常用的锡青铜中，锡的含量为10%以下，铸造性和机械性能良好，也称为"炮铜"。

铜合金耐大气腐蚀性很好，经久耐用，可以回收。它具有良好的加工性能，可以方便制作成复杂

的形状且色泽美观。在家具中，铜材是一种高档装饰材料，用于现代金属家具的结构及框架等，家具中的五金配件（如拉手、销、合页等）和装饰构件等也广泛采用铜材，美观雅致、光亮耐久，体现出华丽、高雅的格调。青铜的铸造收缩率低，适于铸造形状复杂，对尺寸精度要求较高的铸件，通过铸造获得古朴典雅的造型。

2.3 金属家具辅助材料

2.3.1 木材及木质材料

木材是一种天然材料，是用途最广泛的材料之一。在人类常用的钢、木、水泥、塑料四大主材中，只有它直接取自天然，因而木材具有生产成本低、耗能小、无毒害、无污染等特点。

此外，木材具有可再生性、保温性、电绝缘性、装饰性、易加工性、高强重比

图2-5 人造板制作金属家具构件

等优点，木材本身具有天然优美的花纹、易为人接受的良好触觉特性，作为家具和装饰材料，具有很好的装饰性，一直是制作家具的首选材料，在家具产品上的应用非常广泛。木材的缺点是易燃、易朽、不耐虫蛀、干缩湿涨、各向异性等，因此木材在金属家具上的使用多采用实木拼板或人造板等平板形式制作金属家具的平面构件。常用的人造板有胶合板、刨花板、中密度纤维板等，通常选用经过饰面处理的人造板来配合金属构件制作家具（图2-5）。

2.3.2 玻璃

玻璃是一种无规则结构的非晶态固体，一般是以多种无机矿物（如石英砂、硼砂、硼酸、重晶石、碳酸钡、石灰石、长石、纯碱等）为主要原料，另外加入少量辅助原料制成。

玻璃简单分类主要分为平板玻璃和深加工玻璃。平板玻璃主要分为三种：引上法平板玻璃、平拉法平板玻璃和浮法玻璃。常用的普通平板玻璃厚度规格有2、3、4、5、6（mm），浮法玻璃厚度规格有3、4、5、6、8、10、12（mm）。3~4mm的玻璃主要用于画框表面；5~6mm玻璃主要用于外墙窗户、门扇等小面积透光造型等；7~9mm玻璃主要用于室内屏风等较大面积但又有框架保护的造型中；9~10mm玻璃可用于室内大面积隔断、栏杆等装修项目；11~12mm玻璃，可用于地弹簧玻璃门和一些活动人流较大的隔断；15mm以上玻璃，一般市面上销售较少，往往需要订货，主要用于较大面积的地弹簧玻璃门和外墙整

块玻璃墙面。

玻璃具有优良的透视、透光性能，既能通过光线，还能反射光线和吸收光线；玻璃有一定的隔声、保温性能；玻璃的抗拉强度远小于抗压强度，是典型的脆性材料，因而易碎；玻璃有较高的化学稳定性，通常情况下，对酸碱盐及化学试剂和气体都有较强的抵抗能力，但长期遭受侵蚀性介质的作用也能导致变质和破坏，如玻璃的风化和发霉都会导致外观破坏和透光性能降低；玻璃的热稳定性较差，极冷极热易发生炸裂。

为达到生产生活中的各种需求，人们对普通平板玻璃进行深加工处理，制成各类功能玻璃，广泛应用在家具与室内装饰行业。

钢化玻璃：是普通平板玻璃经过再加工处理而成的产品。相比较普通平板玻璃来说，钢化玻璃具有以下特征：强度、抗拉度、抗冲击性能大大提升；安全性好，不容易破碎，即使破碎也会以无锐角的颗粒形式碎裂，对人体伤害大大降低；热稳定性好，在受到急冷急热时不会炸裂。常用作家具的台面或台面板及力学强度要求较高的玻璃家具。

磨砂玻璃：是指用硅砂、金刚砂、石榴石粉等研磨材料将普通平板玻璃磨成粗糙表面制成的透光不透视的玻璃。一般厚度多在9mm以下，以5、6（mm）厚度居多。磨砂玻璃可用于需要透光但又要遮断视线的场合。如卫生间、浴室、办公室、教室的门窗及屏风隔断，也用做玻璃黑板及灯具。

喷砂玻璃：性能上基本与磨砂玻璃相似，不同之处为改磨砂为喷砂。由于两者视觉上类同，包括喷花和沙雕玻璃、喷绘玻璃，常用作柜门、桌面、屏风和隔断等。

压花玻璃：压花玻璃又称级滚花玻璃或花纹玻璃。它是在玻璃液硬化前，用刻有图案的轧花辊连续对辊压，因而产品分为单面轧花和双面轧花两种。表面压花破坏了玻璃的透明性，使光线透过玻璃时产生漫射，具有透光不透视的特点。表面的压花图案还赋予它良好的装饰性能。以压花玻璃为基材通过真空镀膜和透明性涂料喷涂等可以得到一批新的装饰玻璃品种。真空镀膜玻璃是将压花玻璃的有花纹一侧在真空条件下镀一层金属薄膜。这种工艺提高了花纹的立体感，还具有一定的反光性能，具有特殊的装饰效果。在压花玻璃的有花纹一侧用气溶胶进行喷涂处理，玻璃呈透明彩色，并可提高强度。也可以采用有机金属化合物和无机金属化合物热喷涂制成彩色膜压花玻璃。这种装饰方法色彩华丽，附着力强，稳定性较好，有良好的热反射能力，在灯光照耀下富丽堂皇、华贵绚丽，是餐饮、演艺、娱乐场所使用的高档装饰材料。

雕花玻璃：用砂轮（也可以用喷砂工艺）按预定图案在普遍平板玻璃磨出较深的磨痕，这些磨痕可以是磨砂状（不透明的），也可以是抛光透明的。常用于制作工艺屏风和壁画、家具柜门、桌面、几面和装饰镜以及豪华型玻璃大门等。

彩绘装饰玻璃：彩绘装饰玻璃又称彩印装饰玻璃，是通过特殊的工艺过程，将绘画、摄影、装饰图案等直接绘制（印制）在玻璃上。其色彩逼真，图案花纹丰富，既可单块玻璃呈完整图案，也可多块镶接拼成完整图案。用于家具、屏风、隔断、公共场所建筑门窗等。

微晶玻璃：性能优良，质地均匀，密度大，硬度高，抗压，抗弯，耐冲击等性能优于石材，经久耐磨，不易受损，无石材般裂纹。耐酸碱度好，耐候性优越。用于厨卫家具台面板等。

热弯玻璃：由优质平板玻璃加热软化在模具中成型，再经退火制成的曲面玻璃。样式美观，线条流畅，在一些家具中出现的频率越来越高。

镜面玻璃：即在平板玻璃表面镀上一层银膜，使玻璃正面形成全反射镜面。近代开发了利用真空镀膜工艺在平板玻璃表面蒸发附着均匀致密的铝膜技术，这种镀膜降低了制镜成本。如果选用彩色平板玻璃镀膜就制成了各种彩色镜子。

调光玻璃：通电呈现玻璃本质透明状，断电时呈现白色磨砂状不透明，不透明状态下，可以作为背投幕。

随着技术的发展，出现了各类新型功能玻璃，如彩印玻璃、彩釉玻璃、冰花玻璃、镭射玻璃、镶嵌玻璃、可钉钉玻璃、不反光玻璃、智能玻璃、全息玻璃、调温玻璃、生物玻璃、自洁玻璃等。新材料的出现，给家具产品设计提供了更多物质基础。金属与玻璃组合的最大特点，就是因材质本身均可采用极为简单的线条，无须琐碎的修饰，具有简洁明快、清新明静的特点。玻璃使原本单调、呆板的家具显得灵巧、通透、时尚，使家的空间得到延伸。它主要用于桌面、茶几面、柜子、衣镜，等等（图2-6）。例如，运用简洁精致的金属构件，再加上晶莹剔透的玻璃板材家具，会使室内环境变得宽敞、视觉通透明亮、形态洒脱优雅，玻璃和金属的理性、冷漠在柔和曲线的融合下，显得自然而富有人情味。

2.3.3 竹藤

竹材、藤条均为天然材料，绿色无污染，生长周期短、产量高、均可再生，不影响生态。竹材光滑细致，具天然纹理，给人清新雅致、自然朴素之感还带有淡淡的乡土气息。竹藤具有结构严密、质轻、柔韧的特点。藤材湿时柔软，干时坚韧，极富弹性，可任意弯曲、塑造形状，竹藤既可单独制造出线条流畅、造型丰富的家具产品，也可以搭配金属，利用竹篾、藤皮、藤芯等缠绕家具主骨架编织出各式花纹，使其造型更独特（图2-7）。金属与竹藤的搭配，可充分利用不同材质的最佳属性，以金属为骨架，利用竹、藤、柳及其他镶嵌和编织的材料作表面用材，能使家具款式新颖、时髦、雅致、富有民族风格，深受欧美顾客欢迎。但使用时必须注意材料的干燥、消毒和染色等加工处理，以便使材质坚韧，具有防腐性、防虫蛀等特性，应根据材料的质量、长短、粗细（厚薄）进行精选。

图2-6 玻璃制作金属家具构件

图2-7 金属竹藤家具

2.3.4 海绵

目前，用于金属家具垫料的有聚氨酯泡沫塑化海绵和乳胶（橡胶）海绵两种。海绵具有极为优越的弹性，密度小，导热系数低，有极好的伸缩性能，即在较小的负荷作用下能发生很大的变形，而去掉负荷后又能很快地自然恢复到原来状态。这种良好的柔顺性、易变性和复原性是海绵的最大特点，用来制造家具的坐垫、靠背及床垫，是其他材料难以代替的良好高弹性材料，并且加工方便，弹力均匀，经久耐用，没有凹凸不平的感觉。

2.3.5 皮革

金属家具面料主要是以人造革为主。人造革是将用聚氯乙烯树脂、增塑剂、稳定剂和其他助剂组成的混合物覆盖在布基上，再经其他工艺加工而制成的。按其用途区分有一般人造革、制衣人造革、箱包人造革、制鞋人造革、地板人造革及墙壁覆盖人造革等多种。家具用的人造革，要求有一定的耐磨强度、韧性和柔软手感。布基材料用经编针织物。其表层的厚度约为 $0.2 \sim 0.3mm$（$250 \sim 350g/m^2$）。人造革一般幅宽1m，每卷长度为 $30 \sim 40m$。由于人造革不纳尘，不易变色，经常揩拭可保持清新光洁，颇为使用者所喜爱。特别是金属椅类产品，以人造革作面材，既保证有较强的稳定性，也有舒适的触感。

2.3.6 纺织品

金属家具的表面材料，除了人造革在椅类中比较大量采用外，尚有聚乙烯丝布，宜用于走廊、房间及舍外的场合，如沙滩椅、座靠椅、折床等。尼龙绒一类面料常用于沙发，也有用于一般椅类的。灯芯绒及其他纺织品在金属家具中用量不多。

2.3.7 塑料

塑料是以合成树脂为基础的材料或不加入其他辅助添加剂而塑制成型的物质。它是以高分子化合物为主要成分制成的材料，因此，它具有其他材料所没有的优良性能。在金属家具中，通常用于管脚套、管口塞、转椅的管柱罩以及其他零件（由于它可以进行电镀，常用以代替五金小零件）。此外，还有塑制坐板、靠背、扶手以及台、几面板等面积比较大、强度要求比较高的构件。

复习思考题

1、金属家具常用的金属材料有哪些种类？

2、了解各类金属材料的性能。

3、钢铁材料的规格有哪些？

3

CHAPTER

金属家具
结构设计

CHAPTER

家具的结构主要取决于造型要求、材料选用及加工工艺、生产条件、机械设备和贮运要求等。由于金属材料的特性，所以金属家具的结构与木质家具有较大区别，它适宜于采用拆装、折叠、套叠、插接等结构形式，零部件连接可使用焊接、铆接、螺纹连接、咬接等多种方式。合理的结构设计是实现金属家具工业化生产的重要环节和关键步骤。对于消费者而言，合理的结构能使家具产品功能更完善、使用更方便；对于生产企业来说，合理的结构设计能充分利用材料、提高生产效率和产品质量，缩短生产周期，并有效降低生产成本。

3.1 金属家具的基本结构

3.1.1 固定式结构

固定式结构是指产品零部件之间采用焊接、固定铆接、咬接等连接方式，使之固定地连接在一起，连接后不可拆卸，各零部件间也没有相对运动（图3-1）。这种结构形态稳定、牢固度高、有利于造型设计。但其体积较大、不便于包装及运输，加工中也给表面镀、涂工艺带来一定的困难。常因生产场地和设备条件的限制，而不得不将构件分解开进行镀、涂加工，镀、涂后再焊接或铆接在一起。因而使工艺繁琐，工效下降。其不足之处是体积较大，增加包装运输费用。

图3-1 固定式结构金属家具

3.1.2 拆装式结构

拆装式结构是将产品分解成几大部件，用螺栓、螺钉及其他连接件连接起来，使整个家具可以随意拆装（图3-2）。其优点是便于加工和表面涂饰，有利于远途运输和减少包装费用，牢固性、稳定性也较好。缺点是要求零部件加工精度高、互换性强，

图3-2 拆装式结构金属柜

因为多次拆卸家具，易磨损连接件，而降低牢固性和稳定性。但较大型的金属家具设计成拆装式，还是具有很大经济价值的。拆装式结构有利于设计多用的组合家具。

3.1.3 折叠式结构

折叠式结构是运用平面连杆机构的原理，产品中的各部分通过铆钉、铰链和转轴等五金件连接起来，连接后，各零部件间可相互转动折叠，实现家具形体的变化，如图3-3中的折叠椅、折叠桌和折叠床等。折叠式结构的优点是使用时打开，用完可折叠，大大缩小体积和占地面积，有利于包装、运输和携带，同时使用方便，经济实惠。其缺点是对折叠零件的尺度和孔距要求较高，其整体强度、刚度和稳定性略低。

图3-3 折叠式金属家具

图3-4 套叠式椅子

3.1.4 套叠式结构

套叠式结构主要按照叠摞的功能要求而设计，其结构的主要连接方式为焊接、铆接和螺钉连接等固定连接，没有相对运动，但可在高度方向上多件重叠放置。套叠式家具（图3-4）不但具有外形美观、牢固度高等优点。而且可以充分利用空间，减少占地面积和包装运输容积，但零部件的加工和安装精度要求较高，设计的尺度要合理，否则会影响摆放的数量和安全、稳定性。设计时还应注意套叠时的稳定平衡和防止上下工件碰撞摩擦。这些产品广泛使用于餐厅、会场、酒楼等场所。

3.1.5 插接式结构

插接式结构又称套接式结构，是利用产品的构件——管子作为插接件，将小管的外径插入大管的内径之中，从而使之连接起来（图3-5）。亦可采用压铸的铝合金插接头，如二通、三通、四通等。这类形式同样可以达到拆装的效果，而且比拆装式的螺钉连接法方便得多。竖管的插入连接，利用本身自重或外力作用使之不易滑脱。横管的插入连接，则可加螺钉或铆钉，以达到紧固的目的。插接式结构的优点是装卸方便，便于加工和涂、镀处理，减少包装、运输费用。其缺点是要求插接的部位加工精度高、具有互换性，整体牢固性、稳定性较差。因此，插接式结构对管径的配合要求较高，既要紧凑牢固，又要插接灵活方便。

3.1.6 悬挂式结构

悬挂式结构是利用专门的金属构件，将小型柜体或撑板悬挂在墙体或隔板上，可以充分利用空间（图3-6）。其结构形式可为固定式、拆装式和折叠式，要求悬挂件及悬挂体本身设计得小巧而坚固，具有可靠的稳定和安全性。

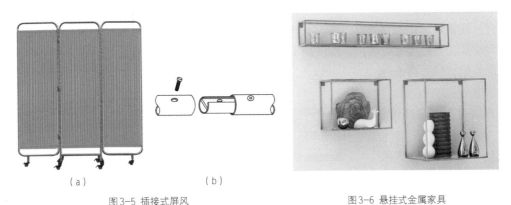

图3-5 插接式屏风　　　　　　　　　图3-6 悬挂式金属家具

3.2　金属家具零部件的连接结构

金属家具的金属件与木质材料及塑料件之间大都采用螺栓或螺钉、铆接等方式进行连接；金属与玻璃之间往往采用胶接和嵌接。而金属零件之间的连接方式则较多，有焊接、铆接、螺纹连接、插接、挂接、咬缝连接、销连接等，各种连接方式都有各自的特点，结构设计时应根据造型及功能要求、材料特性、加工工艺来进行选择。连接方法运用得恰当与否，对家具产品设计的优劣有一定的影响。因此，必须将各种构件的特性、功能以及与结构形式的关系，加以分析比较，取长补短，择优选用。金属构件的不同连接形式，在同一件金属构件中亦可并用，使之互相配合，更好地发挥各自的特点。

3.2.1 焊接

利用专业设备，通过加热让金属熔化，从而使两个金属件连为一体的工艺过程称为焊接。焊接是利用两个物体原子间产生的结合作用来实现连接的。为了实现焊接过程，必须使两个被焊的金属零件相互接近到原子间的力能够发生作用的程度，也就是说，要接近到像在金属内部原子间的距离一样。因此，焊接就是用加热、加压的方法来促使两个被焊金属的原子间互相结合，以获得永久牢固的连接。

在金属家具制造中，焊接是零件连接的主要手段之一，其加工工艺简单、节约材料、操作灵活，但手工操作较多，焊后还须磨平焊口，比较难以实现连续化、自动化生产。而且劳动强度大、生产效率低，因加热的缘故焊接零件易产生变形；其次是构件经焊接后体积增大，给镀、涂等表面处理工序造成困难，成品的包装、储运也都不方便。焊接结构牢固度好，适宜于固定式的金属家具，以及主要受剪力或较大载荷的构件。

3.2.2 铆接

铆接是指在两个零件钻出通孔后再用铆钉连接起来，使之不可拆卸的结构形式。由于焊接技术的发展和广泛被采用，因此，金属家具的非活动部件大部分被焊接所代替。

铆接连接方式具有较好的韧性和塑性，传力均匀可靠，且不会损伤原零件（如焊接热变形、镀涂层等），目前大多数铆钉用于金属折叠椅、凳、桌等的活动部件上，有些不宜焊接的固定式家具也可采用铆接，如某些异性金属、铝合金等焊接性能不良的金属，或与非金属物的连接等。镀、涂后的零部件一般不宜进行焊接加工，但可进行铆接。铆接加工后不会损坏经过镀、涂的表层。这样，零部件就可以先分别进行表面处理，然后再进行装配，给工作带来方便。

铆接方法有热铆、冷铆、混合铆、手工铆和机械铆等多种形式，一般金属家具用铆钉直径大都小于8mm，故均采用冷铆，具体的连接方式则有活动铆接和固定铆接。活动铆接又称为铰链铆接，铆接后零件之间可以绕其结合部位相互转动，折叠家具常用这种方式，它靠零件绕结合部件转动来实现折叠（图3-7）；固定铆接后两零件连为一体，不能相对运动或转动，铝合金零件、铸件以及金属零件与木质零件可用这种方式连接（图3-8）。

铆钉是铆接结构中最基本的连接件，它由圆柱杆、铆钉头和墩头所组成。

根据铆接结构的形式、要求及其用途不同，铆钉的形式也有所不同，其种类也很多。在金属铆接结构中，常见的铆钉形式有半圆头铆钉、平锥头铆钉、沉头铆钉、半沉头铆钉、平头铆钉、扁圆头铆钉、

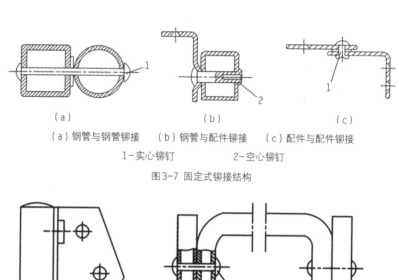

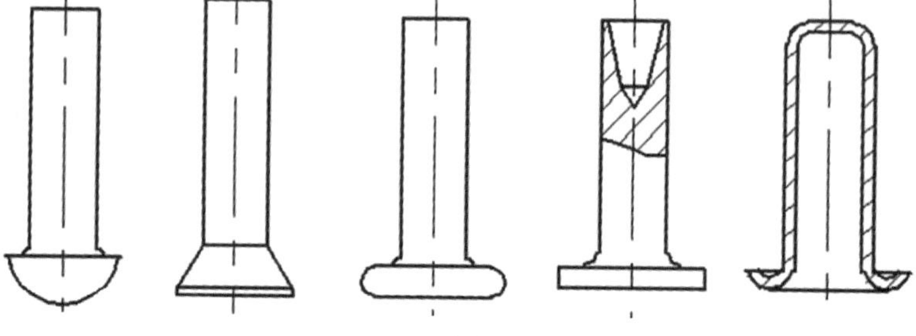

（a）钢管与钢管铆接　（b）钢管与配件铆接　（c）配件与配件铆接

1-实心铆钉　　　2-空心铆钉

图3-7　固定式铆接结构

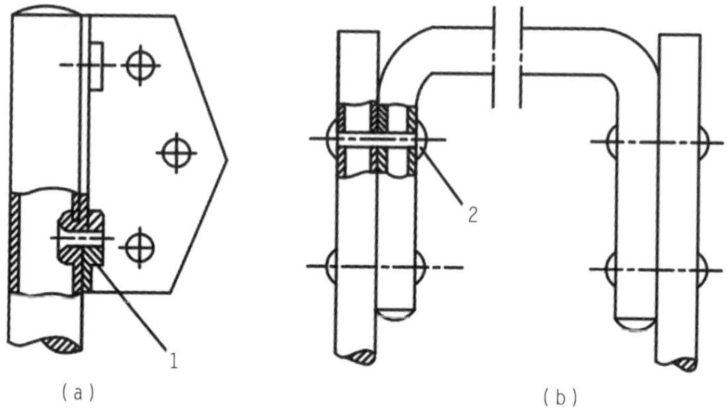

（a）钢管与配件铆接　　（b）钢管与钢管铆接

1-空心铆钉　　　2-实心铆钉

图3-8　活动式铆接结构

图3-9　各类铆钉

空心铆钉和抽芯铆钉等。

铆钉系标准件，按国家标准的规定，其形式如图3-9所示，可根据需要进行选用。铆钉直径、长度、及被连接件钻孔直径则需根据相关要求合理选择。

铆钉直径需根据被连接件的大小、受力程度、连接部位的强度及刚度要求来选择，一般铆接板形零件，铆钉直径为板厚的1.8倍；铆接管件时，应根据管径、管壁厚及强度和刚度要求来选择。

铆钉长度除考虑铆接零件的厚度外，还须留有足够的伸出长度作为铆头，不同形式铆钉其铆头伸出长度有所不同，具体见表3-1。

表3-1 铆头所需伸出长度　　　　　　　　　　　　　　　　　　　单位：mm

铆钉直径		2	2.5	3	4	5	6	7	8
	1	2.5	3.2	4	5	6	7	8	9
	1	1.5	2	2.5	3	4	5	6	7
		1.2	1.3	1.5	1.6	1.7	1.8	1.9	1
	1			0.6	0.8	1.2	1.2		

注：表中沉头铆钉栏内上列数据为厚板、下列数据为薄板。

如采用手工铆接可留短些，机械铆接或电镀零件则应适当留长。国标已规定了相应直径铆钉的标准长度，如选用标准铆钉，长度无法满足要求时，可用一些非标铆钉或选用更长一级的铆钉截去一段使用。

被连接件通孔大小应根据铆钉直径、零件表面装饰方式及连接要求来选择，具体见表3-2。如果是管件与管件铆接，通孔直径可稍大于表中数值。

表3-2 被连接件通孔大小　　　　　　　　　　　　　　　　　　　单位：mm

铆钉直径		2.0	2.5	3.0	4.0	5.0	6.0	8.0
通孔直径	涂饰件	2.1	2.6	3.1	4.2	5.2	6.3	8.3
	电镀件	2.2	2.7	3.3	4.3	5.4	6.5	8.5

3.2.3 螺纹连接

螺纹是由专用车床车制而成，螺纹在外表面的叫外螺纹（如螺钉、螺栓、丝杆），螺纹在内表面的叫内螺纹（如螺母、管接头等）。外螺纹或内螺纹的最大直径叫螺纹外径（又叫公称直径），最小直径叫螺纹内径。沿螺纹的轴心线将螺纹切开，就可以看到螺纹的断面形状，这叫牙型，最外部分叫牙尖，最内部分叫牙底。两个相邻的牙尖或牙底之间的轴向距离叫螺距。通常把牙型、外径、螺距叫做螺纹三要素。

螺纹有标准螺纹、特殊螺纹、非标准螺纹三种。标准螺纹是牙型、外径、螺距都符合标准。特殊螺纹是牙型符合标准，但外径或螺距有一种不符合标准。凡是牙型不符合标准的都叫非标准螺纹。

家具上所用的螺纹基本采用标准螺纹，标准螺纹有普通螺纹、管螺纹、梯形螺纹等，这些螺纹只要知道它的外径和标准代号，就可以从有关的标准中查出全部尺寸。

根据连接件不同，螺纹连接有螺钉连接和螺栓连接等形式（图3-10、3-11），螺钉连接中又有机制螺钉连接、自攻螺钉连接、木螺钉连接。一般钢质件大都用机制螺钉，铝合金件常用自攻螺钉，而木螺钉则用于金属件与木质零件的连接。薄壁钢管或薄钢板构件间采用机制螺钉连接，最好不要直接在构件上攻螺纹，而是使用螺母，如实在需要，应冲孔后再攻螺纹。

螺纹连接具有结构简单、连接件来源广、拆装方便等优点，螺栓、螺钉、螺母均为标准件可外购。螺纹连接适用于拆装式家具的连接和紧固，可随时拆卸，使用很方便。对不宜采用焊接和铆接的结构形式，亦可采用螺纹紧固连接。

金属家具中的螺纹连接有普通连接和特殊连接两类。普通连接是指采用普通牙型的螺纹连接件（螺栓、螺钉、螺母）实现两零件间连接，其螺纹直径一般在8mm以下；特殊连接是指采用特殊牙型螺纹连接件（如梯形螺纹等）进行零件间连接，实现零件间的相对运动，如转椅的转动装置就属此种。在不影响家具使用及造型的情况下，应直接选用标准的螺纹连接件（螺栓、螺钉、螺母），对不宜采用标准螺纹连接件的场合，可用一些非标件或将标准件改制后使用。

采用螺纹连接要运用可靠的防松方法。在设计中，紧固件的防松方法必须结合家具造型结构的特点。对于用在经常拆卸的零部件上的螺纹件，还应在使用材料及机械性能方面达到强度要求，使螺纹不易磨损。

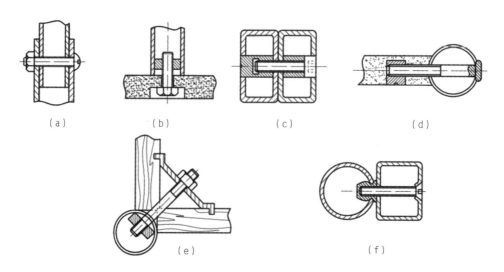

（a）半圆头螺钉、螺母连接　　（b）螺栓、螺母片连接　　（c）圆柱头内六角螺钉、螺母芯连接
（d）平头内六角螺钉、圆柱螺母连接　　（e）双头螺柱、螺母片连接　　（f）沉头螺钉、铆螺母连接

图3-10 螺钉、螺栓连接

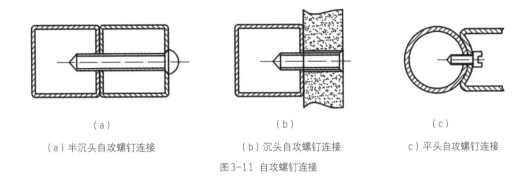

（a）　　　　　　　　（b）　　　　　　　　（c）

（a）半沉头自攻螺钉连接　　（b）沉头自攻螺钉连接　　c）平头自攻螺钉连接

图3-11 自攻螺钉连接

3.2.4 插接

插接主要用于插接式家具两个零件之间的滑配合或紧配合（图3-12）。

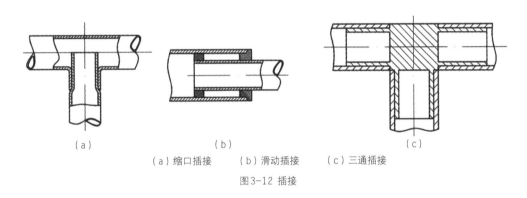

（a）　　　　　　　（b）　　　　　　　　（c）

（a）缩口插接　（b）滑动插接　（c）三通插接

图3-12 插接

管件插接结构见表3-3、3-4所示。

表3-3 圆管插接结构

简图	名称	简图	名称
	直二向		平四向
	直角二向		直角四向

（续）

简图	名称	简图	名称
	平三向		直角五向
	直角三向		直角六向
	120° 平二向		120° 四向
	120° 三向		120° 五向

表3-4 方管插接结构

简图	名称	简图	名称
	直二向		直角四向
	直角二向		直角五向

（续）

简图	名称	简图	名称
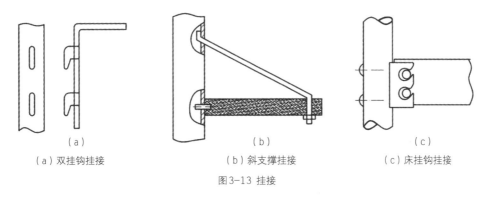	直角三向		直角六向

3.2.5 挂接

挂接主要用于悬挂式家具和拆装式家具的挂钩连接（图3-13）。

（a）双挂钩挂接　　　　　　（b）斜支撑挂接　　　　　（c）床挂钩挂接

图3-13 挂接

3.2.6 咬缝连接

咬缝连接工艺，在金属家具之中也被广泛采用。把两块板料的边缘（或一块板料的两边）折转扣合，并彼此压紧，这种连接叫做咬缝连接。由于咬缝结构很牢固，几乎可以代替焊接。

咬缝根据需要可咬成各种各样的结构形式，就结构来说有挂扣、单扣、双扣等；就形式来说有站缝、卧缝；就位置来说有纵扣和横扣，可以根据不同需要选择应用。

咬缝通常是1mm以下的板材较多，如0.5～0.8mm厚钢板、镀锌板（白铁皮），一般咬缝以序号4、5最多，因为这种咬缝有一定的强度，又平滑，如常见的盆、桶、水壶、文件柜等都是这种咬缝连接的。

薄板咬缝是板料弯曲的一种特殊形式，大批量生产一般在机械上进行咬缝，板材咬缝连接类型见表3-5所示。

表3-5 板材咬缝连接类型

序号	咬接类型	咬接名称	序号	咬接类型	咬接名称
1		1 站缝单扣（半咬） 2 过渡咬接	8		搓条接头

（续）

序号	咬接类型	咬接名称	序号	咬接类型	咬接名称
2		站缝双扣（整咬）	9		S钩插接头
3		铆接接头	10		
4		折角咬接	11		卷边接
5		卧缝单扣咬接（普通咬接）	12		平滚边
6		卧缝双扣咬接	13		肋形咬接
7		卧缝挂扣咬接			

注：可以根据长的零件选择，但两个零件的尺寸，B应相同。

3.2.7 销的连接

销也是一种通用的连接件，主要应用于不受力或受力较小的零件，起定位和帮助连接作用。销的连接（图3-14）可固定零件，也可用于定位、铰接和锁定其他紧固件，金属家具的转椅类制品应用较为普遍。销的类型也很多，有的适用于拆卸困难的部位，有的适用于经常拆卸的部位，有的适用于严重振动和冲击载荷的部位。设计时可根据产品功能和结构需要来选用。

定位销通常不受荷载或只受不大的荷载，其直径可按结构确定，数量不得少于两个。连接销的直径可根据连接的部位与材料适当确定，要保证结构件的稳定性。

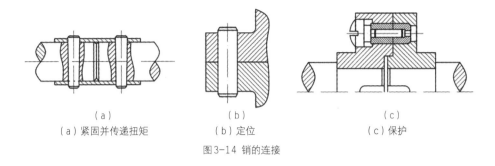

（a）　　　　　　　　　　（b）　　　　　　　　　　（c）

（a）紧固并传递扭矩　　　（b）定位　　　　　　　（c）保护

图3-14 销的连接

3.3　金属家具的折叠结构形式及折动点设计

折叠家具是金属家具中比较常见的形式，如各类折叠椅、折叠桌、折叠床等。其灵活多变的形态需要通过精确的折叠结构及折动点设计才能实现。

3.3.1 家具的折叠式结构形式

家具的折叠式结构，不仅适用于金属家具，而且适用于木制折叠家具。家具的主要折叠形式有：

折合式：折叠构件为非封闭型。使用时，将折叠构件摆成不同形状的三角形，以控制整个家具的功能角度。不用时，将各构件依次折合（图3-15）。

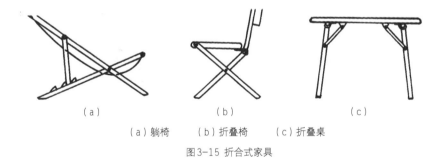

（a）　　　　　　　　（b）　　　　　　　　（c）

（a）躺椅　　　（b）折叠椅　　　（c）折叠桌

图3-15 折合式家具

转轴式：折叠构件通过一组互相制约、而且有一定相对转动角的轴片连接（图3-16）。

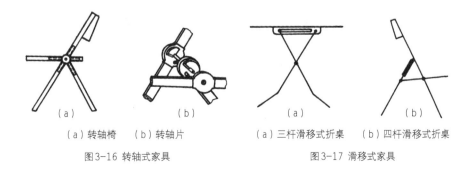

（a）　　　　　　（b）　　　　　　　　　（a）　　　　　　（b）

（a）转轴椅　　　（b）转轴片　　　　　　（a）三杆滑移式折桌　　（b）四杆滑移式折桌

图3-16 转轴式家具　　　　　　　　　　　图3-17 滑移式家具

金属家具设计与制造

滑移式：折叠机构中某一个构件在另一个构件上移动（有的还兼有相对转动）。根据折叠构件的数量，可分为三杆滑移式和四杆滑移式等（图3-17）。

连杆式：折叠机构为多根连杆通过转动铰（通常为铆钉、螺栓）连接。根据连杆的数量，可分为四连杆、五连杆和六连杆等（图3-18）。

3.3.2 折叠椅结构形式及折动点设计

折叠式金属家具是在家具的折叠部位采用铰链连接，一般是建立在四连杆机构的基础上，互相牵制而起着连动作用。折叠椅一般要求折叠后前腿与后腿平行重叠（或平行靠拢），座面则应与靠背重叠或靠拢。根据产品折叠结构形式与折动点位移的轨迹状况有多种形式：拉条式、压码式、套管式等，但其折动原理大同小异。

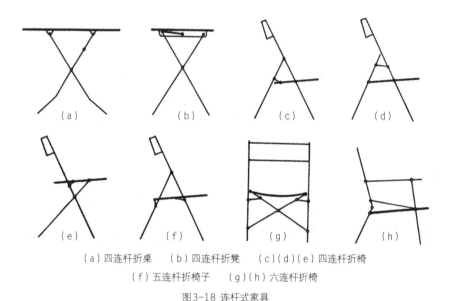

（a）四连杆折桌　（b）四连杆折凳　（c）(d)(e)四连杆折椅
（f）五连杆折椅子　（g）(h)六连杆折椅

图3-18 连杆式家具

3.3.2.1 拉条式折叠结构

这类折椅折动形式如图3-19所示，这种折叠方式结构简单、精度要求不太高、工艺简单、生产效率高、易于制造，但折叠后后腿突出较长，不利于包装及叠放，而且折叠后座板也很难完全与前腿重叠，多占了仓容和包装体积，加大了费用。

图中A、B、C、D四点分别为AB杆（前腿）、CD杆（后腿）、BC杆（座板）及AD杆（拉条）的铰链轴心，D、C两个折动点的折动轨迹如图3-19（a）所示，折叠时拉条和后腿绕A点逆时针旋转靠向前腿，座板则绕B点旋转靠向前腿，折叠后前腿与后腿平行靠拢、拉条及座板则藏于前后腿之间。

这是较为典型的铰链四杆机构，

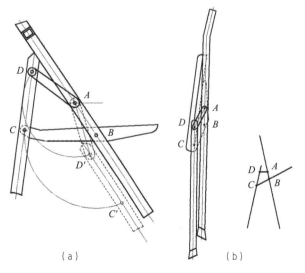

（a）

图3-19 拉条式折椅结构

根据四杆机构的构成原理，其最长杆与最短杆长度之和小于或等于其他两杆长度之和都可满足折叠要求，而其中 *AB* 为最短杆时折叠自由度最好（这是一双曲柄机构）。所以在设计计算时，可按最长杆与最短杆长度之和等于其他两杆长度之和的方式进行，并将 *AB* 杆设为最短杆、*BC* 杆设为最长杆，即：

$$AB + BC = AD + DC$$

设计时根据功能及结构要求确定 *AB*、*BC*、*CD* 的长度，最后计算出 *AD* 的长度。

3.3.2.2 压码式折叠结构

压码式分前压码（上折）和后压码（下折）。图3-20是前压码的折叠结构，折动点向上，图3-21是后压码的折叠结构，折动点向下。

位于座椅构件上面，起压住椅座作用的叫压码，位于椅座构件下面，起托住椅座作用的叫托码。一般统称压码式。压码实际上就是折动杆，这种折叠椅由于打开使用时，其折动杆起压住座板的作用，所以称为压码式，通常用2mm厚的冷轧钢板冲制而成，结构形状多样。图3-20和3-21中 *A*、*B*，*A*、*C* 分别是 *AB* 杆（前腿管）、*AC* 杆（后腿管）的铰链轴心。前压码的结构形式中，*B*、*D*，*D*、*C* 为 *BD* 杆（压码）和椅座角钢的铰链轴心。其折动点的运动轨迹可从上述两图的（a）和（b）中看出。

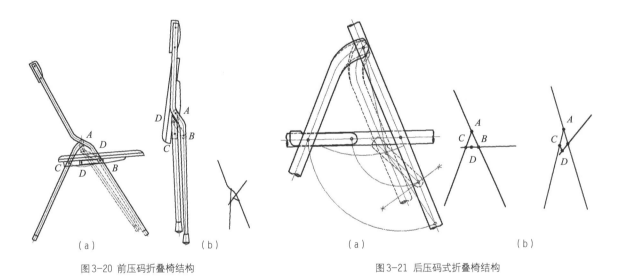

（a） （b）　　　　　　　　（a）　　　　　　（b）

图3-20 前压码折叠椅结构　　　　　　　　　　图3-21 后压码式折叠椅结构

压码式折叠椅的折叠结构紧凑，折叠后前后腿伸出长度差较小，减少了仓储和包装体积，尤其是当前腿宽度取值较宽时（不小于后腿宽度两倍），后腿及座板都可折入前腿内，整个椅子可折叠成一条线，相当美观，而且这种折椅的稳定性和牢固性也较拉条式好。但其设计精度要求高，加工量及加工难度都较大。

3.3.2.3 套管式折叠结构

套管式结构形式折叠后后腿伸出不长，同样收到压码式结构的效果。但套件需作固定连接，工艺上比压码式结构繁琐。图3-22中 *A*、*B*，*A*、*C* 分别是 *AB* 杆（前腿管）、*AC* 杆（后退管）的铰链轴心，*D*、*D*′ 是后腿管在套筒内位移的起止位置。折动点 *C* 的曲线位移轨迹和 *D*、*D*′ 直接的位移轨迹如图3-22（a）所示，由图3-22（b）确定各杆件的尺寸。

3.3.2.4 定位式折叠结构

定位式折叠结构显得比压码式折叠结构繁琐，加工量也大。其最大的优点是牢固，使用时稳定性好，因此常用作折叠扶手椅或折叠沙发的折叠结构。图3-23中的A、B，A、C分别是AB杆（前腿管）、AC杆（后腿管）的铰链轴心；B、D，D、C分别是BD杆（定位杆）、CD杆（折动杆）的铰链轴心。E、F是定位板与椅座构件的固定连接点，从而保证了椅座在使用时得以固定，并保持一定的倾斜度。C、D的运动轨迹如图3-23（a）所示。可用图3-23（b）折叠验证的方法确定各杆件的尺寸。

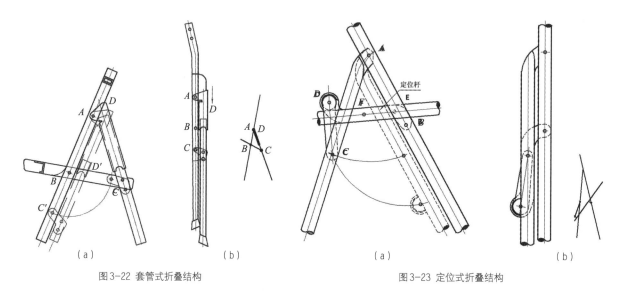

图3-22 套管式折叠结构　　　　　　　　　图3-23 定位式折叠结构

3.3.2.5 盒子式折叠结构

盒子式折叠结构如图3-24所示，将前腿装在外盒内，如图3-24（c）所示，上面开两个限位口；后腿管装在里盒内，如图3-24（d）所示，上面并一个限位口。里外盒子连同前后腿管，都用铆钉连接，里盒端面与椅座构件铆接。

3.3.2.6 折叠椅折动点设计

折叠椅的折叠原理多数是以四连杆机构为基础，而在家具结构中，四连杆机构虽有四个动点，但只有其中一个起折叠功能，其余三个动点主要起连接构件的作用。在实际设计工作中，确定折动点的定位尺寸主要有三种方法：一是试验法；二是图解法；三是解析计算法。

试验法是在技术基础比较薄弱的情况下，在试制新产品的过程中，通过一次次实验（亦可用硬纸板或胶合板条做模拟试验），以得到折动点的定位尺寸。这种方法有一定的实用性，但得到的是一个近似数值，最好用其他方法的结果检验，在大量、正常的设计工作中只可作为辅助手段。

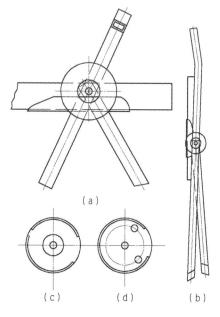

图3-24 盒子式折叠结构

图解法是确定了产品的使用功能以后，根据产品结构尺寸、折动点的运动轨迹及其相互间的规律性，先以一定的假设而求得折动点的位置，然后再按比例在图上量得折动点的定位尺寸。图解法在实际工作中行之有效，要比试验法得到的数值准确一些。但还是一个近似数值，尽管可在实际工作中应用，还是显得缺乏科学的数据。

解析计算法的原理与图解法一样，也是根据产品结构尺寸及折动点的运动轨迹、构件的位置及其相互关系所构成的几何图形，在其他既定尺寸的基础上，利用解析方法而求出的科学数据，比上述两种方法准确且有说服力，在大批量产品设计生产中最好采用这种方法。但利用计算法必须具备一定的实践和理论基础。

下面以近似压码式结构的钢管折叠椅为例，利用图解法和计算法分别求出折动点的定位尺寸。应当说明的是，折叠椅其他结构的折动点和定位尺寸，应在符合人体使用功能和一定标准的前提下，单独求出。

（1）下折机构折动点设计

图3-25是折动点向下，折叠后椅座和前腿管成一平面的结构。图中 A、B 为前腿管连接点；A、C 为后腿管连接点；B、D 为座框连接点；C、D 为折动杆连接点。图3-25（a）为折椅在使用时的几何图形，图3-25（b）为折椅简化后的四杆机构。试求 D 点的位置以及 CD 之长。

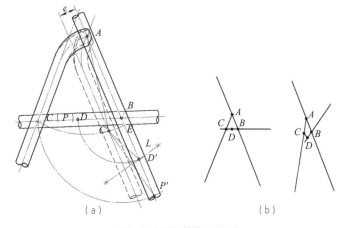

图3-25 钢折叠椅的下折机构

A. 作图法

具体步骤如下：

①后腿管绕 A 点逆时针旋转与前腿管平行，即 C 点旋转到 C' 点。

②假设 C 点在椅座框的侧面（或座框的延长线上），有一投影点 P 与 C 点重合，则以 B 为圆心，以 BP 为半径，逆时针旋转到与前腿管中心线重合（即 P 点旋转到 P' 点）。

③连接 $P'C'$，并作其垂直平分线 L 交 AP' 于 D'，则 D' 就是设想的折动点在折叠后的位置。

④以 B 为圆心，以 BD' 之长为半径，顺时针旋转交 BC 于 D 点，则 D 即为所求的折动点，CD 为折动杆的两个连接点（孔）的距离。

⑤分析就这种折叠原理而言，折椅在使用时，折动点 D 与 C 和 P 点为同一距离，折叠时，C 点和 P 点的运动轨迹不同，折叠以后 C' 点和 P' 点位置不同，但应当肯定，在正投影的平面内有 $C'D'=CD$，C' 点和 P' 点距 D' 点的距离应当相等。如果不假设一个 P 点，利用作图法求 D' 点就困难了。另外，根据折叠要求，折动点 D 折叠以后肯定是在前腿管中心线的某一位置上。通过这样的分析，即可利用垂直平分线的性质来找出折叠以后折动点 D 在前腿管中心线上的位置（D'）。从而得到折动点 D 的位置，并可通过证明，验证作图法的正确性。

⑥证明，折叠后四杆的位置为 AB、BD'、AC'、$C'D'$：

$$\because BD'=BD \qquad BP=BP'（作图）$$

$$\because P'D'=PD=CD$$

又 $\because C'D'=P'D'$（垂直平分线的性质）

$\therefore C'D'=CD$　　得证

则 CD 为折动杆二连接点（孔）的距离，D 点为折动点的位置，用比例尺在图上量取即可。通过证明，作图符合折叠要求。

B.解析计算法

具体步骤如下（AB、AC、BC、e 为已知的既定值）：

①在 $\triangle AC'P'$ 中，自 C' 向 AP' 作垂线交 AP' 于 E，则 $C'E=e$。利用正弦函数求 $\angle A$

即

$$\sin A=\frac{C'E}{AC'}$$

②利用余弦定理公式求 $P'C'$ 之长

由公式　$a^2=b^2+c^2-2b\cdot c\cdot\cos A$

从图得知　$a^2=C'P'^2$　$b^2=(AB+BP')^2=AP'^2$　$c^2=AC'^2$

代入得　$C'P'^2=AC'^2+AP'^2-2\cdot AC'\cdot AP'\cdot\cos A$

③同样利用余弦定理公式求 $\angle P'$

$$\cos P'=\frac{C'P'^2+AP'^2-AC'^2}{2AP'\cdot C'P'}$$

则　$\angle C'D'E=2\angle P'$

④利用正弦函数求 $C'D'$ 的长

$$C'D'=\frac{C'E}{\sin\angle C'D'E}$$

$$\therefore CD=C'D'$$

$$\therefore CD=\frac{C'E}{\sin\angle C'D'E}$$

（2）上折机构折动点设计

图3-26是折动点向上，折叠后椅座和后腿管成一平面。图中 A、B 为前腿管连接点；A、C 为后腿管连接点；C、D 为座框连接点；B、D 为拆动杆连接点。图3-26（a）为折椅在使用时的几何图形，图3-26（b）为折椅简化后的四杆机构。试求 D 点的位置及 BD 之长。

A.作图法

具体步骤如下：

①前腿管绕 A 点顺时针旋转与后腿管平行，即 B 旋转到 B' 点。

②假设 B 点在椅座框的侧面省一投影点 P 与 B 点重合，则以 C 为圆心、以 CP 为半径逆时针转到与后腿管中心线重合（即 P 点旋转到 P' 点）。

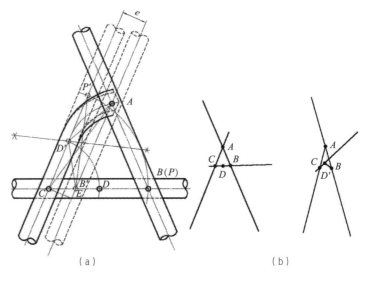

（a）　　　　　　　　（b）

图3-26　钢折叠椅的上折机构

③连接 $P'B'$，并作其垂直平分线 L 交 CP' 于 D'，则 D' 就是设想的折动点在折叠以后的位置。

④以 C 为圆心、以 CD' 之长为半径，顺时针旋转交 BC 于 D 点，则 D 即为所求的折动点 BD 为折动杆二连接点（孔）的距离。

⑤分析从略

证明，折叠后四杆的位置为 AB'、AC，CD'、$B'D'$。

$$\because CD' = CD \qquad CP' = CB（作图）$$

$$\therefore P'D' = PD = BD$$

又 $$\because B'D' = P'D' \qquad（垂直平分线性质）$$

$$\therefore B'D' = BD \qquad 得证$$

则 BD 为折动杆二连接点（孔）距离，D 点为折动点的位置，用比例尺在图上量取即可。通过证明.作图符合折叠要求。

B.计算法

具体步骤如下（AB、AC、BC、e 为已知的既定值）：

①在 $\triangle ACB'$ 外，自 C 向 AB' 的延长线作垂线交 E，则 $CE = e$，在 $\triangle CAE$ 中利用正弦函数求 $\angle A$。

$$\sin A = \frac{CE}{AC}$$

②利用余弦定理公式求 $B'C$

$$B'C^2 = AB'^2 + AC^2 - 2AB' \cdot AC \cdot \cos A$$

③利用正弦函数求 $\angle B'CP'$

$$\sin \angle B'CP' = \frac{CE}{B'C}$$

④利用余弦定理公式，求 $P'B'$、$\angle P'$

$$B'P^2 = B'C + CP'^2 - 2 \cdot B'C.CP' \cdot \cos \angle B'CP'$$

$$\cos P' = \frac{B'P' + CP'^2 - B'C^2}{2 \cdot B'P' \cdot CP'}$$

⑤利用余弦函数求 $B'D'$

$$B'D' = \frac{\frac{1}{2}B'P'}{\cos P'}$$

$$\because BD = B'D'$$

$$\therefore BD = \frac{\frac{1}{2}B'P'}{\cos P'} = \frac{P'B'}{2\cos P'}$$

按照上述作图法和计算法，同样可对任何折叠式家具可以举一反三，触类旁通地求得折动点的定位尺寸，关键只在于因产品结构的繁简程度不同而使作图和计算的步骤多少而已，其道理是一样的。至于其他类型的产品，可根据上述方法和产品的结构进行巧妙地演变运用，亦可应用其他数学方法求得。

3.3.3 折叠桌结构形式及折动点设计

折叠桌在金属家具中也占有相当的比例，也是折叠家具的一个重要类型。折叠桌的形式如图3-27所示，它由桌面、两支撑腿及折动杆等部件构成，在结构处理上两支撑腿都应设置横档来满足支撑强度及稳定性要求。考虑到折叠的需要，两支撑腿有长短腿之分，桌面的一边通过吊面挂件与长腿直接铰接，另一边则通过另一吊面挂件与折动杆铰接，折动杆再与短腿铰接。

图3-27 折叠桌

作为折叠桌，其折叠或打开时应满足下列基本要求：

①折叠桌打开使用时，桌面需保持水平状态，两腿成对称布置；

②折叠后桌面需垂直于地面，两腿和折动杆应尽量重合或靠拢。

根据上述要求设计的折叠桌结构主要有两种形式（图3-28），第一类是吊面挂件同高，支撑腿下部为弯折形式，如图3-28（a）所示，横档就装于弯折部位，这样折叠后两腿上部可完全重合且处于垂直位置，但横档位置过低影响折叠桌打开使用时的支撑稳定性。第二类是将横档位置上提，装于支撑腿中间部位如图3-28（b）所示，这种形式支撑强度及稳定性都很好，但由于横档阻碍，两腿不能折至重合位置。这两种结构形式都有应用，但折动点的设计计算有所不同。

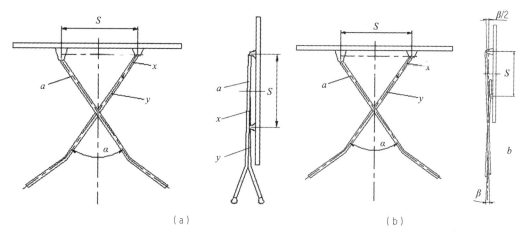

（a）　　　　　　　　　　　　　　（b）

图3-28 折叠桌两种主要结构形式

（1）第一种折叠桌结构折动点设计

如图3-28（a）所示，首先依据桌面尺度及功能要求，确定长短腿吊面挂件之间的距离S、长腿上下孔距a。根据折叠条件可列方程式：

$$\begin{cases} a = x + y \\ S = x + (a - y) \end{cases}$$

解之得：$x = S/2$ $y = a - S/2$。

（2）第二种折桌结构折动点设计

这种结构由于横档阻碍，折叠后两腿不能折至重合位置而留有夹角（β），若此时仍采用同样高度（长短）的吊面挂件，折叠后桌面将无法保持垂直而出现倾斜；为了保证在两腿不能重合的情况下，折叠后的桌面处于垂直位置，必须用不同高度（长短）的吊面挂件（图3-29）。

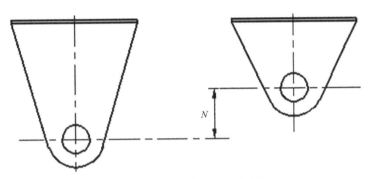

图3-29 折叠后桌面垂直位置不同高度的吊面挂件

具体设计时，先确定吊面挂件之间的距离S、长腿上下孔距a、打开使用时长短腿夹角α、折叠后夹角β。根据折叠条件可列方程式：

$$\begin{cases} a = x + y - \dfrac{z}{\cos\dfrac{\alpha}{2}} \\ z = a\sin\dfrac{\beta}{2} + (y - x)\sin\dfrac{\beta}{2} \\ S = (a - y)\cos\dfrac{\beta}{2} + x\cos\dfrac{\beta}{2} \end{cases}$$

解之得：

$$z = \left(2a - \dfrac{S}{\cos\dfrac{\beta}{2}}\right)\sin\dfrac{\beta}{2}$$

$$x = \dfrac{1}{2}\left(\dfrac{S}{\cos\dfrac{\beta}{2}} + \dfrac{z}{\cos\dfrac{\alpha}{2}}\right)$$

$$y = a - x + \dfrac{z}{\cos\dfrac{\alpha}{2}}$$

金属折叠家具尽管结构形式不同，但折叠原理是一样的。

3.4 不锈钢橱柜的结构设计

不锈钢橱柜是用不锈钢为主要材料制作的橱柜。它从酒店食堂不锈钢厨具演化而来，家用不锈钢橱柜的概念提法和形成要比木质橱柜稍晚，大概成型于20世纪90年代末。经过多年的发展，不锈钢橱柜从早期的简单形式到现在丰富多彩的款式，一直在整体橱柜市场占有一定的地位，一方面是因为它强烈的现代金属风格，深获热爱现代时尚气息人士的热捧；另一方面是受木质橱柜容易受潮开裂以及释放甲醛等有害气体之痛，不锈钢恰好能弥补木质橱柜的缺陷。

不锈钢橱柜的设计大多为简单的直线，横平竖直，减少不必要的装饰线条，从而营造出空间的开阔感。在这样的主体氛围中，同等材质的水槽、灶具、抽油烟机可以更为隐蔽地嵌入其中，感觉浑然一体。不锈钢橱柜也可以像人造板橱柜一样可分可合，所有的部件都可以自由地安装和组合，功能齐全。不锈钢台面外表很前卫，而且亮晶晶的不容易显脏。即使沾染油污，也容易清理，使用多日还亮泽如新。夏天时触感清凉，可以消除烹饪过程中带来的热熏焦躁之感。

不锈钢作为橱柜材料有阻燃性、防渗透、防霉变、抗冲击、防腐、防潮、绿色环保、可回收再利用等优点。但不锈钢视觉感较硬，给人冷冰冰的感觉，在橱柜台面的各转角部位和各接合部位缺乏合理有效的处理手段。台面一旦被利器划伤就会留下无法挽回的痕迹。这些细碎的划痕中也容易隐藏脏东西，平时擦拭它的表面一定要格外注意。

3.4.1 不锈钢板件的填充结构

由于不锈钢材料价格较高，所以不锈钢橱柜板件通常采用薄板加填充物的结构形式，以增加板材的承重性，防止板件变形。板件结构有单层板与双层板两种：背板一般为单层板，采用折弯成型、背面加加强条增加强度；其他板件为双层夹芯板，这种夹芯板自重轻，可以充分减少结构负荷，降低造价。柜体和门板通常用0.6~1.2mm不锈钢薄板制造其表面，内部填充木质板材、聚氨酯发泡材料、铝制蜂窝、插合板条等；台面则用1.2~2mm的不锈钢薄板包在板材上压制而成。

3.4.1.1 木质板材填充结构

柜体板件的结构形式如图3-30所示，将不锈钢薄板四周折弯或焊接成框架，把木质板材（常用的有中密度纤维板、刨花板和细木工板等）填充进去，再用焊接或单板挂扣结构拼合成整体。由于人造板甲醛气体释放对人体伤害较大，再加上防潮阻燃的要求，因此对密封性要求较高。木质板材可整板填充也可只是边框填充，边框填充要根据柜体结构需要设计边框尺度和位置，为后续连接结构孔位加工提供方便。

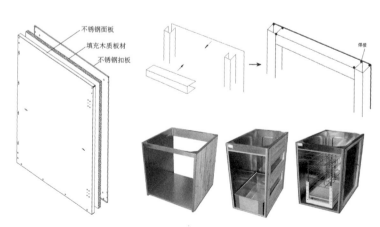

图3-30 木质板材填充结构

3.4.1.2发泡泡沫填充结构

将发泡材料进行发泡成型，可使其产生微孔结构。常用的树脂有聚苯乙烯、聚氨酯、聚乙烯、酚醛等。将不锈钢面板与扣板在发泡机上扣合的时候用发泡枪打入发泡剂后快速扣合，然后盖住发泡机盖，给以特定的温度、压力，发泡剂在中间产生化学反应膨胀硬化（图3-31）。这种发泡剂必须要有黏性才能在发泡过程中使不锈钢板黏合成型；另外在发泡过程中不能腐蚀或破坏不锈钢。聚氨酯发泡剂是常见的用于不锈钢橱柜板件填充的发泡剂，是一种性能介于塑料和橡胶之间的特种材料，具有耐磨、抗撕裂、耐油、耐腐蚀、绝热等优点，且发泡过程中自带黏性，不需使用黏合剂，是一种非常环保的材料。

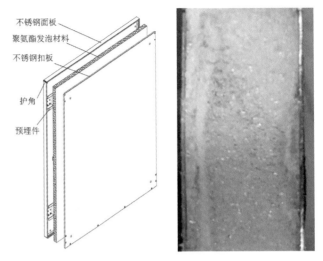

图3-31 发泡材料填充结构

3.4.1.3铝制蜂窝填充结构

由于铝制蜂窝比重轻、强度高、隔音、隔热、防火、防震等诸多优点被广泛应用为填充材料。相互连接的蜂窝就如多个工字钢，芯层均匀分布固定在整个板面内，板块稳定型与抗弯挠、抗压性能更好，并且有不易变形、平直度好的特点。蜂窝填充的主要结构为面板——胶黏剂——蜂窝芯——胶黏剂——面板。铝制蜂窝填充结构主要类型为有框蜂窝板、无框蜂窝板、半框蜂窝板，如图3-32所示。

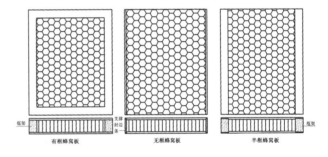

图3-32 蜂窝芯填充板结构类型

有框蜂窝板：指四周的边框内嵌蜂窝芯材。框架材料一般为木质板材。因为每边具有支撑边框，所以板件之间采用常见的连接方式。

无框蜂窝板：因去除四周边框而得名。连接方式有表板嵌入式、空腔贯通胶合式、整体贯通式、空腔填充式。

①表板嵌入式：在一侧表板开孔，直接在3~5mm表板上嵌入专用螺母，然后用专用螺钉紧固，如图3-33（a）所示。

②空腔贯通胶合式：在板件表面开孔，孔深至下板表面，然后插入专用嵌入螺母，通过冷固化、高频等方法使胶黏剂固化，从而使嵌入螺母与下板表面接合牢固，如图3-33（b）所示。

③整体贯通式：直接在蜂窝板上开通孔，采用普通螺母连接；或者在未开孔洞一面的内侧进行旋入，将螺钉另一头与主体连接杆结合，形成整体贯通。此种连接方式接合强度高，但能够在外表面看到嵌入螺母，影响美观。可用于抽屉的导轨、拉手等隐蔽处的连接，如图3-33（c）所示。

④空腔填充式：采用固态或液态等其他物质在需要安装五金件的空腔部位填充成实心结构，然后钻

孔并进行五金件连接。

半框蜂窝板：指在无框蜂窝板两边嵌入支撑板条，从而可以采用普通五金件实现连接。

3.4.1.4 插合板条填充

填充物为插合在一起的不锈钢板条，不锈钢上、下板条垂直拼插并在两端与不锈钢边框固定，凹槽深度为板条高度的1/2，凹槽间隙为20~50mm，板条的厚度为2~4mm，图3-34所示。

3.4.1.5 泡沫板填充

表板和背面采用不锈钢板四周折弯，中间放入泡沫板用胶水黏合而成。通常是聚苯乙烯泡沫，其密度系数小，抗冲击能力良好，其表面吸水率低、防渗透性能好。但这种填充板件需要使用大量黏合剂，因此环保性能较差。

3.4.1.6 不锈钢台面板结构

不锈钢台面结构形式如图3-35所示，它是将不锈钢薄板按相关尺寸裁好，再经折板成型，最后在两端焊接薄板封口制成。

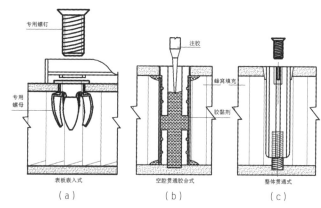

图3-33 无框蜂窝板的连接方式

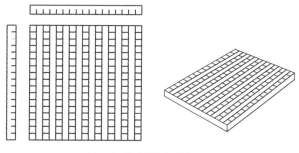

图3-34 插合板条填充结构

3.4.2 柜体的连接结构

不锈钢橱柜的柜体连接形式主要有焊接、板材咬缝接合、偏心件连接、螺钉接合、螺栓连接、插接等。根据其结合后的特点可将不锈钢橱柜的柜体结构分为固定式和拆装式。

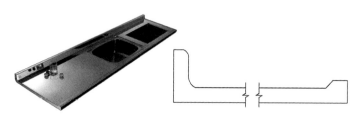

图3-35 不锈钢台面结构

3.4.2.1 柜体的固定连接

固定式连接产品完整性较好，但不能拆装，占空间较大，不便于运输，运输过程也容易造成摩擦损坏。

焊接：焊接是将两个或多个待连接工件通过原子或分子之间的结合和扩散接合成一体的工艺过程。不锈钢常用的焊接方法有激光焊、氩弧焊等。焊接构造简单、制作加工方便；密闭性好、结构刚度大；但焊接残余应力和残余变形易使受压构件稳定性与承载力降低。

板材咬缝接合：板材咬缝接合主要是依靠结构本身的造型、结构来达到构件之间的连接，且不借助第三方构件。

① 单板挂口结构拼合：一块完整的板材由内侧板和外侧板组合，通过内外板弯折结构设计进行挂口结合，挂扣结构有三种：V形挂口，Z形挂口，扣芽挂口（图3-36）。

② 凹凸卡合结构：外板四边设有向内直接冲压的凸卡块，内板四边板壁上设有相应的卡槽；内外板结合的时候卡块与卡槽进行卡合，如图3-37所示。

以上两种板材咬缝接合，通过自身的结构就可以起连接的作用，减少工具的使用，安装起来更加简洁、工作效率更高。

③ 子母扣搭接：搭接方式为凸起向下弯折倒挂钩插入到合适大小的扣眼中，扣合好后用定位螺丝锁紧契合，使柜体更加稳固，如图3-38所示。

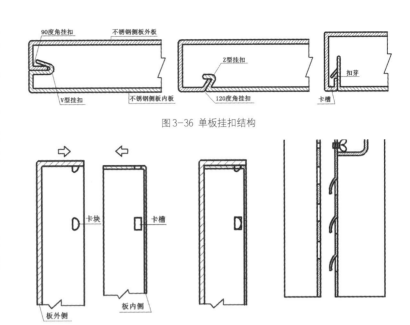

图3-36 单板挂扣结构

图3-37 凹凸卡合结构　　　　图3-38 子母扣搭接

3.4.2.2 柜体的拆装连接

拆装式连接简单，安装技术性要求不高，便于大规模批量化生产。

（1）三合一偏心件连接

是一种常见的板件连接方式，板材表面及端面都要打孔，且打孔精度要求高，因此需要做好孔洞预留，防止现场打孔粗糙和精度低的情况出现。此连接方式需要采用板件内部填充人造板或有框蜂窝板的结构形式。

（2）螺栓连接

也是较常用的构件连接方式。虽然安装后螺钉头部会漏在柜体外侧，但是被旁边的墙面或者其他柜体遮盖并不会影响到美观。将螺钉通过侧板空腔及预埋件连接顶底板的预埋件后拧紧，将侧板和顶底板连接，或者是螺钉通过侧板预留的孔洞连接上顶底板的孔洞进行构件连接，如图3-39所示，柜体安装好后应对孔洞进行有效的密封。

（3）葫芦形连接件

通过设计槽孔为大小头葫芦形，与之连接的销头比槽孔的大孔小、小孔大，由大孔槽进入并滑入小孔槽中，为了确保结构稳固防止销头退回大槽孔，需在板与板交接再用角码连接固定，如图3-40所示。此结构内部填充材料可使用人造板、有框蜂窝板，在构件连接时螺钉拧进木质材料内，其连接稳定性好。

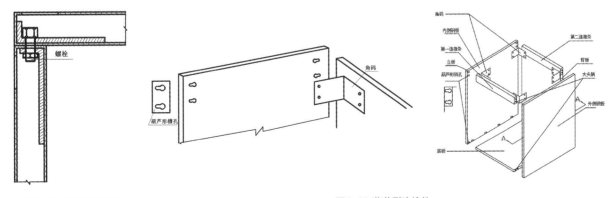

图3-39 螺栓连接结构　　　　　　　　　　　图3-40 葫芦形连接件

（4）插接

一种形式是依靠结构本身的构造来达到构件之间的连接，这种连接形式通常出现在橱柜的背板插合等位置；另一种是通过可拆除构件，凭借特有的形状来实现边框与边框、边框与板、挡水板与挡水板等的连接。

① 背板插接：如图3-41所示，在不锈钢侧板后端设有背板卡槽,后端的外侧面与内侧面为一个背板厚度的距离，两背板卡槽内可插不锈钢板。

② 台面挡水板连接：在台面上靠墙长边的挡水板通常是由台面延伸出来的，而家用橱柜放置的地方经常会遇到管道等障碍物，所以在短边处挡水板配件底部可以粘结在台面板上，拐角和两头闭合处可以采用与挡水板截面相同的标准化堵件塞住防止水的入侵，台面上长挡水板与粘贴在管道墙边的挡水板配件由L型标准构件进行连接，堵件往挡水板里塞的部分略小于它的截面，以便于塞入（图3-42）。

图3-41 背板插接结构

图3-42 台面挡水板连接结构

③ 板式连接槽：为可拆除构件，凭借特有的形状来实现边框与板件的连接（图3-43）。

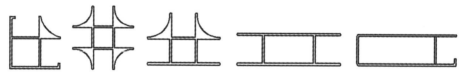

图3-43 板式连接槽

④ 板式边框插接件：插接件（两通、三通、四通等）根据空间的需要选择合适的接头数量，橱柜由插接件和管材组成主要的框架结构（图3-44），要求插合精准度高，其紧实度决定了不锈钢橱柜质量、防水性和寿命。板式连接槽是通过板式边框插接件进行连接的，可用分散的构件现场拼接不锈钢橱柜，便于大规模批量化生产，标准化程度较高。

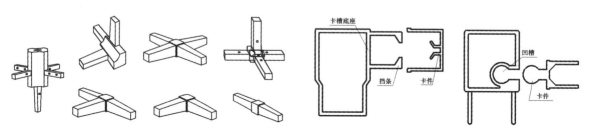

图3-44 板式边框插接件

图3-45 拼装卡条结构

⑤ 拼装卡条结构：使用了凹凸拼合的原理，将两个以上构件进行连接。具体的形状有所差别。如凸向与凹向进行卡芽拼合；凸球形与空心凹球形进行拼合（图3-45）。

拆装式结构简单，操作便利，会成为橱柜行业发展的主流。除了板与板之间的拼装，还有不锈钢管材之间通过插接件进行拼装。管材的结构可以将板材夹在四边框中，框与框通过不同形状的插接件拼合。

（5）无边框蜂窝填充板件连接

① U型连接件：连接件的上下部分为定位的圆销。安装时，先在旁板上开出与连接件尺度相符合的方形槽口、定位孔与安装孔。然后将连接件插入槽内，并卡入旁板的定位孔。在旁板外侧旋拧平头螺钉固定（图3-46）。

② Z型连接件：适用于顶板、底板与旁板的连接（图3-47）。

③ 贯通连接件：贯通连接件1适合柜体框架的连接（图3-48）；贯通连接件2适合于旁板与顶板、底板的固定（图3-49）。

④ 直角连接件：每一个直角面有一个定位销，和一个安装螺钉的膨胀销。该连接件用于搁板和旁板的连接（图3-50）。

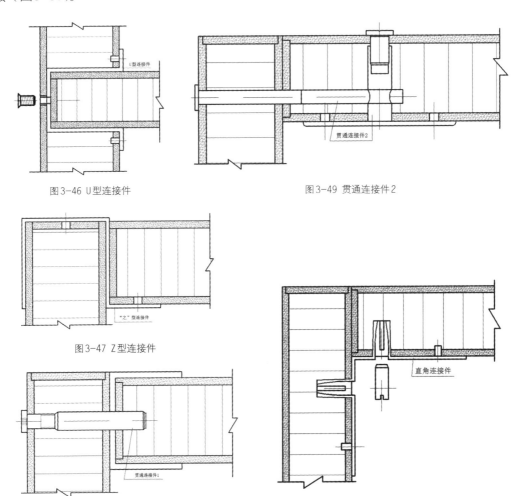

图3-46 U型连接件

图3-49 贯通连接件2

图3-47 Z型连接件

图3-48 贯通连接件1

图3-50 直角连接件

3.4.3 其他活动板件的连接结构

3.4.3.1 层板连接结构

活动插销连接：是指插销座上有可拉动手柄能在通槽内进行左右滑动，且装有复位弹簧的连接件。按住手柄往里滑行时插销往板内缩入，如果松手受复位弹簧的影响插销会伸出板外，在和其他板连接时伸出的部分就会深入到侧板内部。而挂钩又扣在侧板的卡槽内，起到双层稳固的作用（图3-51）。

收缩式连接插销：通过连接件将层板固定在侧板上，轴齿轮转动后带动移动轴齿条走动，推动可移动层板托前后移动并伸出层板进入到侧板的层板孔盖板中。当可移动层板托不伸入侧孔时，盖板弹簧没有被挤压则盖板出现在侧表面上；当伸入侧孔时，弹簧被挤压则被可移动层板托压入板内（图3-52）。

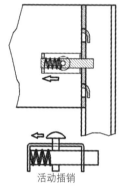

图3-51 层板活动插销连接

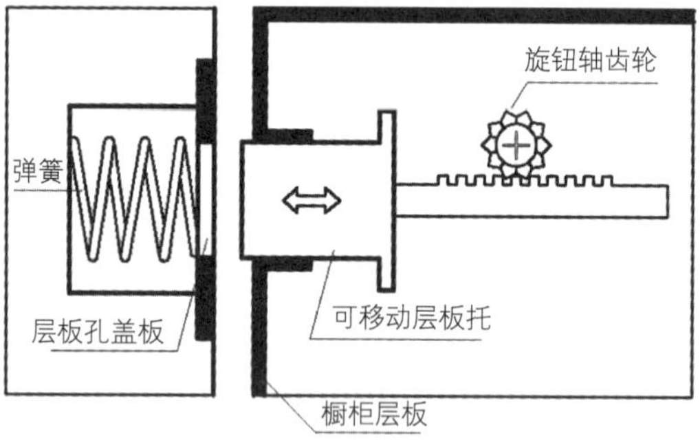

图3-52 收缩式连接插销

3.4.3.2 踢脚板的连接结构

厨房存在地面不平环境潮湿的情况，柜体要通过可调地脚支撑在地面上；踢脚板可遮盖地面与柜体的接缝，保证橱柜的视觉整体性，同时方便底部的清洁打扫。

扣合连接踢脚：可调地脚上的脚扣为凸出形构件，踢脚板背面有横向凹形槽，凹凸构件进行连接（图3-53）。这种踢脚是现在市场上最为常用的结构形式，其安装简单且牢固性较好。

磁性踢脚：可调地脚上的磁性材料与所对应的踢脚板内的导磁材料可将踢脚板和调节脚组合在一起（图3-54），其稳固性跟磁性材料的接触面积有关。

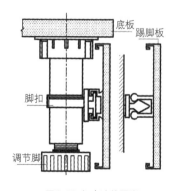

图3-53 扣合连接踢脚

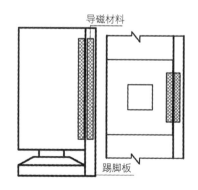

图3-54 磁性踢脚

3.4.4 不锈钢橱柜门板的连接结构

不锈钢门板发展至今已不再是原色单一、冰冷无趣了，采用真空镀膜钛金板制成的彩色不锈钢门板，颜色齐全、色泽动人、缤纷多样；采用磨砂板、蚀刻花板、压花板等制成门板，颜色丰富多样，色泽稳定，膜层均匀，坚固耐磨。门板与柜体的连接结构主要有平开门、翻门、移门等形式，其结构与其他板式家具门板结构相同，此处不再赘述。

3.5　金属立柱框架式衣柜的结构设计

整体衣柜有板式结构、框架式结构、挂板式结构三种形式，其中框架式结构形式的整体衣柜与框式家具是完全不同的两个概念，柜体不是用榫结合，而是由框架和板件构成。根据框架材料的不同还可分为：木框架式、金属框架式（图3-55）。它与传统的板式结构相比，取消了柜体的侧板，款式更简洁时尚，取放衣物也比较便捷，更符合年轻人的审美需求，目前也最受年轻一族的青睐。框架式整体衣柜储物量稍小一些，因此这种整体衣柜比较适合衣物数量适中、种类比较少的两人世界或三口之家。这种整体衣柜所使用的板材和五金件最少，但在售价上跟板式结构整体衣柜差不多。

图3-55 金属框架式结构整体衣柜

3.5.1 金属框架式整体衣柜的构成

金属框架结构衣柜主要有立柱、立柱底座、立柱转角连接件（弯管）、立柱固墙连接件、立柱固定片、立柱挂片（子母件）、木层板、玻璃层板 、木层板托、玻璃层板夹、吊抽柜、推柜、挂衣杆等组成，如图3-56所示。

金属框架结构衣柜的立柱材料主要是铝合金、铸造件、型材、方管等，表面采用阳极氧化技术，光滑无砂粒，框架多为竖向很少横向。板件则需要借助于专用连接件与框架结合，使用可以快速拆装的卡子，在立柱上设置相应的滑槽，并有止动装置，这样层板就可根据需要快速的任意调节高度，适合不同季节因服装变化带来的所需要收纳空间的变化，同时给人钢木结合的新潮感，而且整体稳定性强。金属框架结构还能够很好地解决人造板家具受潮、变

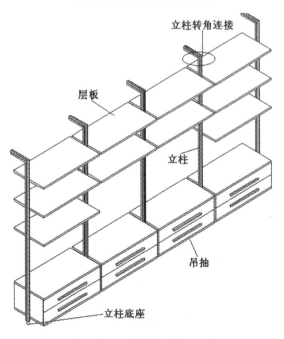

图3-56 金属框架整体衣柜的构成

形、甲醛释放等缺点；同时不受安装环境不规整的影响，不受房间高度与宽度的限制，避免了传统板式柜体由于墙壁不直导致与门之间出现缝隙的问题。

3.5.2 金属框架式整体衣柜与建筑的结合

金属框架式整体衣柜与建筑空间的结合主要是通过金属立柱的固定，主要有以下两种方式。

（1）金属立柱与地面和顶棚相连接

金属立柱通过五金件和膨胀螺栓把其直接固定在地面和棚顶之间，如图3-57所示。

（2）金属立柱与地面和墙面相连接

金属立柱通过五金件和膨胀螺栓把其固定在地面和墙面上预先固定好的特殊金属连接件，如图3-58所示。

立柱与墙面连接的方法有两种：一是在立柱上端直接连接立柱弯管并与立柱固墙连接件锁紧即可（图3-59）；二是先用立柱转角连接件把竖向和横向切好45°斜口的立柱进行拼接，再与墙体已经固定好的立柱固墙连接件进行连接固定（图3-60）。

立柱与地面的连接是通过固定立柱底座实现的。如果地面为地砖，则需要先用冲击钻在地面相应位置打孔并预埋膨胀胶粒，再用自攻丝固定立柱底座并盖好装饰盖；如果地面为木地板，则直接将调整好的立柱底座用自攻丝在木地板上进行固定并盖好装饰盖；如果地面不水平，可以调节底座中间的调节螺丝，调平为止，如图3-61所示。

图3-57 金属立柱与地面和顶棚直接固定

图3-58 金属立柱与地面和墙面固定

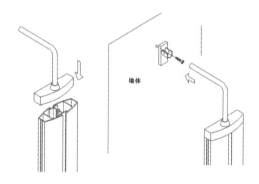

图3-59 金属立柱与墙面固定方法1

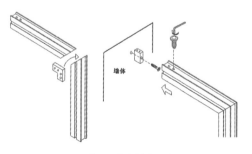

图3-60 金属立柱与墙面固定方法2

图3-61 金属立柱与地面固定

3.5.3 内部功能部件与金属支架的结合

　　金属框架式整体衣柜的内部功能部件包括木层板、玻璃层板、带金属托边的层板、抽屉柜、裤架、挂衣杆、鞋架等。这些功能部件通过各种连接件与金属立柱用螺丝卡紧，位置可以根据自己的需要进行固定。

　　① 木层板与立柱的连接：木层板是通过与立柱上的木层板托用自攻钉连接固定的，如图3-62所示。带边条层板的连接方法，如图3-63所示。

　　② 玻璃层板与立柱的连接：是把玻璃层板与装在立柱上的玻璃层板夹进行连接固定的，如图3-64所示。

　　③ 吊抽柜与立柱的连接：将立柱挂片（子片）装在立柱的槽中、在已经组装好的柜体的左右两侧装上立柱挂片（母

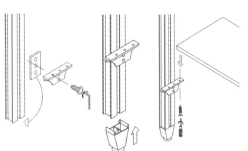

图3-62 木层板与金属立柱的连接

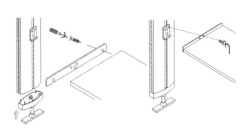

图3-63 带边条木层板与金属立柱的连接

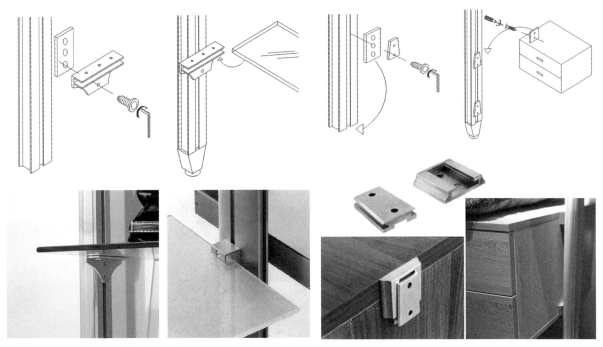

图3-64 玻璃层板与金属立柱的连接　　　　　　　　图3-65 吊抽柜与金属立柱的连接

片），然后将子母挂片进行吊立固定，如图3-65所示。带边条吊抽柜的连接方法，如图3-66所示。

④ 衣通托与立柱的连接：立柱的槽中分别装入固定片，再把衣通托与固定片连接，如图3-67所示。

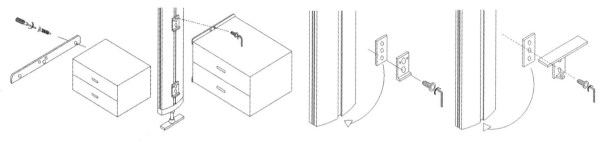

图3-66 带边条吊抽柜与金属立柱的连接　　　　　　　　图3-67 衣通托与金属立柱的连接

3.6　金属家具的结构性能与强度设计

3.6.1 金属家具的结构性能要求

金属家具的结构，是设计工作中一个比较复杂的问题，稍有考虑不周，就会产生不完善和不合理的结构形式。因此，我们在确定产品之前，必须慎重研究，反复验证，以达到完善合理，并且照顾共性、讲究特性，反映出产品的最大特点。在产品结构上大致需从如下几个方面加以考虑：

（1）牢固性和稳定性

家具有多种用途，不同用途的家具要有相应的承载能力。材料和结构均可影响其承载能力。如果材料选用不当，强度刚度不足，就会使构件断裂和变形，不能使用。当然，在允许荷载范围内引起构件的弹性变形，卸载以后能恢复原状，又不影响产品质量还是允许的。然而，有合格的材料，其结构不合理，也会使产品失去应有的牢固性和稳定性，牢固性和稳定性是产品再使用中的一项安全指标，也是最基本的要求。

（2）工艺性

产品构件的造型设计，必须注意生产工艺的先进性和经济效益，并尽可能地减少加工程序，利用现有的设备、技术条件来提高工效、保证质量、降低成本。否则，就难以获得理想的产品设计。

（3）灵活性

金属家具轻巧、灵活，优于木质家具，这在折叠、套插、旋转、升降、开关、启合、抽拉、滑动等零部件的结构中尤为突出，人们在使用和安装时既要方便又要省力。如果产品在使用时达不到方便和省力的效果，就失去了金属家具的应有特点。

（4）互换性

为了提高生产效率、简化工艺、实现现代化生产，同类产品的连接件与零部件，应尽量实行标准化、通用化、系列化，是产品零部件具有互换的特性，这样对成批生产具有一定的经济意义。当然，家具的花色品种是多样化的，不能强求统一、通用和互换。但在不影响产品造型、结构和质量的前提下，在设计上还是尽量使之具有互换性为好。这样对成批生产具有一定的经济意义。

（5）经济性

任何一个产品，都必须符合价值规律。优质的产品，还要有合理的价格，才能获得较好的生命力。消费者需要的是物美价廉的产品。决定价格的原因是多方面的，产品设计也是其中一个很主要的因素。因此，合理的设计必须考虑到经济效益，如材料的选用，结构的精炼，工艺的简化等，应使之达到高工效、低成本。

金属家具与其他产品一样，由于消费者的使用要求、审美观点不同，产品的格调就会不一样，等级和加工也不同。在设计上不是单纯追求低价，而应考虑不同等级类别的合理价格。

3.6.2 金属家具的结构强度设计

金属家具结构强度计算，无论是板式结构还是管类结构的金属家具，其管材或者板材的规格和壁厚都需要根据产品的承载能力进行强度计算和校核。金属家具强度校核大致包括三个部分：一是垂直承载件的轴向力计算，主要是金属家具的侧板和支承类家具的侧面框架强度计算；二是管件或板件的水平力计算，也就是水平构件的抗弯能力计算；三是各连接部位的综合强度校核。

复习思考题

1、金属家具的结构类型有几种形式？各有何优缺点？

2、怎样合理地应用金属家具的结构形式？简述各种结构形式的特点？

3、金属家具结构性能有哪些要求？

4、金属家具常用的连接方法有哪几种？各有何优缺点？

5、简述几种折叠椅的折叠结构特点？

6、利用解析计算法试求一种折叠椅的折动点？

4

金属家具管型材
加工工艺

C H A P T E R

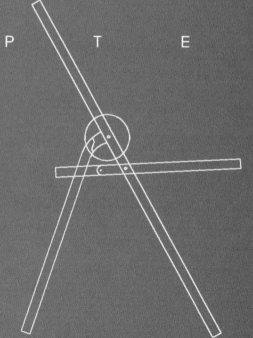

在金属家具中常用的金属材料有管材、薄板材及型材等。不同的材料、不同的零件其加工方法都不太一致，其加工工艺流程大体上如图4-1所示：

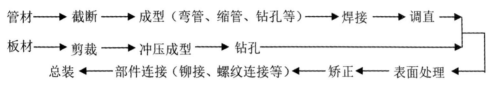

图4-1 金属家具制造工艺流程

在金属家具产品中，目前多数产品的管材耗用量占全部金属材用量的第一位。按照工艺流程的顺序，金属管材的加工工艺包括截断、缩管、弯管、钻孔、锉削、磨削、清除毛刺、矫正、铣口和冲扁等工艺过程。

4.1 管材的截断加工工艺

管材截断是管材机械加工中的首道工序。家具用金属管材的截断主要有割切、锯切、车切、冲裁等方法。采用何种截断方法，主要视管材断面形状和用途而定。

4.1.1 割切

金属圆管在进料时与割刀的刃口接触产生相对运动而将圆管截断，即为割切。割切分多刀割切和单刀割切。一般多刀是自动割切，生产效率高。多刀割管机是由数台单刀割管机的主要部分组成的，相互之间可调节割管的长度，也就是说可以同时割切不同长度的管件。多刀割管机主要用于割切规格较短的圆管，一般长度在1m以内。被加工的管材要求直度高，不能有弯曲，加工之前，一般要经过矫正调直工序。由于金属家具零件大多数用料较长（有长达2.5m以上的），且批量小、品种多，用料长度变化频繁，所以家具企业使用单刀割管机较多。

割切主要用于圆管的下料工艺。此外，如圆管零件端部缩管、封口、倒外角或无其他工艺性要求的零件，也均可采用剖切的方法。就下料工艺而言，割切要比锯切、车切等方法生产效率高，机械结构简单，噪音小。但单刀割管机的工人劳动强度较大，只适用于圆管，且易使管端失去原有的圆度。

金属家具管材零件的规格品种多，生产变化频繁，生产前应根据生产通知单，弄清产品的规格型号、零件尺寸、数量和技术要求，做到心中有数，例如，该产品所用管材加工的零件名称、各工序工艺要求等，掌握最适宜使用的管材长度，提高其利用率。

钢管在焊接加工过程中，不免要有裂缝、节疤、漏焊、错位、压痕和深的划道等缺陷（图4-2）。这些缺陷严重地影响着产品的质量。特别是电镀零件，绝对不允许上述影响外观和工艺的缺陷存在。因而在下料时，应将不符合产品质量要求的管材挑出，或截去缺陷部分，其余的做到物尽其用。此外，还要根据下道工艺的要求，确定零件在下料前管材的端部是否要齐头。需要缩管或进行电阻式对接焊的管材端部要加封金属帽或不再进行回截加工的管材，其端部都必须先齐头。端部要求非平面或端部还要冲压

成型，并有形状要求的零件，可不齐头，但剖切时要根据零件尺寸计算其加工余量。应当说明的是，齐头与否，并不是根据工艺的要求而绝对采用的，关键是要看高频焊管工艺断截部分的机械与刀具是否先进。管材断截质量好，规格准确，不但可以省去齐头工序，还能节约材料和加工时间，提高劳动生产率和管材的利用率。为了保证零件长度规格的准确性，工作时要经常检测加工零件的尺寸，割切工艺的实际操作要点，大部分也适用于其他断截工艺，所以下面就不再重复。

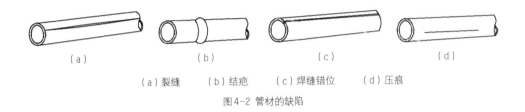

（a）裂缝　（b）结疤　（c）焊缝错位　（d）压痕

图4-2 管材的缺陷

4.1.2 锯切

锯切是利用锯片（或锯条）与管材相对运动而截断管材的。锯切分机械锯切和手工锯切，机械锯切锯片的形式又分金属有齿锯片和砂轮锯片。

（1）机械锯切

机械锯切的形式多样，在金属家具生产中一般统称为截管锯。锯切金属管材的锯齿一般是不开锯路的，因为开锯路以后，会使锯口产生更大的毛刺，并将产生其他不利因素。锯切的缺点是噪音较大，管件端部易产生较大的飞刺。

机械锯切除去用金属锯片外，还可用砂轮锯片。砂轮锯片使用方便，切割速度较高，锯口不产生大的飞刺。砂轮锯片的缺点是容易打碎，消耗量大，不太安全。切割型材采用砂轮锯片时，必须采取切实可行的防护措施，以防砂轮片打碎时飞出伤人。

（2）手锯锯切

在实际生产中，不可能完全避免手工锯割管材。

手工锯条按锯齿的大小，分为粗、中、细三种。锯齿的粗细，要根据材料的不同和锯割面的宽窄来选用。粗齿锯条齿距大，容屑空隙大，适于锯软材料或锯割面积较大的工件；硬材料及薄壁钢管则选用细齿锯条。金属家具生产中，制作模具或锯金属管材应使用细齿锯为宜。

手锯的锯路分三种，即交叉锯路、波浪形锯路和薄背锯路，一般常用波浪形锯路。锯路是防止锯条卡在锯缝内，减少锯条和材料的摩擦，提高锯割效率。

锯割管子不允许从一个方向锯割到底，应当转动着锯割，以锯穿管壁为止。这样可以避免管壁尖角卡坏锯齿。

锯割较薄的扁平材料时，为增加工件的刚性，防止板料弹动和锯齿被卡碰而崩裂，可用两块木板夹住工件，再将它们一起夹在虎钳上，连同木板一起锯割（图4-3）。

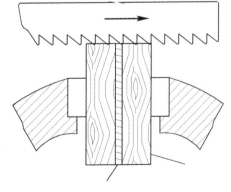

图4-3 锯薄板的方法

4.1.3 车切

所谓车切就是用普通的金属切削车床或特制的简易专用车床，采用切刀将管材切断，只有对切口有特殊要求，才用车切的方式。如用内套管的外套零件和电容式储能焊焊接的零件要平齐无毛刺，目前只有用车切才能得到理想的效果。车切无毛刺，工艺适应性强；车切生产率低，不宜切过长零件，所以只用作对管端部工艺要求较高的零件。

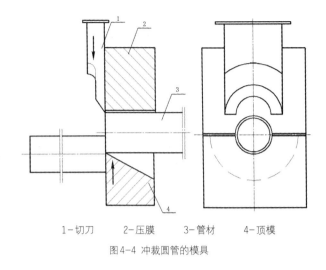

1-切刀　　2-压膜　　3-管材　　4-顶模

图4-4 冲裁圆管的模具

4.1.4 冲裁下料

冲裁下料是在冲床上配备一定的模具和刀具而进行的。图4-4是冲裁圆管时模具和刀具的配置。

冲裁下料生产效率高、噪音小，适用于各种截面形状的管材，只要使模具和刀具的刃口形状符合管材的截面形状即可。管材采用冲裁下料的缺点是，切口部分会产生不同程度的瘪缩，应用面较窄。只有对管件端部进行再加工，或不影响其他工艺的零件，才适合采用冲裁下料。

割切设备简单、生产效率高、噪音小、切屑少；但只适用于圆管，且手工割切劳动强度较大。锯切方式适应面广，各种形状管材都可用；但生产效率较低、管材端部易产生较大毛刺、噪音大、切屑多。车切工艺适应性强、加工后工件无毛刺；但不宜切长管材、生产效率也较低，一般只用于端部要求较高的管材。管材截断下料中应该注意两个问题，一是保证管材质量，二是最大限度的合理利用材料。管材截断以后，管口内、外壁一般均留有毛刺。毛刺对于金属家具的安装是不利的。管材端部有止口式盖帽，除毛刺外，管材内壁焊缝的焊瘤及凹凸不平等缺陷，也需加以剔除。只有使管材的内、外都圆滑光洁，才能适合小直径管件的插进及盖帽、套脚的安装。

4.2　旋转模锻管工艺

旋转模锻管工艺就是缩管工艺（也叫锥管）。此种工艺所用的设备叫做旋转模锻机，属于锻压机械的范畴。

旋转模锻工艺主要是将相同直径的管子端部加工成带锥度的细管。经过模锻的部位因受到挤压力而变形，因此待加工的管子不能有焊口开裂、错位、焊接不牢固等现象，否则将出现卷缩的情况。所以，旋转模锻工艺又可以鉴定管材高频焊接的质量。

管材需要模锻的锥度值由设计人员根据管径大小、使用场合及结构特点来确定。家具生产用的锻模长度一般为180mm，个别也有超过180mm的。锻模可锻出超过180mm的锥管，但其超过部分是等直径细管，而且超长部分一般不超过60mm。表4-1是常用家具生产使用的钢管模锻锥度值，数据仅供参考。

用于腿管之类的模锻零件，其模锻的锥管部分需要超长。因为脚套（塑料或橡胶制）是通用的，既

可用于锥管，也可用于直管。如果锥管部分不加长，脚套的内径就要加工成锥度 这样脚套就没有通用性了。至于用作撑子之类的模锻零件，其锥管部分就无须再加长了。应当注意的是，管材模锻后长度将增加，其增加数值一般为模锻长度的4%左右。

对于异形管材的模锻工艺，一般是用圆管截断成材，先进行旋转模锻，然后在轧管机上通过异型辊轮轧制成型。

表4-1 钢管模锻的长度

单位：mm

管径（ϕ）	模锻长度	端部锥口直径（ϕ）	可超长度
18	180	14	40
22	180	17	40
25	180	19	50
28	180	22	60
32	180	25	60

4.3 管材的弯曲加工

长管件经弯曲成型而制成一定形状，这就是弯管加工，这种加工工艺可减少焊接等其他工序，生产效率较高，而且没有破坏管材的整体性，产品结构强度较好，所以金属家具中许多零部件都是采用管材弯曲成型制造的。但弯管所用的管材较长，因而对管材的质量要求较高。

弯管工艺有冷弯和热弯两种，热弯适用于厚壁管材，在家具生产中，热弯基本不用，都采用冷弯。冷弯即在常温转态下弯曲，包括压弯、滚弯、冲弯和手工弯曲等。冷弯与热弯只不过所用的设备不同而已。弯管是在专用的弯管机上来完成，这里主要指圆管或其他异型管。

4.3.1 管材弯曲的特点

管材弯曲时，由于受到里、外型轮施加的外应力的共同作用而产生变形，同时管材本身也产生抵抗变形的内应力。物体在静止的状态下，内应力和外应力相平衡。外应力越大，变形也越大。任何材料的内应力是有限的，当外应力小于材料的弹性极限时，材料所产生的变形尚属于弹性变形（即去掉外应力时，可以恢复到原来的形状）。如果外力大到等于管材的屈服极限时，管材便产生塑性变形。随着外力的增加，塑性变形即由表层向中心发展，此时去掉外力，管材内的弹性变形基本消失，塑性变形即保存下来，而成为永久的变形。当外力大于管材的强度极限时，管材则由塑性变形发展至破裂。故管材弯曲时有以下特点。

（1）管材弯曲部位截面形状改变

在弯曲的角度范围内，管材的内缘受挤压力影响而压缩，外缘受拉力的影响而伸长。由于这种缘故，薄壁管材受弯曲部位的截面形状和弯曲前的截面形状就存在差异，特别是弯曲半径小的零件，差异更明显。如果不出现其他缺陷，实际情况表明，弯曲的结果其断面将如图4-5所示的形状。

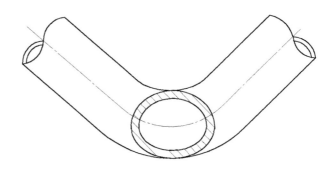

图4-5 圆管弯曲后的断面形状

　　管子的外缘半径变大而趋向于平直，里缘半径变小而趋向于尖圆，两侧面也趋向于平直，在内缘和外缘之间，会有一条既不受压应力影响，也不受拉应力影响的中性层，这个中性层表现在金属家具的管材上，根据弯曲理论的计算，其位置将接近于钢管的中心线（即使稍有误差，也能满足产品尺寸公差的要求），在内缘受压缩的同时，有可能出现皱折（俗称"折子"），如图4-6（a）所示。还有一种现象，是弯曲以后工件的弯曲圆弧与直管连接处出现凸起。这

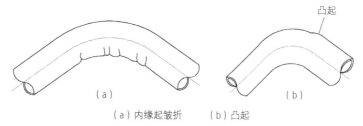

(a) 内缘起皱折　　(b) 凸起

图4-6 圆管弯曲部位内、外缘的变形特点

个现象比较普遍，严重的可直接看出，轻者仅有手感，如图4-6（b）所示，这是在弯曲过程中型轮停止时产生的。若将导向轮改用直线槽滑块，即可减小凸起的程度。

（2）管材弯曲后的回弹观象

　　弯曲管材时，其弯曲角度应该超过实际需要的弧度。这是因为金属管材的弯曲是由弹性变形转变到塑性变形的，在塑性变形中不可避免有弹性变形的因素存在，它可能使管材的弯曲角度和弯曲半径发生变化而与所要求的尺寸不一致，这种现象叫做回弹（图4-7）。

　　如果回弹的角度大，势必直接影响工件的尺寸精度，给校正工序带来困难，所以必须了解产生回弹的原因，采取控制回弹的措施，以保证工件的弯曲质量。

　　薄壁管材的回弹因素，大体上有以下两方面。

　　① 与材料的机械性能有关：如材料的屈服极限、弹性模数，屈服极限大，说明材质硬，回弹角度大；弹性模数小，回弹角度小。

　　② 与工件结构形状和弯曲半径有关：弯曲半径大则回弹角度大，任意角度弯曲（有半径弯曲）比半圆弯曲的回弹角度要大。

　　金属家具常用的金属管材弯曲回弹角度数据为：20号以下的低碳钢，壁厚0.8～1.2mm，回弹角度一般为4～5°。回弹角度应视管材的直径而定，直径大取大值，

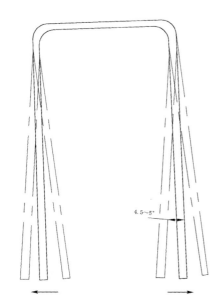

4.5～5°

图4-7 管材弯曲后的回弹现象

反之取小值，或通过试弯测量来确定。实践证明，超越角度应大于或等于材料的回弹角度，例如弯曲90°的角，弯曲时就应弯曲到94°，或稍微再超过0.5~1.0°（即弯曲到94.5~95°）。这样即使回弹以后超过了90°，校正时也能轻而易举地校正过来。如果回弹以后不到90°就难以校正到90°了。同样型号的材质，因机械性能不同，其回弹角度也不一样，应视情况而定，可调整弯管机的有关控制部位。

（3）管材的最小弯曲半径

所谓最小弯曲半径，是指管材弯曲后内缘圆弧半径所允许的最小值。与之对应的也就是外缘拉伸变形程度所允许最大值，即在加工中，管材弯曲成型而管径不变的极限。外层拉伸变形愈大，最小弯曲半径相应减小，当弯曲半径小于最小弯曲半径时，管材弯曲部位的内缘即产生皱褶。因此，管材弯曲时，应设计使其弯曲半径大于最小弯曲半径；此外，产品的结构、形状和管材材质、管径、管材壁厚等诸多因素，也会影响其弯曲半径。一般都取 $R_{min} = 3$ 倍的管径。金属家具的生产，在不影响产品结构和质量的要求的前提下，最小弯曲半径可考虑表4-2的数值。

表4-2 薄壁焊管最小弯曲半径　　　　　　　　　　　　　　单位：mm

管径（φ）	壁厚（δ）	最小弯曲半径（R_{min}）
13	0.8~1	32
14	0.8~1	35
16	0.8~1	38
19	0.8~1.2	44
22	0.8~1.2	50
25	1~1.5	60
28	1~1.5	80
32	1~1.5	120
40	1~1.5	150

4.3.2 影响弯管质量的因素

管材弯曲加工中容易出现的质量问题，主要有管材的破裂、内缘起皱、窜角、歪扭、凸起、不圆度等几种，这些现象的产生原因及消除方法如下。

（1）管材破裂

管材弯曲时发生破裂的主要原因一般有四个：一是管材本身没有焊接牢固；二是进行弯曲时焊缝所处的位置不合理；三是材质不良；四是弯曲半径太小。这四种情况不是由正常弯曲变形所引起的破裂，主要是客观的外界因素造成的。消除这些因素的方法：一是加强高频焊接工艺的技术管理，保证带钢宽度，稳定高频炉输出功率，使之符合焊接要求，调整好焊接夹紧装置，修磨好刮疤刀的刃口，把好焊管的质量检验关；二是弯管对应注意将焊缝处于中性层位置；三是保证材质；四是使弯曲半径大于最小弯曲半径。其中材质不良这个问题牵涉的面比较广。这些外界因素不仅会影响弯曲工艺的质量，而且还给其他机械加工工艺带来不良的效果（如冲扁等）。根本的办法是选用理想的材质，或向有关单位要求提供合格的管材或钢带。

（2）内缘起皱

造成内缘起皱的基本原因有两个：一是里型轮的槽型与管材变形特点不相符；二是里、外型轮的中心距离大（也就是里、外型轮所形成的圆形口径大），在弯曲过程中管材有松动的现象。这两种原因不适应管材弯曲变形的特点。由于管材壁薄，在变形过程中，材料本身的内应力经受不住外应力的作用，因而管壁向管内收缩，形成皱折。消除的方法：一是重新整修里型轮的槽型，使之符合管材在弯曲过程中的变化规律；二是调整里、外型轮之间的距离，使其口径的松紧程度合适；三是修理或更换弯管机上影响质量的零部件。

（3）窜角

一个工件弯曲两个直角，弯曲以后而不成矩形，这种现象叫窜角（图4-8）。形成的原因是左右拖板所转的角度不一致，只要调整弯管机的控制部位即可纠正。

（4）歪扭

几何形状成一个平面的工件，弯曲以后各对称点不在同一个平面内，这种现象叫歪扭（图4-9）。产生的原因主要是弯管机的精度不高，两套弯管管型轮不在同一平面内。消除的方法是修理弯管机型轮装置部位，使两套型轮高度一致。在弯曲时，如歪扭和窜角现象严重，应及时纠正。由于形成歪扭的因素较为复杂，故轻微的歪扭还是难以避免的，以后可进行人工矫正。

（5）凸起

这是薄壁管材在弯曲过程中难以克服的一个缺陷，弯曲的管径越大，凸起越为明显。形成的原因主要是弯曲过程中管材受到里、外型轮的挤压，使管径截面的弯曲部位产生收缩和伸长的变化，在弯管和直管连接部位形成波峰状的凸起。目前，对薄壁管材的弯曲，减少这种凸起程度的方法主要有三种：一是里、外型轮的槽型要适应弯管变化的特点；二是里、外型轮的中心距离应适当（也就是卡管的松紧程度要恰当）；三是保证弯管机应具有刚性和一定的精度，并保证有良好的工作状况。

影响弯管工艺质量的因素很多，如工人的操作技术、管材的直径公差、形状，弯管的形式，管材的锈蚀程度等，都会不同程度地影响弯管的质量，以上所述仅是主要因素。

4.3.3 弯曲管材的尺寸计算

弯曲管材毛料长度的计算，是一项很重要的工作，它直接影响产品的成本、质量和管材的利用率。所以必须对工件进行分析和科学的计算。

（1）计算依据

计算依据有两条。

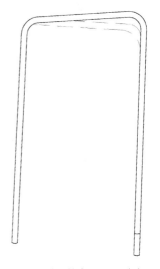

图4-8 弯曲缺陷之一——窜角

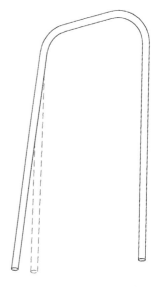

图4-9 弯曲缺陷之二——歪扭

① 产品的形状、尺寸、结构图纸。

② 弯曲部位的中性层，即管材中心线的展开长度。管材中心线的展开长度，就是弯曲管材的毛料长度。讨论这个问题时，应当弄清以下两个概念：弯曲半径和曲率半径。

弯曲半径：弯曲圆弧中心至被弯曲工件内缘的距离。

曲率平径：弯曲圆弧中心至所弯曲工件中性层的距离。

$$\rho = R + \frac{d}{2}$$

式中　　ρ —— 曲率半径；

　　　　R —— 工件弯曲半径；

　　　　d —— 弯曲管材的直径。

（2）计算方法

对于管材来说，都是具有一定圆弧半径的弯曲，极少出现无圆弧的弯曲。由此可知，管材展开尺寸等于弯曲件直线部分与圆弧部分长度之和（图4-10）。

$$L = \sum l_{直} + \sum l_{弯}$$

式中　　L —— 弯曲件毛料长度（mm）；

　　　　$\sum l_{直}$ —— 弯曲件各直线段之和（mm）；

　　　　$\sum l_{弯}$ —— 各弯曲部分中性层的展开长度之和（mm）。

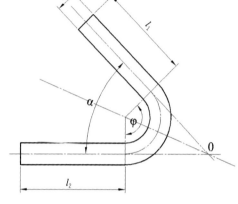

图4-10 管材弯曲件的计算

$$l_{弯} = \frac{\pi\varphi}{180°} + \left(R + \frac{d}{2}\right) = \frac{\pi(180° + \alpha)}{180°}\left(R + \frac{d}{2}\right)$$

式中　　α —— 弯曲角度数；

　　　　φ —— 弯曲圆弧的圆心角度数。

下表是金属家具常用弯曲管件毛料展开长度计算公式。

表4-3 金属家具常用管件展开长度计算公式

弯曲方式	示意简图	公式
单直角弯曲		$L = l_1 + l_2 + \frac{\pi}{2}\left(R + \frac{d}{2}\right)$
双直角弯曲		$L = l_1 + l_2 + l_3 + \pi\left(R + \frac{d}{2}\right)$
多直角弯曲		$L = l_1 + l_2 + l_3 + \cdots\cdots + l_n + \left[R_1 + R_2 + R_3 + \cdots\cdots + R_{n-1} + (n-1)\frac{d}{2}\right]\frac{\pi}{2}$

（续）

弯曲方式	示意简图	公式
半圆弯曲		$L=l_1+l_2+\pi\left(R+\dfrac{d}{2}\right)$
任意角度弯曲		$L=l_1+l_2+\dfrac{\pi\phi}{180°}\left(R+\dfrac{d}{2}\right)=l_1+l_2+\dfrac{\pi(180°-a)}{180°}\left(R+\dfrac{d}{2}\right)$
铰链型弯曲		$L=\dfrac{3\pi}{2}\left(R+\dfrac{d}{2}\right)+R+L$

（3）计算举例

例1. 一折椅座框，如图4-11所示。外形尺寸宽360mm，管径Φ19mm，求弯曲前的下料长度。

解：根据双直角计算公式

$$L=l_1+l_2+l_3+\pi\left(R+\frac{d}{2}\right)$$

已知：$l_1=311$，$l_2=222$，$l_3=311$，$R=50$，$\dfrac{d}{2}=9.5$

代入 $L=311+222+311+3.14\times(50+9.5)$

$$=844+3.14\times59.5$$

$$=1030.83\approx1031（mm）$$

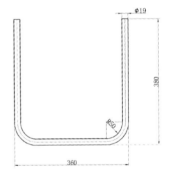

图4-11 管材弯曲尺寸的计算1

例2. 一折椅后腿，如图4-12所示，求弯曲前的下料长度。

解：根据任意角度计算公式

$$L=l_1+\frac{\pi\varphi}{180°}+\left(R+\frac{d}{2}\right)+l_2$$

$$=500+\frac{\pi\varphi}{180°}+\left(R+\frac{d}{2}\right)+l_2$$

其中

$$\varphi=\arcsin\frac{46}{45+11}=55°15'$$

$$l_2=\frac{8}{\cos22°}=8.6（mm）$$

则

$$L=500+\frac{55°15'\times3.14}{180°}\times56+8.6$$

$$=562.57\approx563（mm）$$

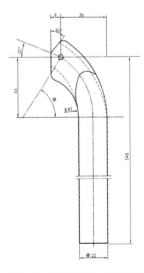

图4-12 管材弯曲尺寸的计算2

以上介绍的计算方法和举例所得到的数值，与实际是有出入的。在实际生产中，由于多种因素的影响，必须通过试弯来确定理论与实际的误差。另外，计算时还得考虑其他工艺所需要的加工量，如截头、封口等。

4.4 钻孔及冲孔工艺

4.4.1 钻孔

钻孔就是用钻头在实心材料上加工出孔。金属家具的钻孔，大多是用钻头在薄壁管材或薄板材上加工。一件家具产品，少则要钻几个孔，多则要钻一百多个孔。同样是用钻头钻孔，金属家具的钻孔则是在直径不超过40mm的薄壁管材上进行的，最普通而且钻孔最多的是在直径18~25mm的管材上钻孔，也有在较薄的板材上（厚度不超过3mm）钻孔的。然后再用铆钉、螺钉或其他专用件连接起来，即成为组件或成品。

在薄壁管材和薄板材上钻孔，与一般机器零件的钻孔不同，而且孔径多数都在6mm以下。其钻孔要求及对钻头的刃磨技术也与一般机器零件的钻孔不同。一般说，钻孔时工件固定不动的，钻头则同时要完成两个运动。

① 切削运动（主体运动）：钻头绕轴心所作的旋转运动，也就是切下切屑的运动。

② 进刀运动（辅助运动）：钻头对着工件所作的前进直线运动，由于这两种运动是同时连续进行的，所以钻头是按照螺旋运动来钻孔的。

但是，在金属家具的生产中，也有钻头只作旋转运功，而工件对着钻头作前进直线运动的。

根据金属家具的材料和结构特点，用于钻孔的设备主要有台钻、立钻、手电钻、多头专用钻等，其结构形式多样。

台钻是一种小型钻床，通常安置在台案上，用来钻削直径12mm以下的孔。台钻使用方便，适应性强，很适于金属家具的钻孔，是金属家具生产中的主要钻孔设备。

立钻是钻床中最普遍的一种。不过直接用于批量生产金属家具的钻孔还是很少的，因为钻小孔径的零件时，它不如台钻灵活方便。只有管径较大的家具上的零件，需要钻 Φ12mm以上的孔时才用它。

手电钻多用来钻12mm以下的孔，常用在不便于使用钻床的情况下。金属家具生产中所用的手电钻，多为手枪式的小型手电钻，最大钻削孔径为6mm，使用轻巧、方便，已成为装配工艺中拧螺丝的主要工具。

专用多头钻自动化程度较高，生产效率一般都成倍地提高，钻削出的孔距也较准确，工人劳动强度大为降低，其结构也较简单。但是，多头钻钻头的安装技术要求高，而且容易折断钻头。

钻头种类根多，如麻花钻、扁钻、中心钻等。它们的形状虽不同，但切削原理是一样的，都有两个对称排列的切削刃，以使钻创时所产生的力能够平衡。家具零件的钻孔主要使用麻花钻，只是在修磨时有不同的要求而已。

4.4.2 冲孔工艺

金属家具的管材零件，除钻孔以外，有的还采用冲孔工艺。冲孔生产率高，比钻孔（台钻）要提高2~3倍，加工尺寸比较准确，而且可简化工艺，使产品结构精练。

（1）冲孔的类型

在管材上冲孔有透孔和半透孔两种。透孔就是冲头冲透上下管壁，透孔的中心通过管材的中心。冲透孔时如没有其他辅助工艺，由于管材的上管壁受到冲头的压力，孔口周围必然要向管中心凹陷（图4-13）。生产中就利用这种自然现象，将冲头的根部加工成锥度或平台，在冲孔的同时使凹陷处形成沉窝，以便埋放螺钉或铆钉头。这样，不但简化了工艺，而且可增加产品结构的精练和美观。例如，一般钢管折椅前腿和后腿的连接孔，不少单位都采用冲制方法，连接后使连接件的头部不外露。

半透孔就是冲头只冲透管的上壁。根据工艺要求，一般冲孔工艺上无须带沉窝，其冲压方法如图4-14所示。像钢管折椅椅撑上的工艺孔（流水孔），即可采用冲制的方法。但在工艺上有特殊要求、管内壁不能有毛刺的冲制件，虽然不带沉窝，但要加芯子（胎具）。

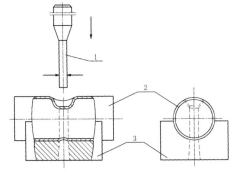

1-冲头　　2-管件　　3-凹模

图4-13 冲孔带沉窝的管件

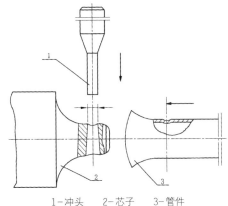

1-冲头　　2-芯子　　3-管件

图4-14 冲孔不带沉窝的管件

（2）冲孔的工艺条件

冲孔虽有较多的优点，但却有一定的局限性，不是所有的孔都可采用冲制，也不是所有的管径都适应冲孔。一般家具用的管材零件和小管径的零件，不宜冲制带沉窝的透孔。冲孔与钻孔比较，管件冲孔部位的强度降低较大，尤其是冲制带沉窝的孔更为明显。至于半透孔，只有在管件的端部冲制时才利于加芯子，如果在管件的中部冲制不带沉窝的半透孔，加芯子就麻烦了。因此，是否能够采用冲孔工艺，必须根据孔在零件上的部位、孔的作用及管径的大小而定。

另外，冲孔必须有能满足冲制工艺的工装设备。例如冲透孔时，管件下必须有与管径圆弧相同的凹模，凹模上的孔带锥度，孔边要形成刃口，孔径应稍大于冲头直径而成合理的间隙，以使刃口与冲头形成剪切作用，防止管件下壁孔口由于受冲头的作用而向外突出，同时又能使冲下的废料由孔内落下来。冲制半透孔，管件内也必须有与之相适应的凹模。

冲制沉窝时，冲头的根部应当模拟置于孔中的连接件头部的形状，这样冲成的沉窝才有利于连接件头部与管件的紧密结合。冲头材料一般采用T10合金结构钢。

（3）冲孔出现的不良现象及注意事项

冲孔容易出现的不良现象主要有孔与管不同心、孔皮不脱落、毛刺过大、孔形不规矩。出现这些不良现象除模具等工装具不精密外，还有操作上的原因。因而必须注意以下事项：保证模具精度及合理的配合间隙；保证管材的圆、直度。出现不良现象应找出原因并妥善解决。

4.5 矫正工艺

金属管材、型材等经过多种加工工艺而形成的零部件，由于受各种因素的影响，必然要产生多种变形，如弯曲、歪扭、窜角、回弹等不符合产品设计的几何形状缺陷，还有材料本身形状的缺陷，如线材中的钢丝、盘条等。凡是变形超过了规定的技术标准，都必须进行矫正。矫正也叫调直或找正，其工艺过程就是对工件上的缺陷施加相应的作用力，使其恢复原来的几何形状。

矫正工艺在整个家具生产过程中一般需要进行三次，第一次是零部件经过弯曲、冲压、焊接等加工以后几乎都存在这样或那样的缺陷，有的还不只是一种缺陷，而是多种缺陷，故要逐件矫正。第二次是零部件在组装（如金属骨架的铆合）以前由于运输和存放过程中的碰撞、挤压及镀、涂工艺等的影响而造成的变形。需要逐件检验，但不一定要逐件矫正。第三次是组装成品以后，产品的几何形体不符合技术条件，即产品的形位公差超过了极限标准，功能不符合设计要求（如桌、椅四腿落地不平稳），这种缺陷的矫正数量也是不少的。当然，加工的质量事故则例外。不符合技术条件的产品一旦需要矫正，比零部件的矫正要复杂多了，造成的原因除了装配工艺的缺陷以外，主要是零部件在加工过程中所产生的各种形位偏差所致。

金属材料之所以能够矫正，根本原因是它具有一定的塑性，因此在外力作用下，能迫使金属分子向一定的方向移动，从而达到矫正的目的。

金属家具的矫正工艺，有手工和机械两种方法，家具品种繁多，形状复杂，产生缺陷的部位、形式也不相同。可根据产品特点，选择矫正方法，一般线材、长管材的矫正采用定型的调直机。

4.6 冲扁和槽孔加工工艺

在金属家具结构中，不少是采用槽与榫的连接形式（图4-15），如钢管折椅前腿与后腿的连接，后腿端部的连接处，要在冲床上冲压成扁榫，前腿要加工成不穿透的长方形槽孔。扁榫与槽孔的形状和尺寸，必须符合折椅的结构和折叠要求。

4.6.1 冲扁

冲扁又叫压扁或砸扁，主要是在冲床上进行，冲扁后的形状如图4-16所示。具体工艺要求如下：

操作前，要按照零件的形状，将适用的模具安装在冲床的工作台上，调节好行程，拧紧

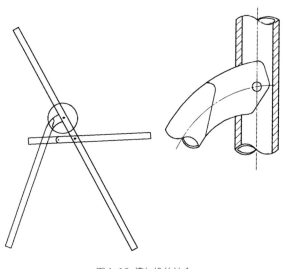

图4-15 槽与榫的结合

螺母，固定模具，进行试冲，测量冲压部分的厚度尺寸，符合要求时再进行生产。管内不许有杂物，往模具内放料时要做到平、稳、准，钢管焊缝应处于压扁的两侧，严禁手指伸向模具中去。受压部分应扁而严实、弧形一致，切头以后应无大的毛刺。如发现冲裂部件，应挑出用气焊修补，磨光后使用。对于冲扁易裂的钢管，事先应进行退火处理。压扁部分的铆钉孔可在切头时一同冲出，即模具做成冲裁、冲孔的复合模。

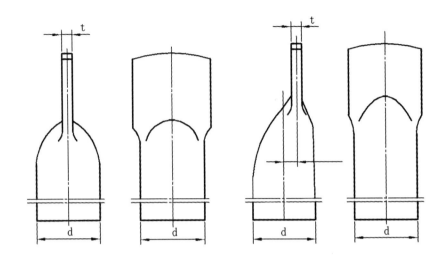

图4-16 管件冲扁后的形状

4.6.2 槽孔加工

目前加工槽孔采用的方法大致有以下三种：锯片开槽、拉槽、铣刀铣槽。

（1）锯片开槽

采用4mm厚的普通工具钢锯片，前角磨成11～14°，后角磨成16～18°，主轴转速2500转/分钟以上，适用锯片直径100～150mm。

使用锯片开槽的优点是机械设备简单，效率较高。缺点是由于锯片转速高，火花飞溅，产生的噪声较大，在加工中需加水冷却，而且加工后的槽孔里、外缘毛刺很长，事后还必须进行剔除。

（2）拉槽

目前有的工厂加工槽孔是在槽的加工部位一端先钻定位孔，然后再用拉刀将槽孔的管壁拉去，此法加工质量好、孔位准确、无噪音，但需两道工序。

（3）铣刀铣槽

比较理想的是用直径100～150mm的锋钢锯片铣刀直接铣出槽孔。此种工艺既可采用卧式铣床，也可采用专用设备，用铣刀铣削出的槽孔，里、外边缘无大的毛刺、噪音小、一次加工成活，前后无辅助工序。

4.7　锉削和磨削工艺

金属家具生产中的锉削和磨削工艺，主要是用锉刀或砂轮将焊接件的焊疤多余部分削平，或者为了适应焊接工艺的需要，将两个焊接管件中一件的端部磨削成与另一管件外径相吻合的圆弧（鸭嘴口），如图4-17所示。这样既便于焊接，又提高了焊接质量。

4.7.1 锉削

在金属家具结构中，在焊接部位不易使用机械砂轮磨削时（图4-18），就要采用锉削的方法。

锉削是手工用锉刀进行的，锉刀是用碳素工具钢经淬火、回火而制成的。

金属管式家具的锉削多用圆锉刀和半圆锉刀。所用锉刀的直径，视工件部位和角度的大小而定。所用锉刀的长度一般是250～300mm。锉削时，压力不能太大，否则会折断锉齿，但也不能太小，以免打滑。

锉削方法：圆弧面的锉削一般是用滚锉法。但是锉削金属家具管件的焊疤不同于一般圆弧面锉削（图4-19），由于它是圆弧曲面，所以锉削时既要作前进运动，又要使锉刀本身作一定的旋转运动，而正在锉削过程中锉刀的前进与旋转要同时进行，使锉削后的焊疤圆弧和管壁的外臂相切，既不能深凹，也不能凸出。也就是圆弧半径深浅要适中，既要保证强度，又要美观，这与焊缝质量的影响很大。焊缝匀称、焊透，锉削就容易，锉削的质量也好，反之锉削量大，锉削质量也不会好。需要锉削焊疤的工件，主要用于表面需电镀装饰的产品。对于管件端部工艺性的圆弧亦可应用同样的方法。

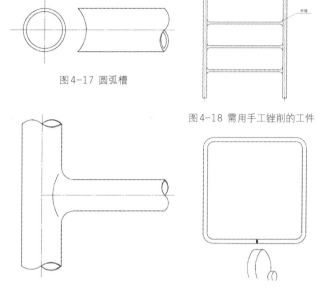

图4-17 圆弧槽

图4-18 需用手工锉削的工件

图4-19 圆弧曲面的锉削要求　　图4-20 砂轮磨削管件接头焊缝

4.7.2 磨削

磨削是用砂轮机进行的。金属家具生产中，有的零件适宜利用砂轮机磨削，如钢折椅封闭式座框接头焊缝（图4-20）、直角接头焊缝、管件端部工艺性圆弧焊接槽（图4-17）等。大的框架结构亦可用手提砂轮机磨削。

复习思考题

1、家具管材的截断主要有哪几种方法？各有何优缺点？

2、试述管材的弯曲过程和弯曲变形的特点？

3、掌握弯曲管材长度尺寸计算的程序和方法。

4、金属家具零件的钻孔有何特点？

5、冲孔有哪几种类型？各有何作用？

6、金属家具零件为什么要进行矫正？

7、在管材上加工槽孔常用哪几种方法？各有何特点？

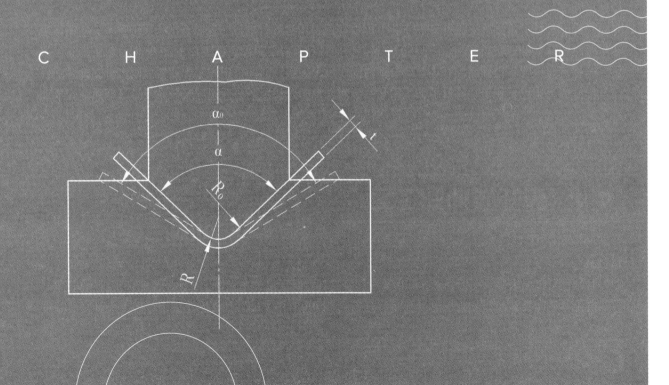

5

金属家具
板料加工
工艺

C H A P T E R

5.1 冲压工艺

板料冲压是金属家具制造中的加工方法之一，也是不可少的主要工艺。它是利用冲模在压力机上对板料施加压力，使其分离或变形，从而得到所需零件的一种压力加工方法。

5.1.1 冲压工艺的特点

板料冲压与其他加工方法相比较，不论在技术方面，还是在经济方面，都有很多突出的优点，这些优点是：

（1）在压力机的简单冲击下，能够获得其他加工方法难以加工或无法加工的、形状复杂的零件。

（2）所加工的零件精度较高，尺寸稳定，互换性好。

（3）在材料消耗不大的情况下，可以得到强度大、刚性高和重量轻的零件。

（4）生产率高，操作简单，生产过程易于实现机械化和自动化，便于组织生产。

（5）在大批量生产的条件下，冲压件成本低。

但是板料冲压也有一定的缺陷，主要是模具制造周期长，技术要求高，不利于小批量零件的生产。

5.1.2 冲压工艺在金属家具制造中的应用

为了减轻家具的重量、降低成本和适应产品结构的需要，金属家具的许多零件是采用冲压方法制成的（图5-1）。特别是钢家具的各种连接件，其中有不少是用冲裁、弯曲和浅拉延等方法加工而成的。板料冲压加工出来的零件，在精度上完全符合家具生产的要求。所以说，板料冲压是金属家具生产中不可少的工艺。

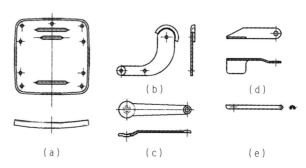

图5-1 金属家具产品中的冲压件

5.1.3 冲压的基本工序

由于板料冲压对零件的形状、尺寸和精度不同，所以采用的工序很多，概括起来可分为两大类：

分离工序：主要包括剪裁、冲裁等。其形式是板料受外力后，应力超过强度极限（σ_b），使得板料被剪裂而分离。

变形工序：主要包括弯曲、拉延及成型等。其形式是板料受外力后，应力超过屈服极限（σ_s），但低于强度极限（σ_b），即塑性变形成一定的形状。

另外，在条件允许的情况下，为了提高劳动生产率，常常将两个以上的基本工序合并成一个工序（如成型和冲孔同时进行）。

板料冲压工序到目前为止，已发展到几十种之多，表5-1中列出了部分基本工序的名称和定义。

表5-1 板材冲压的基本工序

工序性质	工序名称		工序简图	工序定义
分离工序	剪裁		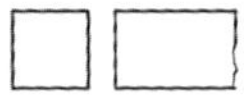	将板料一部分与另一部分沿断开轮廓分离
	冲裁	落料	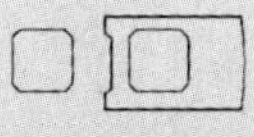	将板料沿一定封闭曲线分离封闭曲线以内的部位为制件
		冲孔	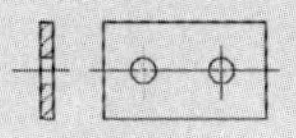	将板料沿一定封闭曲线分离封闭曲线以外的部位为制件
	切口		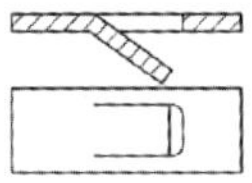	将板料沿不封闭曲线冲出缺口，缺口部分发生弯曲
	修整		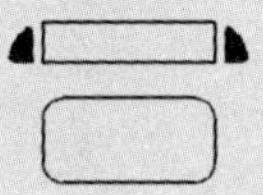	将工件外缘预留的加工余量去掉,求得准确的尺寸和光滑垂直的剪裂面
变形工序	弯曲		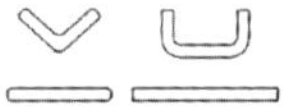	将板料弯成一定角度或一定形状
	拉延		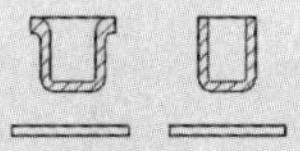	将平板料变成任意形状的空心件
	成型	起伏	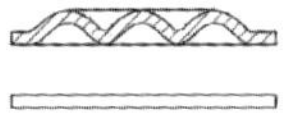	将板料的局部,拉伸成凸起凹进的形状
		翻边	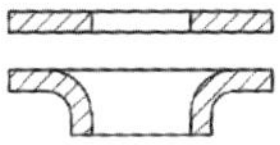	将板料上的孔或外缘,翻成一定角度的直壁,或将空心件翻成凸缘
复合工序			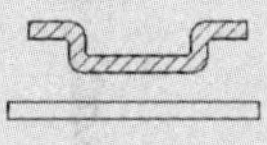	把几道不同的工序合并成一道工序,在一个模具上完成

5.1.4 冲压所用的材料

5.1.4.1 冲压所用材料的要求

冲压所用的材料,不仅要满足设计的技术要求,还应当满足冲压工艺要求。冲压的工艺要求主要是:

① 应具有良好的塑性。在变形工序中,塑性好的材料,其允许变形的程度大,可以减少工序以及中间退火的次数,或者不要中间退火,对于分离工序,也要求材料具有一定的塑性。

② 应具有光洁平整,无缺陷损伤的表面状态。表面状态好的材料,加工时不易破裂,也不容易擦伤模具,制成的零件表面状态也好。

③ 材料厚度的公差应符合国家规定的标准,因为一定的模具间隙,适应于一定厚度的材料,材料厚度的公差太大,不仅会影响制件的质量,还可能导致产生废品和损坏模具。

5.1.4.2 冲压所用材料的种类和规格

冲压生产常用的材料是金属板料。金属家具的生产,目前主要是用黑色金属板料。绝大多数有色金

属板料塑性好，如黄铜板（带）、铝板（带），但在金属家具的生产中应用较少。

黑色金属板材按性质可分为：

① 普通碳素钢钢板。这类钢板按机械性能供应的有：A_1、A_2、A_3等牌号，按化学成分供应的有：B_1、B_2、B_3等牌号。

② 优质碳素结构钢钢板。这类钢板的化学成分和机械性能都应有保证，主要用于复杂变形的弯曲件和拉延件。牌号主要有08、l0、15、20、35、45、50及15Mn、16Mn、20Mn、25Mn⋯⋯45Mn等。

金属家具生产中所用的普通碳素钢钢板，主要是A1、A2、A3及B2、B3。所用的优质碳素结构钢钢板，主要有08、10、15等20号以下的牌号，其机械性能见表5-2。

表5-2 冲压常用的黑色金属材料的机械性能

材料名称	牌号	材料的状态	机械性能意义			
			抗剪强度（τ_0）	抗拉强度（σ_b）	屈服极限（σ_s）	延伸率δ_{10} / %
			kgf/m^2			
普通碳素钢	A1	未经退火	26～32	32～40		28～33
	A2		27～34	34～42	22	26～31
	A3		31～38	44～47	24	21～25
	A4		34～42	49～52	26	19～23
	A5		40～50	58～62	28	15～19
优质碳素钢	08F	已退火的	22～31	28～39	18	32
	8		26～36	33～45	20	32
	10F		22～34	28～42	19	30
	10		26～34	30～44	21	29
	15F		25～37	32～46		28
	15		27～38	34～48	23	26
	20F		28～39	34～48	23	26
	20		28～40	36～51	25	25

冲压用材料大部分都是各种规格的板料、带料、条料、块料和少量线材。

板料的尺寸较大，可用于大型零件的冲压。主要规格有500×1500、900×1800、1000×2000等。条料是根据冲压件的需要，由板料剪裁而成的，用于中小型零件的冲压。金属家具主要是用板料剪裁成条料，还有标准规格的扁钢。

带料（又称卷料）宽度和长度不等。宽度在300mm以下，长度可达几十米，家具生产中应用甚少。

块料仅适用于单件小批量的生产和价值昂贵的有色金属的冲压。

5.1.5 冲压所用的设备

板料的冲压加工是在冲压设备上进行的。目前应用比较多的冲压设备是曲柄压力机和摩擦压力机，这也是家具生产中主要的两种冲压设备。

曲柄压力机包括各种结构的偏心冲床和曲轴冲床，是冲压生产中最普遍的一种设备。他们的基本工作机构都是曲柄连杆机构。

摩擦压力机是根据螺杆与螺母相对运动的原理而工作的。

生产中不是所有压力机只要符合吨位就能满足工艺要求或充分地利用其效能的。选用压力机的根据，主要是冲压工艺的性质、生产批量的大小、模具的外形尺寸以及工厂现有设备等情况。压力机的选用包括选择压力机类型和确定压力机规格两项内容。

各种类型的压力机，其刚度、精度、速度、行程大小、行程是否固定以及是否带有辅助装置（气垫）等都各不相同，应根据冲压工艺的要求，分不同情况进行选择。

5.1.6 板料的剪裁

板料剪裁是冲压的主要工序之一，也是冲压的首道工序，几乎所有板料零件的制造都要从剪裁开始。利用剪裁可以直接获得平板制件，但精度和效率较低，仅用于单件小批量生产。所以剪裁工序主要用于下料工作。

剪裁是用剪床进行，剪床按其剪裁的工艺分，有平刃剪床、斜刃剪床、圆盘剪床、振动剪床等。根据生产批量的大小，以及剪出料几何形状和尺寸的不同，剪裁工作可分别采用上述设备来完成。平刃剪床适用于剪裁宽度小而厚度较大的板料，且只能沿直线剪裁板料。圆盘剪床剪是连续剪切，生产率较高，能剪裁各种曲线轮廓，但所剪板料的弯曲现象严重，且边缘有毛刺，一般合适将长板料裁成条树（如将布钢剖分成带钢）或剪裁曲线轮廓。

5.2 冲裁工艺

在冲压设备上利用冲模使板料相互分离的工序，叫做冲裁。落料和冲孔是冲裁的两种形式，其特点是将板料沿一定的封闭曲线进行分离。冲裁后，若封闭曲线以内的部分为制件时，称为落料；反之，封闭曲线以外的部分为制件时，称为冲孔。例如冲制一个平板垫圈，冲其外形称为落料。冲其内孔称为冲孔。落料和冲孔的变形性质完全相同，但在设计模具的工作部分时，要分开考虑。冲就是冲压生产中的主要工艺方法之一。冲裁后所得到的制件，可以作为成品零件，也可以作为弯曲、拉延和成型等其他工序的坯料。

5.2.1 冲裁工艺分析

5.2.1.1 冲裁时板料的分离过程

图5-2所示为简单的冲裁模。这套模具由模柄1、凸模2、凹模3和下模座4等组成，分上下两部分。上模部分（包括模柄和凸模），通过模柄安装在冲床的滑块上，随滑块作上下运动；下模部分（包括凹模和下模座），通过下模座固定在工作台。模具的工作部分是凸模和凹模，他们都具有锋利的刃口，凹模的直径比凸模的直径略大，两者之间存在一定的间隙。工作时板料放在下模上。冲床开动时，滑块随即向下运动，凸模便穿过板料进入凹模，使板料互相分离而完成冲裁工作。

板料的分离过程是在瞬间完成的。其变形过程可分为三个阶段（图5-3）。

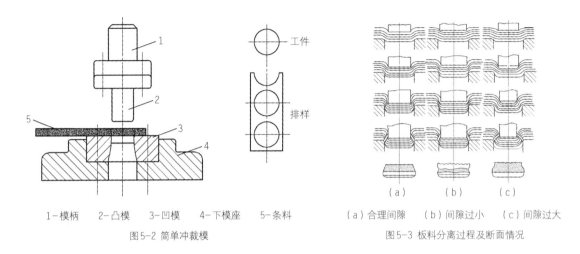

1-模柄　2-凸模　3-凹模　4-下模座　5-条料

图5-2 简单冲裁模

（a）合理间隙　（b）间隙过小　（c）间隙过大

图5-3 板料分离过程及断面情况

（1）弹性变形阶段

在凸模的压力作用下，板料首先产生弹性压缩和弯曲，并略有挤入凹模洞口的情况。板料与凸、凹模接触处形成很小的圆角。这时板料的内应力尚未超过材料的弹性限度。

（2）塑性变形阶段

凸模继续下去，板料的内应力超过了屈服极限，部分金属被接入凹模洞口，产生塑剪变形，形成光亮的剪切断面。由于凸模与凹模之间存在间隙，因而金属纤维也发生了弯曲和拉伸。此阶段直到凸、凹模刃口处由于应力集中而出现细微的裂纹为止。

（3）剪裂阶段

随着凸模继续下压，凸、凹模刃口处出现的微小裂纹不断向材料内部扩展，当上下裂纹重合时（在合理间隙的情况下），板料随即被拉断分离。

分析冲裁件的断面，发现其断面不是很光滑，并带有一定锥度。在断面上可以分出三个比较明显的区域（图5-4）：断面的下部有很小的圆角，称为圆角带，它是在冲裁过程中开始塑性变化时，由于金属纤维的弯曲和拉伸而形成的；接着圆角带是与底面垂直的光亮部分，称为光亮带，它是在金属产生塑剪变形时形成的；在光亮带上面是表面粗糙并带有锥度的部分，称为断裂带。断裂带主要是由于拉应力的作用，使金属纤维断裂而形成的。在冲孔的断面上，也有类似的三个区域，但分布位置与冲裁件正好相反。

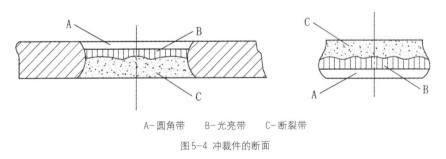

A-圆角带　B-光亮带　C-断裂带

图5-4 冲裁件的断面

5.2.1.2 冲裁件的质量分析

冲裁后的制件应保证一定的尺寸精度、良好的断面质量和无明显毛刺。

（1）尺寸精度

冲裁件的尺寸精度与许多因素有关，如冲模制造精度、材料性质和厚度、冲裁间隙及冲裁件的形状和尺寸等。

冲模的制造精度，最直接影响冲裁件的尺寸精度。冲模的制造精度愈高，冲裁件的精度亦愈高。表5-3所列为冲模具有合理的间隙和锋利的刃口时，其制造精度与冲裁件精度的关系。

表5-3 冲裁件的精度　　　　　　　　　　　　　　　单位：mm

冲模制造精度等级	材料厚度						
	0.5	0.8	1	1.5	2	3	4
2	3	3	4	5	5		
3		4	5	5	7	7	7
4				7	7	7	7

注：对于落料件取其最宽的尺寸，对于冲孔件取其最窄的尺寸。

在冲裁过程中，材料产生一定的弹性变形，冲裁结束后又发生"回弹"，因而影响了它的精度。

材料在冲裁过程中的弹性变形量，是由它的性质决定的。对于比较软的材料，弹性变形量较小，冲裁后的回弹值亦较小，因而零件精度较高。硬的材料，情况正好相反。

材料相对厚度t/D（t为料厚、D为冲裁件直径）越大，弹性变形量越小，因而冲裁零件尺寸精度就高。

冲裁间隙对制件精度的影响也很大。

落料时，如间隙过大，材料除受剪切外，还产生拉伸弹性变形。冲裁后由于"回弹"，将使制件尺寸有所减小，减小的程度也随着间隙的增大而增加。如间隙过小，材料除受剪切外，还产生压缩弹性变形，冲裁后由于"回弹"，将使制件尺寸有所增大，增大的程度随着间隙的减小而增加。

冲孔时，情况与落料时正好相反，即间隙过大，使冲孔尺寸增大，间隙过小，使冲孔尺寸减小。

冲裁件尺寸越小、形状越简单，其精度越高。

（2）断面质量

对于断面质量起决定作用的是冲裁间隙，如间隙选得合理，冲裁时上下刃口处所产生的裂纹就能重合，如图5-3（a）所示。所得制件断面虽不很光滑，且带有一定锥度，但已符合要求了。

当间隙值过小或过大时，就会使上下裂纹不能重合。间隙过小时，凸模刃口附近的裂纹比合理间隙时向外错开一段距离。上下两裂纹中间的一部分材料，随着冲裁的进行，将被第二次剪切，在断面上形成第二光亮带。在两个光亮带之间，形成撕裂的毛刺和层片，如图5-3（b）所示。间隙过大时，凸模刃口附近的裂纹比合理间隙时向里错开一段距离，材料受很大拉伸，使断面光亮带减小，毛刺、圆角和锥度都会增大，如图5-3（c）所示。

（3）毛刺

凸模和凹模磨钝后，其刃口处形成圆角。冲裁时制件的边缘就会出现毛刺（图5-5）。凸模刃口变钝时，制件边缘产生毛刺；凹模刃口变钝时，孔口边缘产生毛刺；凸模和凹模刃门都变钝时，则制件边缘和孔口边缘均产生毛刺。间隙不均匀，往往使制件产生局部毛刺。

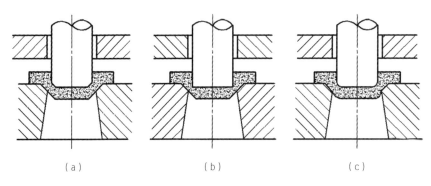

（a）　　　　　　　　（b）　　　　　　　　（c）

（a）凸模刃口变钝　　（b）凹模刃口变钝　　（c）凸凹模刃口均变钝

图5-5 刃口变钝时毛刺的形成

在冲裁工作中，产生很大的毛刺是不允许的。它不但降低了制件的质量，且容易损坏模具和冲压设备。无论对制件的尺寸精度、光洁度要求如何，但对模具之间的间隙，刃口的锋利程度等，应保证在合理的技术规范内。金属家具中的多数冲压件尽管对尺寸精度和光洁度要求不太严格，但对模具的制作和工装却应达到合理的技术要求。制件如产生上述缺陷，应查明原因及时加以解决。

如有不可避免的微小毛刺出现，应在冲裁后设法消除。一般生产中允许的毛刺高度见表5-4。

表5-4 一般冲裁件允许的毛刺高度　　　　　　　　　　　　　　　单位：mm

材料厚度	~0.3	>0.3~0.5	>0.5~1	>1.0~1.5	>1.5~2
产生时允许的毛刺高度	≤0.05	≤0.08	≤0.10	≤0.13	≤0.15
新模试模时允许的毛刺高度	≤0.015	≤0.02	≤0.03	≤0.04	≤0.05

5.2.1.3 冲裁件的工艺要求

在进行冲压工作之前，应对冲裁件的形状、尺寸和精度等进行分析。从工艺角度分析零件设计得是否合理，是否符合冲裁的工艺要求。

所谓冲裁件的工艺要求，是指冲裁件产品要适应冲压工艺。主要包括以下几个方面：

（1）冲裁件的形状应力求简单、对称，尽可能采用圆形或矩形等规则形状，应避免过长的悬臂和切口。悬臂和切口的宽度要大于料厚的两倍，如图5-6（a）所示，并应符合减少废料、提高板材利用率的原则。

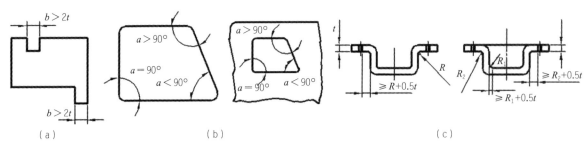

（a）　　　　　　　　　　（b）　　　　　　　　　　　（c）

图5-6 冲裁件的工艺要求

（2）冲裁件的外形和内形的转角处，要避免尖角，应以圆弧过渡，以便于模具加工，减少热处理或冲压时在尖角处开裂的现象。同时也能防止尖角部位的刃口过快磨损。其圆角半径 γ，可按料厚（t）而定。在夹角 $\alpha > 90°$ 时，取 $\gamma \geq （0.3 \sim 0.5）t$；在夹角 $\alpha < 90°$ 时，取 $\gamma \geq （0.6 \sim 0.7）t$，如图5-6（b）所示。

（3）冲孔时，由于受到凸模强度的限制，孔的尺寸不应太小，其数值与孔的形状，料厚（t）和材料的机械性能有关。用一般冲模可冲出的最小孔径见表5-5。

表5-5 最小冲孔尺寸

材料	圆孔	方孔	长方孔	长圆孔
硬钢	$d \geq 1.3t$	$b \geq 1.2t$	$b \geq 1.0t$	$b \geq 0.9t$
软钢、黄铜	$d \geq 1.0t$	$b \geq 0.9t$	$b \geq 0.8t$	$b \geq 0.7t$
铝	$d \geq 0.8t$	$b \geq 0.7t$	$b \geq 0.6t$	$b \geq 0.5t$

注：表中 t 为板件厚，d 为圆孔直径，b 为方孔或长方孔边长。

（4）制件上孔与孔之间，孔与边缘之间的距离 a，受凹模强度和制件质量的限制，也不宜太小，一般取 $a \geq 2t$，并应保证 $a > 3 \sim 4\text{mm}$。

（5）金属冲裁件的经济精度为 GB 7 ~ 8 级，一般要求落料件精度低于5级，冲孔件精度低于4级。普通精度冲裁件的尺寸公差见表5-6。

（6）仲裁件上孔的中心距公差见表5-7。

表5-6 冲裁件外形与内孔的尺寸公差　　　　　　　　　　单位：mm

材料厚度	工件尺寸			
	< 10	10 ~ 50	50 ~ 150	150 ~ 300
0.2 ~ 0.5	$\dfrac{0.08}{0.05}$	$\dfrac{0.1}{0.08}$	$\dfrac{0.14}{0.12}$	0.2
0.5 ~ 1	$\dfrac{0.12}{0.05}$	$\dfrac{0.16}{0.08}$	$\dfrac{0.22}{0.12}$	0.3
1 ~ 2	$\dfrac{0.18}{0.06}$	$\dfrac{0.22}{0.10}$	$\dfrac{0.30}{0.16}$	0.5
2 ~ 4	$\dfrac{0.24}{0.08}$	$\dfrac{0.28}{0.12}$	$\dfrac{0.40}{0.20}$	0.7
4 ~ 6	$\dfrac{0.30}{0.10}$	$\dfrac{0.35}{0.15}$	$\dfrac{0.50}{0.25}$	1

注：①表中分子为外形公差；分母为内孔公差。
　　②普通精度的冲裁件采用三级精度冲裁模。

表5-7 冲裁件孔中心距的公差 单位：mm

材料厚度	公称尺寸		
	< 50	> 50~100	> 150~300
< 1	±0.10	±0.15	±0.20
1~2	±0.12	±0.20	±0.30
2~4	±0.15	±0.25	±0.35
4~6	±0.20	±0.30	±0.40

注：本表数值适用于一次冲裁几个孔时的情况。

（7）在弯曲件或拉延件冲孔时，除应符合上述要求外，其孔壁与制件直壁之间应保持一定的距离，如图5-6（a）所示。如距离太小，由于孔边进入制件底部的圆角部分，会使凸模受水平推力而折断。

5.2.2 冲裁间隙

冲模工作时，在凸模与凹模之间存在着一周很小的间隙，凸模与凹模间每侧的间隙，称为单边间隙。两侧间隙之和称为双边间隙。不加特殊说明，冲裁间隙就是指双边间隙。

冲裁间隙数值，等于凹模与凸模刃口部分尺寸之差（图5-7）。它们之间的关系，可用下式表示：

$$Z = D - d$$

式中　　Z —— 冲裁间隙（mm）；

　　　　D —— 凹模刃口尺寸（mm）；

　　　　d —— 凸模刃口尺寸（mm）。

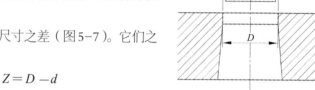

图5-7 冲裁间隙

冲裁间隙是一个重要的工艺参数。间隙值的大小，除对冲裁件的断面质量和尺寸精度有重要影响外，还对冲裁力和模具寿命有显著影响。如间隙选择得恰当，不但能保证冲裁件有很好的断面质量和较高的尺寸精度，而且能使冲裁力显著下降，模具寿命也会延长。

实践证明，间隙在一个适当范围内，都会得到合格的冲裁件，使冲裁力降低和模具寿命延长。这个间隙范围，称为合理间隙。间隙范围的上限为最大合理间隙Z_{max}，下限为最小合理间隙Z_{min}。凸模和凹模在工作时逐渐磨损，使间隙逐渐扩大。因此，在设计和制造新模具时，应采用最小的合理间隙。

合理间隙值的大小和许多因素有关，其中主要的是材料的机械性能和板料厚度。合理间隙值从理论上是可以计算的，但这种计算非常复杂，在实际应用上意义不大。

在生产实践中，常用查表法来确定间隙值。有关间隙表格数据，可在一般手册中查到。

值得注意的是：各手册、文献和技术资料中推荐用的间隙值不太一致，有的出入很大，这是由于各种冲压件对其断面质量和尺寸要求不同，以及生产条件差异的缘故。

过去冲裁工艺采用的间隙值一般偏小，对原料不甚合理。因此，在确定间隙值大小的具体数值时，应结合冲裁件的具体要求和实际生产条件进行考虑。对精度要求不高，间隙大一点又不影响其使用的零件，为减少模具的磨损，应尽量采用大一些的间隙。表5-8所列的冲裁间隙值，可供金属家具制造行业选用。

表5-8 冲裁模初始双边间隙 Z 单位：mm

材料厚度	0.8、10、35、0.9Mn、A₃、B₃		16Mn		40、50		65Mn	
	Z_{min}	Z_{max}	Z_{min}	Z_{max}	Z_{min}	Z_{max}	Z_{min}	Z_{max}
小于0.5	无间隙							
0.5	0.040	0.060	0.040	0.060	0.040	0.060	0.040	0.060
0.6	0.048	0.072	0.048	0.072	0.048	0.072	0.048	0.072
0.7	0.064	0.092	0.064	0.092	0.064	0.092	0.064	0.092
0.8	0.072	0.104	0.072	0.104	0.072	0.104	0.064	0.092
0.9	0.090	0.126	0.090	0.126	0.090	0.126	0.090	0.126
1.0	0.100	0.140	0.100	0.140	0.100	0.140	0.090	0.126
1.2	0.126	0.180	0.132	0.180	0.132	0.180		
1.5	0.132	0.240	0.170	0.240	0.170	0.230		
1.75	0.220	0.320	0.220	0.320	0.220	0.320		
2.0	0.246	0.360	0.260	0.380	0.260	0.380		
2.2	0.260	0.380	0.280	0.400	0.280	0.400		
2.5	0.360	0.500	0.380	0.540	0.380	0.540		
2.75	0.400	0.560	0.420	0.600	0.420	0.600		
3.0	0.460	0.640	0.480	0.660	0.480	0.660		
3.5	0.540	0.740	0.580	0.780	0.580	0.780		
4.0	0.640	0.880	0.680	0.920	0.680	0.920		
4.5	0.720	1.000	0.680	0.960	0.780	1.040		
5.5	0.940	1.280	0.780	1.100	0.980	1.320		
6.0	1.080	1.440	0.840	1.200	1.140	1.500		

注：冲裁皮革、石棉板、纸板、胶合板等，间隙取08钢的25％。

5.2.3 凸模和凹模刃口尺寸及公差

凸模和凹模刃口尺寸和公差，直接影响冲裁件的尺寸精度。合理的间隙数值也靠凸模和凹模刃口的尺寸和公差来保证。因此，正确确定凸模和凹模刃口的尺寸公差时，必须考虑到冲裁变形的规律，冲裁件的精度要求，冲模的磨损和制造特点等情况。

实践证明，落料件的尺寸接近于凹模刃口尺寸，而冲孔尺寸接近于凸模刃口尺寸。因此，计算刃口尺寸时，应按落料和冲孔两种情况分别进行，其原则如下：

（1）落料时，先确定凹模刃口尺寸。凹模刃口的名义尺寸取接近或等于零件的最小极限尺寸，以保证凹模即使在一定范围内出现磨损，也能冲出合格的零件。凸模刃口的名义尺寸则按凹模刃口名义尺寸减小一个最小间隙。

（2）冲孔时，先确定凸模刃口尺寸。凸模刃口的名义尺寸取接近或等于孔的最大极限尺寸，以保证凸模磨损在一定范围内仍可使用。而凹模的名义尺寸则按凸模刃口的名义尺寸加上一个最小间隙。

（3）凹模和凸模的制造公差，主要与冲裁件的精度和形状有关，一般比冲裁件精度高2～3级，对于规则形状的制件，可按2-3级精度取其公差。当凸模与凹模分别按图纸加工时，其公差应成为下面的关系：

$$\delta_{凸} + \delta_{凹} \leq Z_{max} - Z_{min}$$

式中 $\delta_{凸}$、$\delta_{凹}$—— 凸、凹模制造公差；

        Z_{max}、Z_{min}—— 最大、最小合理间隙。

凸、凹模的制造公差见表5-9。

表5-9 冲裁规则形状（圆形、方形）时凸、凹模的制造公差   单位：mm

公称尺寸	凸模偏差δ凸	凹模偏差δ凹
≤18		+0.020
>18～30	−0.020	+0.025
>30··80		+0.030
>80～120	−0.025	+0.035
>120～180	−0.030	+0.040
>180～260		+0.045
>260～360	−0.035	+0.050
>360～500	−0.040	+0.060
>500	−0.050	+0.070

5.2.4 排样与搭边

5.2.4.1 排样

冲裁件在板料（条料或带料）上的布置方法，称为冲裁工作的排样法，简称"排样"。排样工作虽比较简单，但非常重要。

排样的意义主要在于减少材料的消耗，提高劳动生产率，延长模具寿命，从而降低生产成本。

（1）材料的利用率

通常用冲裁件的实际面积与所用板料面积的百分比，作为衡量排样合理性的指标，叫做材料利用率，用下面公式表示：

$$\eta = \frac{F_0}{F} \times 100\%$$

式中　　η —— 材料利用率；

　　　　F —— 冲裁时所需的板料面积（mm^2）；

　　　　F_0 —— 制件的面积（mm^2）；

　　　　η 值越大，废料越少，说明材料的利用率越高。

对冲裁件来说，材料占总成本的60%以上。可见在冲压生产中，材料利用率是一项很重要的经济指标。

冲裁所产生的废料可分为两种：一种是由于零件有内孔而产生的废料，称为设计废料，它决定于零件的形状。另一种是由于制件之间和制件与条料侧边之间有搭边，以及不可避免的料头和料尾废料，称为工艺废料，它决定于冲压力法和排样方式（图5-8）。

提高材料的利用率，主要应从减少工艺废料着手。合理的排样，可以减少工艺废料。另外，在不影响设计要求的情况下，改善制件结构也可以减少设计废料。图5-9表明：采用第一种排样法，材料的利用率仅为50%，采用第二种排样法，材料的利用率可提高到70%。合理地改善制件的结构形状，然后用第三种排样法，利用率可提高到80%以上。此外，用废料作为制件的毛料也可使材料的利用率大大提高。

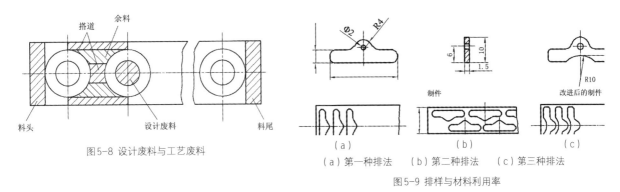

图5-8 设计废料与工艺废料

（a）第一种排法　（b）第二种排法　（c）第三种排法

图5-9 排样与材料利用率

（2）排样方法

排样方法可分为以下三种：

① 有废料排样法：如图5-10（a）所示，沿制件的外形轮廓冲裁，在制件之间及制件与条料侧边之间都有搭边存在。

② 少废料排样法：如图5-10（b）所示，沿制件的部分外形轮廓切断或冲裁，只在制件之间，或制件与条料侧边之间有搭边。

③ 无废料排样法：如图5-10（c）所示，制件按条料顺次切下，直接获得制件（或所需坯料），无任何搭边。

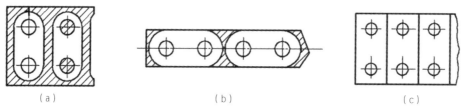

（a）　　　　　　　　　（b）　　　　　　　　　（c）

（a）有废料排样方法　　（b）少废料排样方法　　（c）无废料排样方法

图5-10 排样方法

　　无论是有废料，少废料或无废科排样，其排样的形式均可分为下列几种：直排、斜排、对排、混合排、多排等（表5-10）。

　　形状复杂的零件，常常利用简便的方法进行排样，即用厚纸片剪成3～5个样件，摆出各种不同布置方案，从中确定废料最少的排样。

表5-10 排样形式分类

排样形式	有废料排样	少废料或无废料排样
直排		
斜排		
对排		
混合排		
多排		
冲裁搭边		

　　值得提出的是：排样时除考虑提高材料利用率外，同时还要适当考虑到生产的安全操作、生产效率、模具的结构与寿命等。

5.2.4.2 搭边

排样时制件之间和制件与条料侧边之间留下的余料叫搭边。搭边虽然形成废料，但在工艺上却有很大作用。搭边的作用是补偿定位误差，保证冲出合格的零件，搭边还可以保持条料有一定的刚度，冲裁时便于进料。

搭边值要合理地确定。搭边值过大，材料利用率低。搭边值过小，在冲裁中将被拉断，使制件产生毛刺，有时还会被拉回凸模和凹模的间隙之内，损坏模具刃口，降低模具寿命。搭边值大小与下列因素有关：

（1）材料的机械性能：硬材料的搭边值可以小些，软材料、脆性材料的搭边值要大一些。

（2）制件的形状与尺寸：制件尺寸大或是有尖突的复杂形状时，搭边值要大些。

（3）材料厚度：材料厚的搭边值应取大一些。

（4）送料方式及挡料方式：用手工送料有侧压板导向的搭边值可以小一些。

搭边值是通过生产实际经验确定的，下表5-11所列为搭边数值可供参考。

表5-11 搭边数值

| 料厚 | 手送料 | | | | | | 自动送料 | |
| | 圆形 | | 非圆形 | | 往复送料 | | | |
	a	b	a	b	a	b	a	b
~1	1.5	1.5	2	1.5	3	2		
1~2	2	1.5	2.5	2	3.5	2.5	3	2
2~3	2.5	2	3	2.5	4	3.5		
3~4	3	2.5	3.5	3	5	4	4	3
4~5	4	3	5	4	6	5	5	4
5~6	5	4	6	5	7	6	6	5
6~8	6	5	7	6	8	7	7	6
8以上	7	6	8	7	9	8	8	7

注：非金属材料（胶合板、纤维板、石棉板等）的搭边值还应乘以1.5~2。

5.2.4.3 条料宽度的确定

排料方式和搭边数值确定以后，就可得知条料的宽度。为了减少搭边，必须考虑条料的单向（负向）公差，其计算公式为：

金属家具设计与制造

$$B = D + 2a + \varDelta$$

式中　　B —— 条料宽度的公称尺寸（mm）；

　　　　D —— 制件在宽度方向的尺寸（mm）；

　　　　a —— 侧搭边的最小值（mm）；

　　　　$\varDelta$ —— 条料宽度的单向（负向）公差（mm）（表5-12）。

表5-12 条料宽度公差（$\varDelta$）　　　　　　　　　单位：mm

调料宽度B	材料厚度t			
	~1	1~2	2~3	3~5
~50	0.4	0.5	0.7	0.9
50~100	0.5	0.6	0.8	1.0
100~150	0.6	0.7	0.9	1.1
150~220	0.7	0.8	1.0	1.2
220~300	0.8	0.9	1.1	1.3

5.3　弯曲工艺

利用冲压设备及模具将金属板料弯曲成一定形状或角度称为板件弯曲。弯曲和拉延同属于变形工序，弯曲工艺在冲压生产中占有很大的比例，在金属家具生产中应用非常广泛。

5.3.1 弯曲变形分析

5.3.1.1 弯曲过程

以V形件的弯曲过程为例，如图5-11所示。

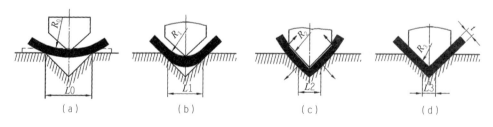

图5-11 弯曲过程

弯曲的开始阶段，毛料是自由弯曲；随着凸模的下压、毛料逐渐靠紧凹模表面，弯曲半径由R_0变为R_1，弯曲力臂也由L_0变为L_1；凸横继续下压，毛料弯曲区逐渐减小，直到与凸模三点接触，这时的曲率半径已由R_1变成了R_2。此后，毛料的直边部分即向相反的方向弯曲。到行程终了时，凸、凹模对毛料进行校正，使其圆角和直边与凸模全部靠紧。

5.3.1.2 弯曲变形特点

为了分析板料在弯曲时的变形情况，可在长方形的板料侧面上画出正方网格，然后将板料进行弯曲（图5-12）。

从网格的变化，可看出弯曲变形有以下特点：

（1）弯曲时，在弯曲角的范围内，网格发生显著变形，而在板料的平直部分，网格仍保持原来的正方形。因而可知，弯曲变形只发生在弯曲件的圆角附近。直线部分则不产生塑性变形。

（2）从网格的纵向线条可以看出，弯曲前为aa $= bb$，弯曲后则为$\overset{\frown}{aa} < \overset{\frown}{bb}$。由此可知，在弯曲过程中，弯曲件各层纤维的变形是不同的，其外层的纤维受拉伸而伸长，内层的纤维受压缩而缩短。在内层与外层之间存在着纤维既不伸长也不缩短的中性层。

（3）如图5-13所示，从弯曲件变形区域的横断面来看，变形有两种情况：

①窄板料的弯曲（$B < 2t$）在宽度方向产生显著变形，沿内层宽度增加，沿外层宽度减小，断面略呈扇形。

②宽板料的弯曲（$B > 2t$）在宽度方向无明显变化，断面仍为矩形，这是因为在宽度方向不能自由变形所致。

此外，在弯曲过程中，还有制件厚度变薄的现象。

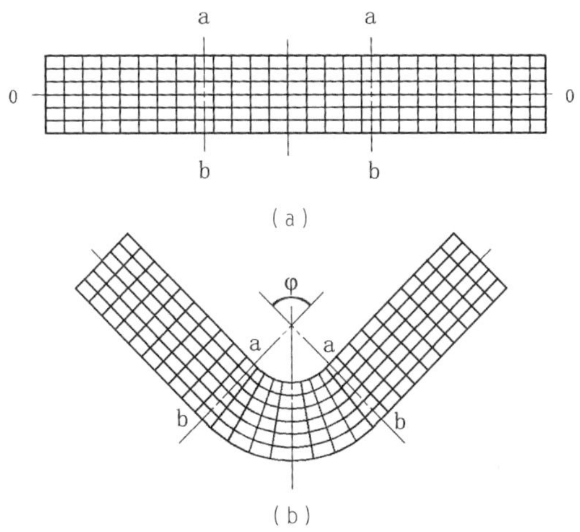

5.3.2 弯曲件的质量问题

弯曲过程中容易出现的质量问题有弯裂、回弹和偏移。

5.3.2.1 弯裂和最小弯曲半径

弯曲件的外层纤维由于受拉变形最大，所以最容易断裂而造成废品。外层纤维拉伸变形的大小，主要决定于弯曲件的弯曲半径（即凸模圆角半径）。弯曲半径越小，外层纤维被拉得越长。为了防止弯曲件的断裂，必须限制它的弯曲半径，使之大于导致材料开裂之前的临界弯曲半径——最小弯曲半径。

影响最小弯曲半径的因素主要有以下几方面：

（1）材料的机械性能

塑性好的材料，外层纤维允许变形的程度就大，最小弯曲半径就小；塑性差的材料，相应地最小弯曲半径就要大些。

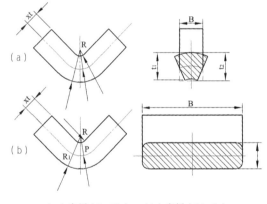

（a）弯曲前　　（b）弯曲后

图5-12 弯曲形变分析

（a）窄板（$B < 2t$）　（b）宽板（$B > 2t$）

图5-13 弯曲区域的断面变化

（2）材料的热处理状态

由于冲裁后的制件有硬化现象，若未经退火就进行弯曲，其最小弯曲半径就应大些；若经过退火后进行弯曲，则可小些。

（3）制件弯曲角的大小

弯曲角如果大于90°，对最小弯曲半径的影响不大，如弯曲角小于90°，则由于外层纤维拉伸加剧，最小弯曲半径就会增大。

（4）弯曲线的方向

钢板经碾压以后得到纤维组织。由于纤维的方向性而导致材料机械性能的异向性。因此，当弯曲线与材料的碾压方向垂直时，材料

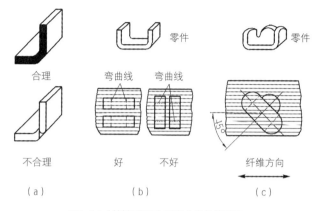

图5-14 材料纤维方向对弯曲半径的影响

具有较大的拉伸强度，外缘纤维不易破裂，可有较小的最小弯曲半径。当弯曲线与材料的碾压纤维方向平行时，由于拉伸强度较差故容易断裂，最小弯曲半径就不能太小，如图5-14（a）、（b）所示。

在双向弯曲时应该使弯曲线与材料纤维呈一定的夹角，如图5-14（c）所示。

（5）板料的表面质量

板料表面不得有缺陷，否则弯曲时容易断裂。在冲裁或剪裁后，剪切表面如不光洁、有毛刺，就会造成应力集中而降低塑性，于增大最小弯曲半径。圆角半径制件时，圆角半径应尽可能大些，不宜采用最小弯曲半径。如必须弯曲小圆角半径，则应先去掉毛刺。在一般情况下，如毛刺较小，可把有毛刺的一边置于弯曲的内侧，以免产生裂纹。

最小弯曲半径的数值由试验方法确定，参见表5-13：

表5-13 板件最小弯曲半径

材料	退火或正火		冷作硬化	
	弯曲线方向			
	与碾压方向垂直	与碾压方向平行	与碾压方向垂直	与碾压方向平行
8.10	0.1t	0.4t	0.4t	0.8t
15.20	0.1t	0.5t	0.5t	1t
25.30	0.2t	0.6t	0.6t	1.2t
35.40	0.3t	0.8t	0.8t	1.5t
45.50	0.5t	1.0t	1.0t	1.7t
半硬黄铜	0.1t	0.35t	0.5t	1.2t
软黄铜	0.1t	0.36t	0.35t	0.8t
紫铜	0.1t	0.37t	1.0t	2.0t

（续）

材料	退火或正火		冷作硬化	
	弯曲线方向			
	与碾压方向垂直	与碾压方向平行	与碾压方向垂直	与碾压方向平行
铝	0.1t	0.38t	0.5t	1.0t

注：①当弯曲线与纤维方向成一定角度时，可采用垂直纤维和平行纤维两者的中间数值。

②在冲裁或剪裁后没有退火的毛料，应作为硬化的金属选用。

③弯曲时应使有毛刺的一边处于弯曲的内侧。

④表中 t 为板料厚度。

当弯曲件的弯曲半径小于最小弯曲半径时，应分两次或多次弯曲，即先弯成具有较大圆角半径的弯角，而后再弯成所要求的弯曲半径。以使变形区域扩大，以减小弯曲件外层纤维的拉伸率。如材料塑性较差或弯曲过程中硬化情况严重，可预先进行退火，对于比较脆的材料及厚料，还可以进行加热弯曲。

在设计弯曲零件时，在一般情况下，应使零件的弯曲半径大于最小弯曲半径。

5.3.2.2 回弹现象与减小回弹的措施

管材弯曲的变形是由弹性变形过渡到塑性变形的。同样，材料的弯曲变形也是由弹件变形过渡到塑性变形的。在理性变形中，难免还有弹性变形的存在，致使制件的弯曲角度和弯曲半径发生变化而与模具尺寸不一致，这种现象叫回弹。回弹的程度以回弹角△α表示。△α就是弯曲后制件的实际弯曲角 α_0 与模具弯曲角α的差值△α＝α_0－α（图5-15）。

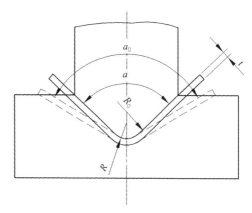

图5-15 弯曲件的回弹现象

回弹角△α越大，制件角度的变化也越大，这就直接影响了制件尺寸精度。因此，必须了解影响回弹的因素，掌握控制回弹的方法，以保证弯曲件的质量。

（1）影响回弹的因素

① 材料的机械性能：回弹角与材料的屈服极限点（σ_s）成正比，与弹性模数（E）成反比。

② 材料的相对弯曲半径（R/t）：R/t 表示弯曲带内材料的变形程度，当其他条件相同时，回弹角随 R/t 值的增大而增大。因此，可按 R/t 的比值来确定回弹值的大小（表5-14）。

③ 弯曲制件的形状：一般弯曲"U"形件比弯曲"V"形件的回弹角小。

④ 模具间隙：在弯曲U形制件时，模具的间隙对回弹角有较大的影响，间隙越大，回弹角也就越大。

⑤ 校正程度：在弯曲终了时进行校正，可增加圆角处的塑性变形程度，从而达到减小回弹的目的。校正程度决定于校正力的大小，校正力的大小是靠调整冲床滑块的位置来实现的。由于校正程度的不同，回弹角减小的程度也不一样，校正程度越大，回弹角越小。

表5-14 单角自由弯曲90°时的平均回弹角△α

材料	R/t	材料厚度 t / mm		
		< 0.8	0.8~2	> 2
软钢 $\sigma_b = 35$ kgf/mm²	< 1	4°	2°	0°
软黄铜 $\sigma_b \leqslant 35$ kgf/mm²	1~5	5°	3°	1°
铝、锌	> 5	6°	4°	2°
中硬钢 $\sigma_b = 40~50$ kgf/mm²	< 1	5°	2°	0°
硬黄铜 $\sigma_b = 35~40$ kgf/mm²	1~5	6°	3°	1°
硬青铜	> 5	8°	5°	3°
硬钢 $\sigma_b > 55$ kgf/mm²	< 1	7°	4°	2°
	1~5	9°	5°	3°
	> 5	12°	7°	6°

（2）回弹角的确定

为了得到形状与尺寸精确的制件，应当确定回弹角的数值。由于影响回弹角大小的因素很多，用理论计算方法很复杂，而且也不准确。在生产中往往根据经验数值和简单的计算来初步确定回弹的大小，然后在实际试模中进行修正。

表5-14为自由弯曲 V 形件，弯曲角为90°时的部分材料平均回弹角。

当弯曲角度不成90°时，回弹角应做如下修正：

$$\triangle \alpha_x = \frac{\alpha}{90°} \triangle \alpha 90°$$

式中　　$\triangle \alpha_x$ —— 弯角为 x 的回弹角；

　　　　$\triangle \alpha_{90°}$ —— 弯角为90°的回弹角；

　　　　α —— 零件的弯曲角。

当进行校正弯曲时，其回弹角应做如下修正：

$$\triangle \alpha_校 = K \triangle \alpha 90°$$

式中　K 为修正系数，其值为：

$R/t = 3$　$K = 0.4 \sim 0.7$

$R/t = 5$　$K = 0.3 \sim 0.4$

$R/t = 10$　$K = 0.15 \sim 0.2$

$R/t = 15$　$K = 0.05 \sim 0.1$

$R/t = 20$　$K = 0 \sim 0.05$

$R/t > 20$　$K = 0$

（3）减小回弹的措施

由于弹性变形的存在，要想完全消除回弹是不可能的。在所有冲压工艺中都存在着回弹现象，尤其是弯曲工艺更为明显。在生产中常用下面一些措施来减小回弹。

① 从模具设计上减小回弹。在单角弯曲中，将凸模角度减去一个回弹角；大双角弯曲中将凸模壁作出与回弹相等的倾斜度，使制件回弹后恰好等于所需的角度，如图5-16（a）所示。

为了减小回弹，在双角弯曲中，还可以将凸模和顶板作成弧形曲面，借以形成制件底部的局部弯曲，当制件自弯曲模中取出后，弧形曲面即伸直，从而补偿了制件二侧壁的回弹，如图5-16（b）所示。

② 校正弯曲。校正弯曲，也称为有挡底的弯曲。在弯曲终了时进行校正，以增加圆角处的塑性变形程度。为了在制件弯角处得到校正，可将凸模作成图5-16所示的形式。以减小接触面积来加大弯曲部位的单位压力。

③ 缩小凸模与凹模的间隙。

④ 在必要和许可的情况下，可进行加热弯曲。

⑤ 改进制件的结构设计。

在制件的转角处压出加强筋，不仅可提高制件的刚度，也有利于抑制回弹（图5-18）。

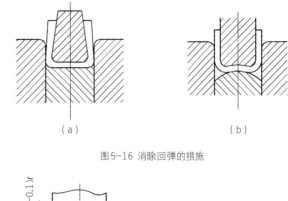

图5-16 消除回弹的措施

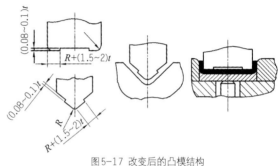

图5-17 改变后的凸模结构

5.3.2.3 偏移与克服偏移的方法

在弯曲过程中，毛料沿凹模圆角滑移时，会受到摩擦阻力。由于毛料各边所受的摩擦力不等，在实际弯曲时可能使毛料有向左或向右偏移的现象（形状不对称的零件尤其显著），以致制件边长不合要求（图5-19）。

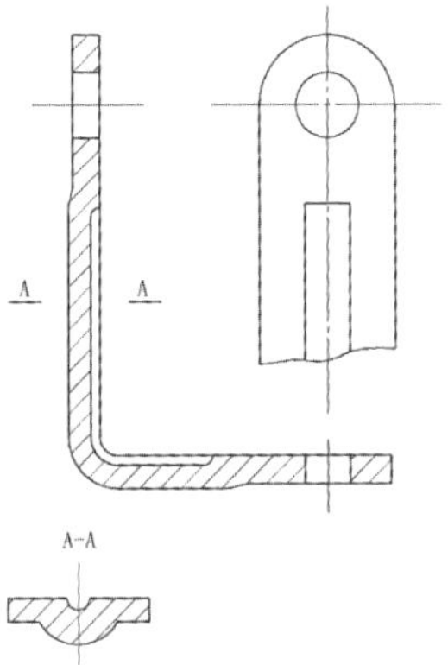

图5-18 用加强筋减小回弹

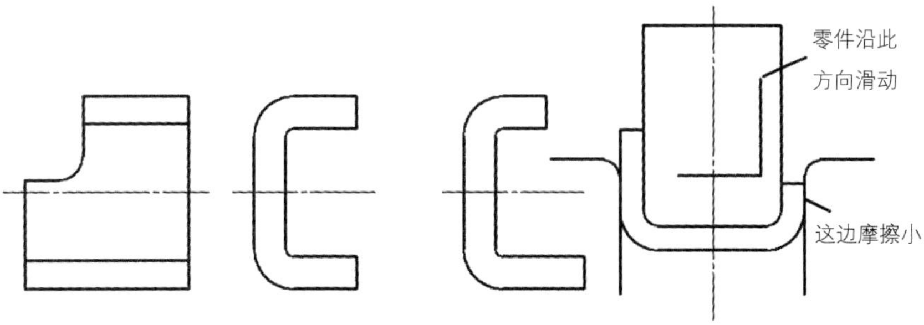

（a）制件要求的形状　（b）毛料偏移的制件形状

图5-19 制件弯曲时偏移现象

为了解决毛料在弯曲过程中的偏移现象，常采用压料装置（也起顶件作用）。工作时，毛料的一部分被压紧，不能移动，另一部分则逐渐弯曲成型。使用压料装置的结果，不仅可以得到准确的制件尺寸，

金属家具设计与制造

而且制件的边缘与底部均能保持十分平整的状态，如图5-20（a）所示。

防止偏移的另一种方法，是在模具上装定位销，工作时，定位销插入毛料的孔内，使毛料无法移动，如图5-20（b）所示。

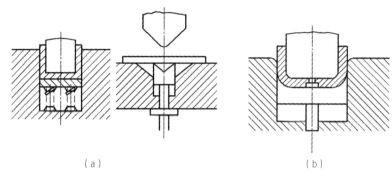

（a）   （b）

图5-20 防止毛料偏移的措施

5.3.3 弯曲件的工艺要求

具有良好工艺性的弯曲件，能简化弯曲的工艺过程和提高弯曲件的精度。弯曲件的工艺性要求如下：

（1）弯曲件的圆角半径不宜小于最小弯曲半径，也不宜过大。因为过大时，会受到回弹的影响，弯曲角度与圆角半径的精度都不易保证。

（2）弯曲件的弯边长度不宜过小，其值应为 $h > R+2t$，如图5-21（a）所示。h 较小时，弯边在模具上支持的长度过小，不容易形成足够的弯矩，很难得到形状准确的制件。

（3）弯曲阶梯形毛料时，弯曲根部容易撕裂。这时，应减小不弯曲部分的长度B，使其退出弯曲线之外，如图5-21（a）所示。假如制件的长度不能减小，应在弯曲部分与不弯曲部分切槽，如图5-21（b）所示。

（4）弯曲有毛孔的坯料时，如果毛孔位于弯曲区的附近，弯曲时孔的形状会发生变形。为了避免这种缺陷的出现，必须使这些孔分布在变形区域之外，如图5-21（c）所示。从孔边到弯曲半径（R）中心的距离，按料厚来确定。

当 $t < 2mm$ 时　　　　$L \geq t$

当 $t \geq 2mm$ 时　　　　$L \geq 2t$

（5）对称的弯曲件，弯曲半径左右应一致，以保证弯曲时板料的平衡，防止产生滑动，如图5-21（d）所示。

（6）尺寸标注对制件的工艺件是有影响的，如图5-21（e）所示。制件中孔的位置尺寸有三种标注方法，其中①的尺寸标注方法比②、③有利于工艺设计。因为按照后两种标注方法，在设计时需先将毛料弯曲后再冲孔，而按前一种注法可以将冲孔工序与弯曲工序在连续模中同时进行。因此，在不要求制作具有一定装配关系时，标注尺寸应尽量考虑冲压工艺的方便。

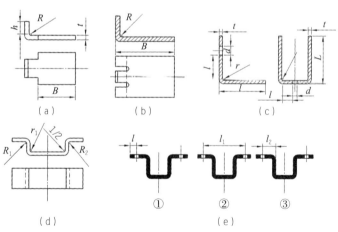

图5-21 弯曲件的工艺要求

5.3.4 弯曲件毛料长度的确定

前面在管材的弯曲部分已经提到了确定毛料长度的重要性，其计算方法与步骤大部分和弯曲管材的计算一样，下面仅介绍其不同之处。

（1）中性层位置的确定

前面提到，在弯曲过程中，中性层的长度是没有变化的。因此，中性层的展开长度就是弯曲件毛料的长度。计算中性层的展开长度，首先应确定中性层的位置，中性层位置用它的曲率半径来表示。

当弯曲变形程度不大（R/t 很大）时，可以认为中性层位于板料厚度的中间，其曲率半径为：

$$\rho = R + \frac{t}{2}$$

式中　　ρ —— 曲率半径（mm）；

　　　　R —— 制件弯曲半径（mm）；

　　　　t —— 料厚（mm）。

当弯曲变形很大（R/t 很小）时，中性层的位置随着 R/t 的减小而向内侧移动（图5-22），这时中性层的曲率半径通常用下面的经验公式来确定：

$$\rho = R + xt$$

式中　　x —— 中性层位移的系数，可按 R/t 比值从表5-15中查取。

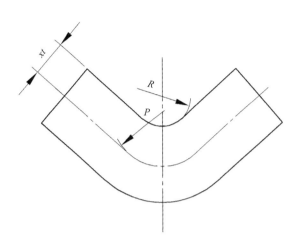

图5-22 中性层的位置

表5-15 中性层的位移系数

R/t	0.1	0.2	0.3	0.4	0.5	0.6	0.7	0.8	1	1.2
x	0.21	0.22	0.23	0.24	0.25	0.26	0.28	0.3	0.32	0.33
R/t	1.3	1.5	2	2.5	3	4	5	6	7	≥8
x	0.34	0.36	0.38	0.39	0.4	0.42	0.44	0.46	0.48	0.5

（2）毛料长度的计算

中性层的位置确定以后，就可进行弯曲件毛料长度的计算。

求毛料长度分两种情况：

① 有一定圆角半径的弯曲（图5-23）。

毛料展开尺寸等于弯曲件直线长度和圆弧长度之和，即

$$L = \sum l_{直} + \sum l_{弯}$$

式中　　L —— 弯曲件毛料长度（mm）；

　　　　$\sum l_{直}$ —— 弯曲件各直线段之和（mm）；

　　　　$\sum l_{弯}$ —— 各弯曲部分中性层的展开长度之和（mm）。

$$l_{弯} = \frac{\pi \varphi}{180°} + (R + xt)$$

式中　　$\varphi = 180° - \alpha$；

　　　　a —— 弯曲角。

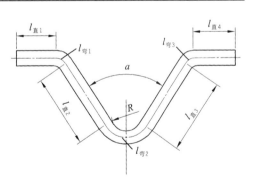

图5-23 有圆角半径的弯曲

② 无圆角半径的弯曲（图5-24）。

无圆角半径或圆角半径很小（$R < 0.5t$）的弯曲件，其毛料尺寸是根据毛料与制件体积相等，并考虑到在弯曲处材料变薄等情况而求得的。在这种情况下，毛料长度等于各直线长度之和再加弯曲处的长，即

$$L = \sum l_直 + Knt$$

式中　　l——毛料长度（mm）；

　　　　$l_直$——各直线段长度之和（mm）；

　　　　n——弯曲数目；

　　　　t——料厚（mm）；

　　　　K——在单角弯曲时，介于$0.48 \sim 0.5$之间，在双角弯曲时，介于$0.45 \sim 0.8$之间，在多用弯曲时，取0.25，塑性很大的金属取0.125。

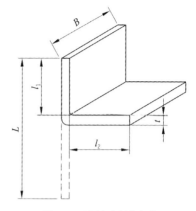

图5-24 无圆角半径的弯曲

（3）弯曲件毛料长度计算举例

例1. 弯曲如图5-25所示的制件，试求其毛料的展开长度。

解：毛料展开长度公式为

$$L = \sum l_直 + \sum l_弯$$

式中　　　　$\sum l_直 = AB + CD$；

　　　　　　$\sum l_弯 = \overset{\frown}{BD}$

　　　　　　$AB = AE - BE$

　　　　　　　$= 50 - (R + t)\, \mathrm{ctg}\, \dfrac{60°}{2}$

　　　　　　　$= 50 - (10 + 5)\, \mathrm{ctg}\, 30°$

　　　　　　　$= 24.02$（mm）

　　　　　　$CD = CE - DE$

　　　　　　　$= 38 - (R + t)\, \mathrm{ctg}\, \dfrac{60°}{2}$

　　　　　　　$= 38 - (10 + 5)\, \mathrm{ctg}\, 30°$

　　　　　　　$= 12.02$（mm）

　　　　　　$\overset{\frown}{BD} = \dfrac{\pi \varphi}{180°}(R + xt)$

　　　　　　　$= \dfrac{3.14 \times (180° - 60°)}{180°} \times (10 + 0.38 \times 5)$

　　　　　　　$= 24.87$（mm）

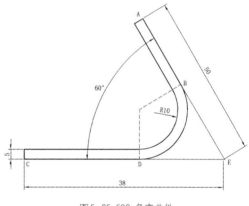

图5-25 60°角弯曲件

（当$R/t = 2$时，查表5-15得 $X = 0.38$）

整个毛料长度：

　　　　　　$L = 24.02 + 12.02 + 24.87$

　　　　　　　$= 60.91$（mm）

例2. 计算图5-25所示的无圆角的多角弯曲件的毛料展开长度。

解：无圆角半径的弯曲件，其毛料展开长度计算公式为

$$L = \sum l_弯 + Knt$$

$= 15 + 25 + 6 + 30 + 8 + 10 + 18 + 0.25 \times 6 \times 2.5$

$= 115.75（\text{mm}）$

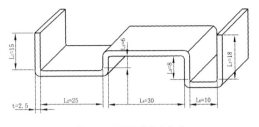

图5-26 无圆角多角弯曲件

为了计算的方便，弯曲件毛料长度展开公式可在表5-16中查到。但应指出，表内所列公式仅适用于一般精度要求的弯曲件。这是因为公式中忽略因素较多（如材料性质、变形速度、模具结构、弯曲方式等）的缘故，因此，对于尺寸精度要求较高的弯曲件，其毛料长度应在计算的基础上，进行试弯修正，即先做出弯曲模，对几种长度不同的毛料进行试弯，最后确定毛料尺寸。在金属家具生产中，按照表5-16进行计算即足够了。

表5-16 弯曲件毛料展开长度的公式

弯曲方式	简图	公式	弯曲方式	简图	公式
单直角弯曲		$L = a + b + \dfrac{\pi}{8}（R + xt）$	半圆弯曲		$L = a + b + \pi（R + xt）$
双直角弯曲		$L = a + b + c + \pi（R + xt）$	铰链式弯曲		$L = 1.5\pi（R + xt） + R + a$
多直角弯曲		$L = a + b + \cdots + e + \dfrac{\pi}{2}（R_1 + x_1 t） + \dfrac{\pi}{2}（R_2 + x_2 t）\cdots\cdots + \dfrac{\pi}{2}（R_{n-1} + x_{n-1} t）$	无圆角直角弯曲		$L = a + b + \dfrac{\pi}{4} t$

例3. 计算图5-27所示铰链的展开尺寸。

图中 $t = 2.5\text{mm}$　$R = 3.1\text{mm}$　$a = 9.22\text{mm}$

解：铰链毛料展开长度的计算和一般弯曲件尺寸计算相似，所不同的只是中性层自中间部位向弯曲外层移动。因此中性层的位移系数变为x_0，其值可在表5-17中查到。

查表6-16可知铰链毛料长度的展开公式为

$$L = 1.5\pi（R + x_0 t） + R + a$$

按$R/t = 1.24$，查表5-17，并将其他已知数代入上式得

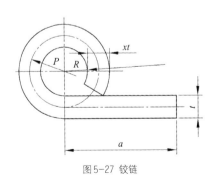

图5-27 铰链

$$L = 1.5 \times 3.14\,(3.1+0.64 \times 2.5)+3.1+9.22$$
$$= 117.44\,(\text{mm})$$

表5-17 中性层的位移系数 x_0

R/t	x_0
>0.5~0.6	0.78
>0.6~0.8	0.73
>0.8~1	0.7
>1~1.2	0.67
>1.2~1.5	0.64
>1.5~1.8	0.61
>1.8~2	0.58
>2~2.2	0.54
>2.2	0.5

5.4 拉延工艺

拉延（又称压延或拉伸）是利用模具使平面毛料变成开口空心制件的冲压方法。

用拉延的方法可以制成筒形、阶梯形、锥形、球形、方盒形和其他不规则形状的空心零件。如果和其他成型工艺配合，还可以制成形状更为复杂的零件。在很多工业部门，如汽车、拖拉机、电器、仪表、电子及日用品的冲压工艺中，拉延都占有重要的地位。

在金属家具的制造中，拉延工艺的应用也比较多，如各种套、帽、垫碗（圈）等零件，也是用拉延方法制成。

拉延工艺可分为不变薄拉延和变薄拉延两种。后者制得的零件，壁部厚度与毛料厚度相比较，有明显的变薄。

拉延工艺通常在普通冲床或滚压机上进行。拉延后制件的尺寸精度很高，可达4~5级，如采用精整拉延，对于形状不复杂的零件，尺寸精度可达2~3级，表面质量与磨削相似。

5.4.1 拉延工艺分析

5.4.1.1 拉延工艺特征

图5-28所示为将平板毛料拉延成空心筒形制件的过程。拉延模

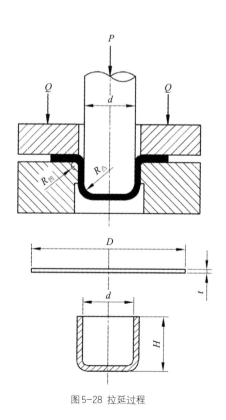

图5-28 拉延过程

的工作部分没有锋利的刃口，而是具有一定的圆角，其单边间隙稍大于毛料厚度，当凸模向下运动时，即将圆的毛料经凹模的孔口压下，而形成空心的筒形件。

拉延工艺的主要特征是金属产生了流动（图5-29），是将一个直径为 D 的平板毛料，作成一个直径为 d，高度为 h 的筒形件。如将毛料与制件的形状和尺寸作一比较，就会发现，毛料中间直径为 d 的部分变为制件的底部，毛料上（$D-d$）圆环部分变为制件的筒壁 h，而且 $h > \frac{1}{2}(D-d)$，这说明在拉延过程中，金属产生了流动，毛料中的阴影部分被挤向上部，增加了制件的高度。

为了分析拉延变形情况，可先在毛料上画出间距相等的同心圆，以及分度相等的由辐射线所组成的网格，然后观察拉延后网格的变化情况（图5-30）。

从图中可以看出，圆筒底部的网格形状在拉延前后没有什么变化，而筒壁的网格却由原来的扇形变为长方形。距离底部愈远的地方，长方形的高度尺寸愈大。这说明在拉延过程中圆筒底部没有产生塑性变形，塑性变形只发生在筒壁部分。塑性变形的程度，由底部向上逐渐地增大。在圆筒顶部达到最大值。此处的毛料，在圆周方向受到最大的压缩，在高度方向获得最大的伸长。

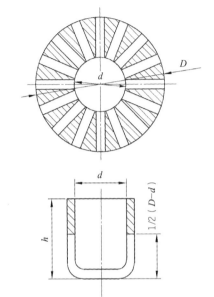

图5-29 拉延时材料的流动

5.4.1.2 拉延过程中的应力与应变

分析平板毛料在拉延过程中的应力及由应力引起的形状变化，有助于解决拉延中出现的一些工艺问题并保证制件的质量。在拉延过程中，毛料在不同的部位具有不同的应力状态和应变。筒形件是最简单、最典型的拉延件。下面以筒形件的首次拉延为

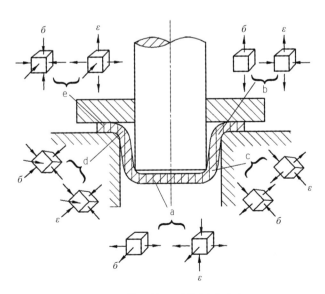

图5-31 筒形件拉延时的应力与应变

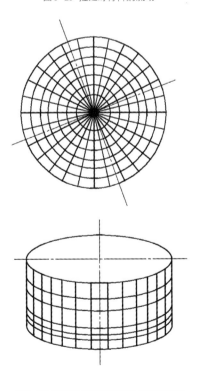

图5-30 平板料拉延成筒形件的变形情况

例（采用压边圈），分析在拉延过程中某一阶段的应力及应变情况（图5-31）。

（1）位于压边图下边的毛料（e区），在圆周的切线方向受到压缩，沿半径方向受到拉伸，同时又受到压边圈的压力。由于切向压应力很大，已超过轴向压应力，所以其变形除了径向伸长，切向压缩外，毛料的厚度也要增大。

（2）凹模圆角处的毛料（d区），切向压缩，径向拉伸，一侧受到凹模圆角的压力，并有弯曲变形。凹模圆角半径愈小，弯曲变形愈大。

（3）凹模筒壁处的毛料（b区），受到单向拉伸，变形是单向伸长，筒壁的上端毛料变厚，下端毛料变薄。

（4）凸模筒壁处的毛料（c区）一直承受筒壁传来的拉应力，并且受到凸模的压力，使这部分毛料的变薄最为严重，因此危险断面就在凸模圆角处，实际生产中在此处拉裂而造成废品（图5-32）。

（5）凸模底下的毛料（a区）受切向和径向的双向拉伸，变形也是双向伸长，但因拉伸受到凸模摩擦力的阻止，故变薄很小。

5.4.1.3 起皱、硬度变化及毛料硬化

在拉延过程中，由于出现起皱，厚度变化及毛料硬化等现象，将使拉延工作不能顺利进行或造成废品。

（1）起皱

拉延时，凸缘部分受到切向压应力的作用，由于毛料较薄。当切向压应力达到一定值时，此处便失去稳定而产生弯曲。这种在凸缘的整个周围所产生的波浪形连续弯曲，称为起皱（图5-33）。

当拉延产生起皱后，轻则使制件口缘部分产生波纹，影响拉延件的质量。严重时，因起皱的边缘不能通过凸模的间隙而将制件拉破。起皱是拉延工作产生废品的主要原因之一。

（2）拉延时毛料厚度的变化

在拉延过程中，拉延件各部分的厚度将发生变化，某些部位厚度增加，另一些部位则厚度减少。整个拉延件厚度变化情况如图5-34所示。

从图5-34中可以看出，制件侧壁的厚度变化是不一样的，上半段变厚，下半段变薄，而在凸模圆角部分变薄最严重，很容易破裂而造成废品，故称该处为危险断面。

（3）拉延时的硬化现象

由于拉延时产生很大程度的塑性变形，毛料经过拉延后，将

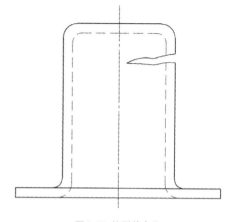

图5-32 拉裂的废品

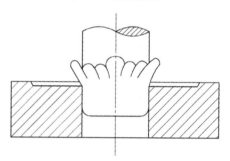

图5-33 拉延件的起皱现象

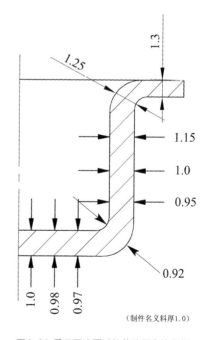

（制件名义料厚1.0）

图5-34 采用压边圈时拉伸件厚度的变化

引起加工硬化，强度和硬度显著提高，塑性降低，使以后进一步进行拉延工作发生困难。

对于拉延时所产生的起皱，厚度变化及毛料硬化现象，必须予以重视。起皱现象将会影响制件的质量，甚至阻碍拉延工作的顺利进行。因此必须尽可能避免起皱。对于厚度变化和毛料硬化现象，虽然是不可避免的，但也应设法使它们不会影响制件的质量和拉延工作的顺利进行。

为了保证拉延的质量，可采取如下措施：

（1）根据毛料的塑性，选择合理的变形程度，凡是高度较大的拉延件都应多次拉延，并采用中间退火的措施，以消除变形毛料的加工硬化，防止制件破裂。

（2）采用压边圈，压住凸缘部分，使其产生合适的压边力，避免该部分毛料在切向应力作用下产生起皱。是否采用压边圈，可根据制件的相对厚度（$t/D \times 100$）和拉延系数（$m_1 m_n$），查表5-18而定。

（3）合理选择凸模的间隙及它们的圆角半径，并严格要求制造质量。

（4）在拉延过程中选择合适的润滑剂，以减少制件和模具之间的摩擦，使拉延工作正常进行。

表5-18 采用或不采用压边圈的条件

拉延方式	第一次拉延		以后各次拉延	
	$t/D \times 100$	m_1	$t/D \times 100$	m_n
压料	< 1.5	≤ 0.6	< 1	< 0.8
压料或不压料之间	1.5 ~ 2	0.6	1 ~ 1.5	0.8
不压料	> 2	> 0.6	> 1.5	> 0.8

5.4.1.4 对拉延件的工艺要求

在拉延过程中，毛料要发生塑性流动。为了有利于毛料的流动，对拉延件要有下列工艺要求：

（1）拉延件的形状应尽量简单对称，轴对称拉延件在周围方向上的变形是均匀的，模具加工也容易，所以这种拉延件的工艺性最好，其他形状的拉延件，应尽量避免急剧的轮廓变化。

（2）拉延件各部分尺寸的比例要恰当，应尽量避免设计宽凸缘和深度大的拉延件（即 $d_凸 > 3d$、$h \geq 2d$），因为这类拉延件需要较多的拉延次数。图5-35（a）、（b）所示的拉延件，就不符合拉延。

（3）制件凸缘的外廓最好与拉延部分的轮廓形状相似，如果凸缘的宽度不一致，如图5-35（c）所示，不仅拉延困难，需要增加工序，而且还需放宽修边余量，增加了金属毛料的消耗。

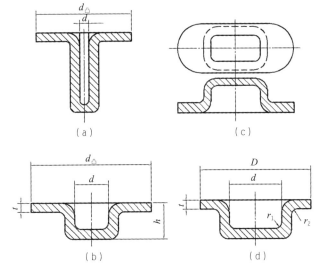

图5-35 拉延件的工艺要求

（4）拉延件的圆角半径要合适。拉延件的圆角半径，应尽量大些。大的圆角半径有利于拉延件的成形和减少拉延次数。拉延件侧壁与底部、侧壁与凸缘连接的圆角半径一般取 $r_1 \geq (2 \sim 3)\,t$；$r_2 \geq (3 \sim 4)\,t$。如增加一次整形工序，其圆角半径可取 $r_1 \geq (0.1 \sim 0.3)\,t$；$r_2 \geq (0.1 \sim 0.3)\,t$，如图5-35（d）所示。

（5）在拉延件的底部或凸缘上的孔，从孔边到侧壁的距离，应大于或等于该处的圆角半径并加上1/2的毛料厚度。即：

$$a \geq r + 0.5t$$

（6）拉延件的制造精度不宜要求过高，拉延件的制造精度包括拉延件内形或外形的直径公差、高度公差等。在设计拉延件时，应根据它的用途尽可能放宽公差要求。在一般情况下，不应超过表5-19～5-21中所列的数值。

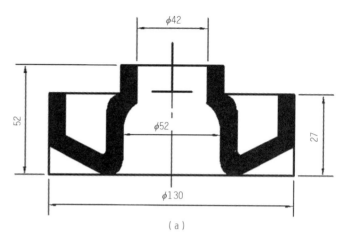

（a）

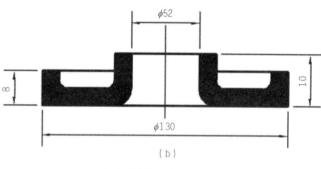

（b）

（a）改动前　　（b）改动后

图5-35 拉延件结构的改动

在冲压过程中经常遇到这样的情况：在保证使用性能的前提下，对拉延件的几何形状和尺寸作某些修改，可以大大简化冲压工艺。图5-36所示的制件就是一例，结构形状经过修改后，其高度由27mm和43mm分别减至8mm和10mm，结果冲压工艺内8道工序降为2道工序，毛料消耗也减少了50％，却丝毫没有降低制件的使用效果。

表5-19 拉延件内形或外形的直径公差　　　　　　　　　　　单位：mm

毛料厚度	拉延件直径（d）			附图
	50以下	> 50～100	> 100～300	
1以下	±0.2	±0.3	±0.4	
>1～1.5	±0.3	±0.4	±0.5	
>1.5～2	±0.4	±0.5	±0.6	
>2～3	±0.5	±0.6	±0.7	
>3～4	±0.6	±0.7	±0.8	
>4～5	±0.7	±0.8	±0.9	

表5-20 拉延件的高度公差　　　　　　　　　　　　　　　　　　　　　　　　单位：mm

毛料厚度	拉延件高度（H）					附图
	18以下	> 18~30	> 30~50	> 50~80	> 80~120	
1以下	±0.5	±0.6	±0.7	±0.9	±1.1	
>1~2	±0.6	±0.7	±0.8	±1.0	±1.3	
>2~3	±0.7	±0.8	±0.9	±1.1	±1.5	
>3~4	±0.8	±0.9	±1.0	±1.2	±1.8	
>4~5			±1.2	±1.5	±2.0	

表5-21 带凸缘拉延件的高度公差　　　　　　　　　　　　　　　　　　　　　单位：mm

毛料厚度	拉延件高度（H）					附图
	18以下	> 18~30	> 30~50	> 50~80	> 80~120	
1以下	±0.3	±0.4	±0.5	±0.6	±0.7	
>1~2	±0.4	±0.5	±0.6	±0.7	±0.8	
>2~3	±0.5	±0.6	±0.7	±0.8	±0.9	
>3~4	±0.6	±0.7	±0.8	±0.9	±1.0	
>4~5	±0.6	±0.7	±0.8	±1.0	±1.1	

5.4.2 拉延件毛料尺寸的确定

计算拉延件毛料尺寸的方法很多，常用的是等面积法，即根据假设制件面积和毛料面积相等的原则计算毛料。

简单旋转体拉延件（筒形件）的毛料尺寸计算，如图5-37所示的筒形件，其毛料尺寸求法如下：

筒形的旋转体制件，通常将旋转体分成几个部分，然后求其面积和。

筒形件的面积为：

$$F_1 = f_1 + f_2 + f_3$$

式中　　$f_1 = \pi d_2 h$——筒形面积（mm^2）；

　　　　$f_2 = \dfrac{\pi}{4}（2\pi d_1 r + 8r_2）$——1/4环球带表面积（$mm^2$）；

　　　　$f_3 = \dfrac{\pi d_1^2}{4}$——筒底面积（$mm^2$）。

毛料面积为：

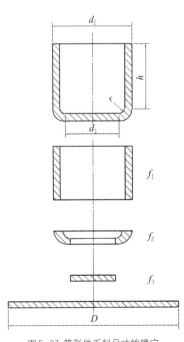

图5-37 筒形件毛料尺寸的确定

$$F = \frac{\pi D^2}{4} \ (\text{mm}^2)$$

式中　　D——为毛料直径（mm^2）。

根据面积相等原则

$$F = F_1 \quad 即$$

$$\frac{\pi D^2}{4} = \pi d_2 h + \frac{\pi}{4}(2\pi d_1 r + 8r^2) + \frac{\pi d_1^2}{4}$$

因此，毛料直径为

$$D = \sqrt{d_1^2 + 2\pi d_1 r + 8r^2 + 4d_2 h}$$

为计算方便起见，简单几何形状的表面积公式可从下表5-22中查取。

表5-22 简单几何形状的表面积公式

序号	名称	简图	表面积
1	圆片	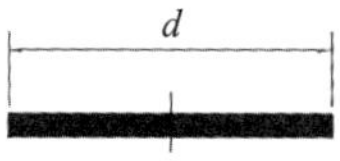	$\dfrac{\pi d^2}{4}$
2	圆环	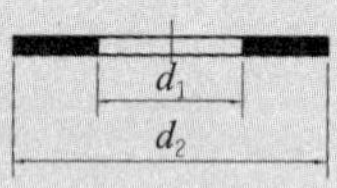	$\dfrac{\pi}{4}(d_2^2 - d_1^2)$
3	圆筒	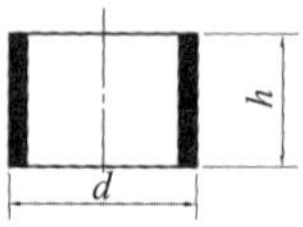	$\pi \cdot n \cdot d$
4	圆锥	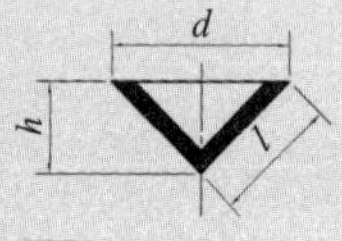	$\dfrac{\pi d l}{2}$
5	圆锥台	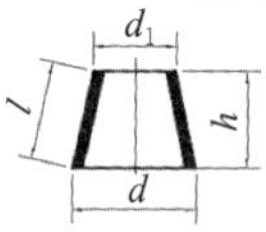	$\dfrac{\pi l}{2}(d + d_1)$
6	半球面	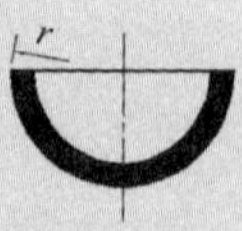	$2\pi r^2$
7	球面片	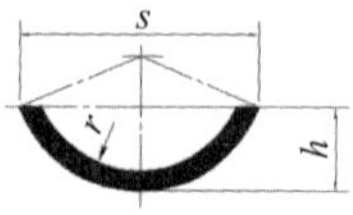	$2\pi r h$
8	球面带	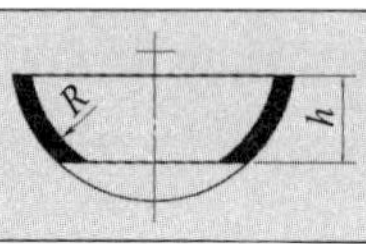	$2\pi R h$

（续）

序号	名称	简图	表面积
9	四分之一球带（凸）	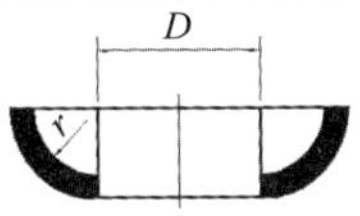	$\dfrac{\pi}{4}(2\pi Dr+8r^2)$
10	四分之一球带（凹）	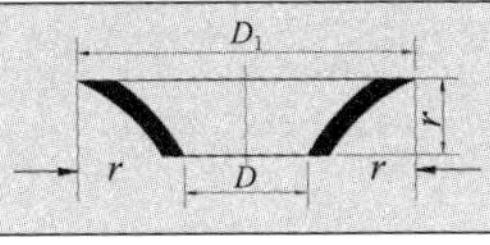	$\dfrac{\pi}{4}(2\pi D_1 r+8r^2)$ 或 $\pi(DL+2rh)$
11	部分球带（凸）	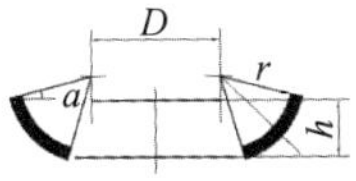	$L=\dfrac{\pi r\alpha}{180°}=0.017r\alpha$ 其中 $\pi(DL+2rh)$
12	部分球带（凹）	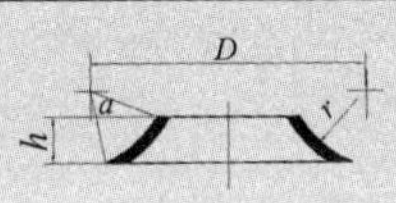	$\pi(DL-2rh)$ 其中 $L=\dfrac{\pi r\alpha}{180°}=0.017r\alpha$

规则旋转体制件毛料直径的计算公式见表5-23：

表5-23 规则旋转体制毛料直径的计算公式

序号	零件形状	毛料直径D
1	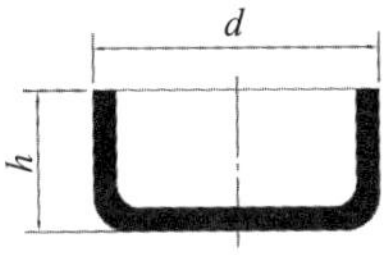	$\sqrt{d^2+4dh}$
2	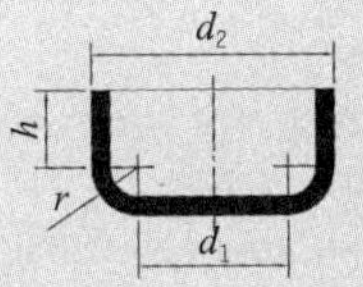	$\sqrt{d_1^2+4d_2h+2\pi d_1r+8r^2}$
3	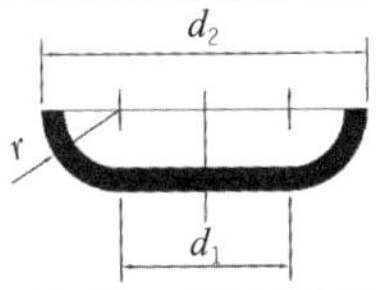	$\sqrt{d_1^2+2\pi d_1r+8r^2}$
4	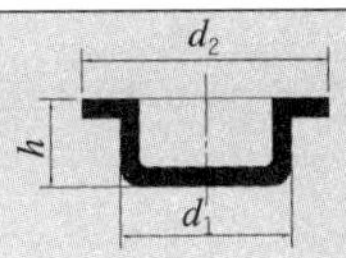	$\sqrt{d_3^2+4d_1h}$
5	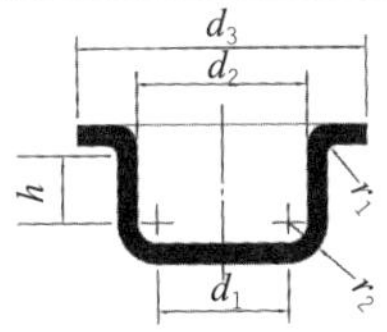	$\sqrt{d_1^2+2\pi r_2d_1+8r_2^2+4d_2h+2\pi r_1d_2+4.56r_1^2}$ 若$r_1=r_2=r$ 则得 $\sqrt{d_1^2+4d_2h+2\pi r(d_1+d_2)+4\pi r^2}$

（续）

序号	零件形状	毛料直径 D
6		$\sqrt{d_1^2 + 2\pi r_2 d_1 + 8r_2^2 + 4d_2 h + 2\pi r_1 d_2 + 4.56 r_1^2 + d_4^2 - d_3^2}$ 若 $r_1 = r_2 = r$ 则得 $\sqrt{d_1^2 + 4d_2 h + 2\pi r(d_1 + d_2) + 4\pi r^2 + d_1^2 - d_3^2}$
7		$\sqrt{d_2^2 + 4(d_1 h_1 + d_2 h_2)}$
8		$\sqrt{d_1^2 + 2S(d_1 + d_2 + 4d_2 h)}$
9		$\sqrt{d_1^2 + 2S(d_1 + d_2)}$
10		$\sqrt{2dl}$
11		$\sqrt{d_1^2 + 2S(d_1 + d_2) + d_3^2 - d_2^2}$
12		$\sqrt{d_1^2 + 2[S(d_1 + d_2) + 2d_2 h]}$
13		$\sqrt{d^2 + 4h^2}$
14		$\sqrt{2d} = 1.414d$
15		$1.414\sqrt{d^2 + 2dh}$
16		$\sqrt{d_2^2 + 4h^2}$

（续）

序号	零件形状	毛料直径 D
17		$\sqrt{d_1^2 + d_2^2}$
18		$\sqrt{d_1^2 + d_2^2 + 4d_1 h}$
19		$\sqrt{d^2 + 4(h_1^2 + dh_2)}$
20		$\sqrt{d_2^2 + 4(h_1^2 + d_1 h_2)}$

形状较为复杂的旋转体拉延件，因在金属家具中应用较少，而且计算方法又比较麻烦，此处不做详细介绍。

应当指出的是，对于简单几何形状和规则旋转体毛料尺寸的大小，不仅与节约材料有关，而且会影响制件的质量。过大的毛料，变形困难，易使制件破裂。毛料尺寸小了，不能保证制件的形状和尺寸要求。确定拉延件的毛料尺寸时，一般可通过面积相等的原则算出需要的尺寸，再通过实践（试拉）的结果加以修改。

拉延后的制件口缘部分不是平直的，经常会出现不同程度的波齿形，因此，对精度要求高的拉延件在计算毛料尺寸时，应当考虑加上一定的修边余量。

5.5 成型工艺

在冲压生产中，如果有些冲压件用冲裁、弯曲和拉延的方法，还不能获得最终的形状，就需要配合校平、翻边、起伏、旋压、整形、缩口等工序。这些工序的共同特点，是通过毛料的局部变形来改变整个毛料的形状，统称为成型工序。

此处仅介绍在金属家具生产中应用较多的成型工序：校平、整形、翻边和起伏等。

5.5.1 校平

将毛料或制件的不平面放在两个平滑的或带有齿形刻纹的表面之间进行压平，这样的工序称为校平。

校平工序多在冲裁工序之后进行，这是因为冲裁后（特别是斜刃冲裁后），所获得的制件往往是不平的。还有，在弯曲工艺中，如不用压料板，也需对制件底部进行校平。

校平方式有三种，模具校平，手工校平和在专门设备上校平。模具校平在摩擦压力机上进行较为理想。由于是用曲轴冲床校平，故必须在模具或冲床上安保险装置，以防因毛料厚度的波动而损坏设备。如果校平工作与拉延或弯曲同时进行，应采用曲轴冲床或双动冲床。

校平所用的模具有光面校平模、细齿校平模和宽齿校平模。其工作简图和应用范围见表5-24。

表5-24 校平模具

单位：kgf/mm²

名称	简图	用途	单位校平力（q）
光面膜		用于薄料制件或表面不允许有压痕的较厚毛料的制件	$5 \sim 10$
细齿模		用于较厚毛料（$t = 3 \sim 15$）和表面上允许有深疤的制件	$10 \sim 20$
宽齿模		用于较厚毛料（$t = 3 \sim 15$）和表面上允许有深疤的制件	$20 \sim 30$

细齿校平模和宽齿校平模的齿形如图5-38所示。图（a）为细齿校平模的齿形，图（b）为宽齿校平模的齿，齿顶较平，用这种齿形可避免压出深的刻痕。从俯视图上看，细齿校平模的齿形为尖形，如图5-39（a）所示。而宽齿校平模的齿形多为方形如图5-39（b）所示。此外，齿形也有棱形或其他形状的。工作时上齿与下齿交错，否则不起校平作用。

校平时所需的力较大，通常按下式计算：

$$P_{校} = q \cdot F$$

式中　　　$P_{校}$——校平力（kgf）；

q——单位校平力（kgf/mm²）查表5-24；

F——校平面积（mm²）。

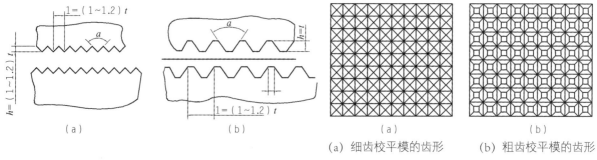

（a）　　　　　　　　　（b）　　　　　　　　（a）细齿校平模的齿形　　（b）粗齿校平模的齿形

图5-38 校平模齿形　　　　　　　　　图5-39 校平模齿形俯视图

图5-40为校平模。图的左半部表示细齿校平模，适用于硬材料或厚板料的校平。图的右半部表示光滑面的校平模，仅用于软材料或薄材料的校平。

5.5.2 整形

整形一般用于弯曲，拉延或其他成型工序之后。采用整形的方法可以将制件的形状加以修整，使其达到最后的要求或更准确的尺寸。通过整形工序可获得较小的圆角半径。并使制件的底部、壁部和凸缘部分均较平整。整形模具与一般成型模相似，只是工作部分的精度、光洁度都非常高，圆角半径和间隙值较小。整形工艺应在压力机滑块到达下止点时进行。

整形的压力大小，可按下式计算：

$$p=F \cdot q \text{（kgf）}$$

式中　　F——整形面积投影面（mm^2）；

　　　　q——单位压力（kgf/mm^2）通常取 $q = 15 \sim 20$。

5.5.3 翻边

将毛料上的孔或边缘翻成一定角度的直壁，或将空心件翻成凸缘的成型工艺称为翻边。翻边工艺应用较多，利用翻边的方法可以冲压出形状复杂、刚度好而且外形美观的制件。

翻边按其变形特点和用途的不同，可分为内孔翻边（又称翻口）和外缘翻边两种形式。翻边工艺对改变金属家具零件结构很有前途。

5.5.3.1 内孔翻边

（1）内孔翻边的用途

内孔翻边可将预先加工好的孔扩大为具有直壁的孔，如图5-41（a）所示。

采用内孔翻边，可以增加拉延件的高度，广泛地用它代替先拉延后切底的工序，如图5-41（b）所示。

内孔翻边也可将空心件翻成凸缘，用这种方法还可翻制连接零件的空心铆钉，其工作顺序是先翻内孔，后翻外缘，如图5-41（c）所示。

（2）内孔翻边的变形特点

为了便于了解内孔翻边的变形情况，可预先在毛料上画出距离相等的坐标网，然后进行翻边（图5-42），从坐标网格的变化可以看出：在翻边过程中，纤维沿切线方向伸长，越靠近孔口，纤维伸长越大，毛料的厚度则减薄，尤其在孔口处减薄更为显著。如超过毛料的允许变形值时制件就会被拉裂。从图中也可看出，同心圆之间的距离变化不明显，即纤维在直径方向上变形很小。

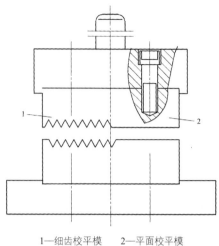

1—细齿校平模　　2—平面校平模

图5-40 校平模

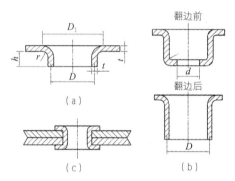

图5-41 翻边的例子

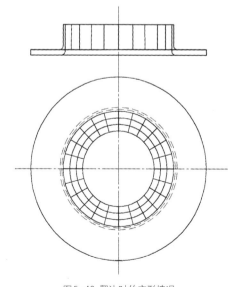

图5-42 翻边时的变形情况

（3）翻边系数

内孔翻边的变形程度，用翻边前的孔径 d 和翻边后的孔径 D 之比值——翻边系数（K）来表示，即：

$$K=\frac{d}{D}$$

K 越小，变形程度越大。如 K 值过小，孔的边缘容易裂口，因此必须控制 K 值，使之不能小于翻边系数的极限值。

翻边系数的极限值受很多因素的影响，其中主要有：

① 材料的种类及其机械性能：材料的塑性好，许可变形的程度大，因而翻边系数可取小些。

② 孔的加工性质及孔边状态：孔的加工性质指翻边前孔的加工方法（钻孔还是冲孔），有无毛刺等。钻孔翻边的翻边系数极限值比冲孔翻边的翻边系数极限值小，这是由于冲孔的边缘存在着冷作硬化现象以及有很多微小裂纹的缘故。但是，如果将冲孔的毛料退火，消除冲孔时的变形及硬化现象，就可以得到与钻孔相接近的翻边系数极限值。

③ 毛料的相对厚度（以 $\frac{t}{d}\times100$ 表示）：毛料的相对厚度越大，翻边系数极限值越小。

④ 翻边的凸模形状：凸模形状有圆柱形、球形和顶角成60° 圆锥形三种。采用后两种时，翻边系数可取小些。

表5-25所列为各种材料圆孔翻边时的系数和翻边系数的极限值，方孔或其他非圆孔翻边时，其系数值可减少10%～15%。翻边前的冲孔，应与翻边的方向相反，或使毛料有毛刺的一侧向上，使有毛刺的一边受到较小的拉伸，以免孔口产生裂纹。

表5-25 翻边系数 K_1、K_{min}

材料	K_1	K_{min}
白铁皮	0.7	0.65
碳钢	0.74～0.87	0.65～0.71
合金结构钢	0.80～0.87	0.70～0.//
镍铬合金钢	0.65～0.69	0.57～0.61
软铝	0.71～0.83	0.63～0.74
紫铜	0.72	0.63～0.69
黄铜	0.68	0.62

如果制件要求翻出较大的直壁高度，按其尺寸计算所得的翻边系数值小于表5-25所列的数值时，就说明不可能在一次翻边上完成。这时应采用两次或两次以上的翻边工序，并在每两次工序间进行退火。同时第二次以后的翻边系数应比第一次翻边系数增大15%～20%。采用多次翻边时，所翻出的边沿壁部有较严重的变薄现象，如果要求壁部不能变薄，则可先拉延，在底部冲孔，然后再翻边的方法（图5-43）。

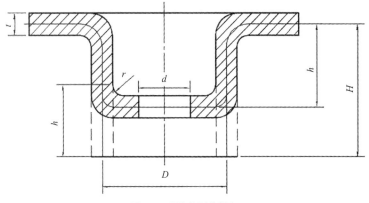

图5-43 预先拉延的翻边

5.5.3.2 外缘翻边

外缘翻边一般是指将毛料的外缘翻成深度不大的曲边。外缘翻边有两种情况：

向外凸的外缘翻边，其变形性质和应力状态，类似于浅拉延，在翻边的凸缘内产生压应力；

向内凹的外缘翻边，与内孔翻边相似，在翻边的凸缘内产生拉应力。

5.5.4 起伏

利用局部拉伸，使毛料或制件的形状改变，而形成局部的下凹和凸起的工艺，称为起伏。从起伏的变形情况来看，相当于深度不大的局部拉延，此时毛料主要承受的是拉应力。

起伏在金属家具生产中应用较多。通常是在平板毛料上压制加强筋，或压成局部的凹槽和凸台，用作装饰或增加刚度。

在起伏过程中，由于毛料主要承受拉应力，毛料塑性差或变形过大时，都可能产生裂纹。因此，一次起伏所得的凸起和下凹的尺寸是有一定限度的。表5-26为压制加强筋的形状和尺寸，其数值是根据起伏的变形特点和防止裂缝出现而定的。

表5-26 加强筋的形状和尺寸

形状	简图	R	h	r	B或D	d
半圆形		（3~4）t	（2~3）t	（1~2）t	（7~10）t	
梯形			（1.5~2）t	（0.5~1.5）t	≥3h	15~30

较浅的起伏都能一次完成。但较深或较复杂的起伏，则不能在一道工序中完成，而需要经过多次起伏。同时在两道工序之间要进行中间退火，以恢复毛料的塑性。应用多次起伏工序时，应先压出制件中

央部分的起伏形状，然后再冲压边缘的起伏形状，以改善材料的变薄现象。当起伏的形状处在毛料边缘时，压制后会使毛料边沿有收缩现象，使边缘不平整，此时应用切边工序进行修边。

5.6 常用模具

冲压在金属家具的生产中应用比重很大，在工业上已经形成一套系统、完整的技术。由于金属家具的零件结构比较简单，尺寸较小，所以在冲压工艺中，所用的模具结构也比较简单而且尺寸小。常用的冲压模具有冲裁模、弯曲模、拉延模等。

冲模是冲压生产中不可缺少的工艺装备。其结构应满足冲压生产的要求，不仅要冲出合格的制件和适应生产的批量要求，而且要求制造容易、使用方便、操作安全和成本低。

5.6.1 冲裁模

冲裁模的结构类型可按以下三个主要特征来分：

（1）按工序性质分

落料模：沿封闭的轮廓将制件与板料分离，冲下来的部分为制件。

冲孔模：沿封闭的轮廓将废料与制件分离，冲下来的部分为废料。

切边模：将制件多余的边缘切掉。

切口模：沿敞开的轮廓将制件冲出缺口，切口部分发生弯曲。

切断模：沿敞开的轮廓将板料分离。

（2）按工序的组合分

简单冲裁模：简单模一般有一个凸模和一个凹模，也可以有多个凸模和多个凹模，但在冲床每次行程中只能完成同一种冲裁上序。

简单冲裁模又称单工序模，按其导向方式可分为敞开模、导板模和导柱模。

连续冲裁模：按一定的顺序，在冲床一次行程中，在模具的不同位置上完成两种或两种以上的冲压工序。

连续模生产率高，便于实现自动化，制件精度高。由于采用条料或带料连续冲裁，所以操作方便。连续模适用于大批量生产。结合金属家具所用的板料的特点，应用连续模进行金属家具零件的冲裁是比较理想的。连续模的主要缺点是制造复杂，结构尺寸大，成本高，在冲裁稍厚的制件时，有拱弯现象。

复合冲裁模：按一定的顺序，在冲床一次行程中，在模具的不同位置上同时完成几个不同的冲压工序。

复合模的优点是结构紧凑，生产率高，特别是制件的孔与外形的同心度容易保证，还可利用废料冲压。这种模具适用于大批量的生产，但当制件的精度要求较高，用其他模具或其他加工方法不易保证时，小批量生产也可采用。复合模的缺点是结构复杂，对模具零件的精度要求较高，因而成本高，制造周期长。另外，常因上下模之间的空间限制，而使橡皮、弹簧等卸料和顶件装置的配套发生困难。

（3）按上、下模导向形式分

敞开模：模具本身无导向装置，工作时完全依靠冲床的导轨起导向作用。

这种模具的优点是结构简单，制造成本低。但由于凸模的运动只是依靠冲床滑轨导向，不易保证均匀的间隙，因此冲裁件的精度不高。此种模具安装麻烦，生产率低。模具的工作部分容易磨损，且工作时不太安全，所以一般用于生产批量不大，精度要求不高，外形比较简单的制件的冲裁。

导板模：用导板来保证冲裁时凸模与凹模的准确位置。

这种模具精度较高，使用寿命较长，安装容易，且安全性好。但模具制造比敞开式外模麻烦，一般导板孔都需要和凸模配套制作。另外，还要求冲压设备行程小，以保证工作时凸模始终不脱离导板。故一般适用于小件或形状不十分复杂制件的冲裁。

导柱模：上、下模上分别装有导套和导柱两种导向零件，用以保证凸、凹模工作时的准确位置。

导柱模的导向作用可以提高制件的精度，使凸模与凹模的间隙比较均匀，减轻模具的磨损。它的缺点是制造成本较高。一般适用于批量较大、精度要求较高的制件。

5.6.2 弯曲模

弯曲用的模具可分为简单弯曲模、复合模和自动弯曲模三类。简单弯曲模一般用于大型制件和批量不大的中小型制件，而小件和大批量生产则趋向于采用高效率的一次成型复合模、连续模及自动模。弯曲模的主要工作零件是凸模和凹模。结构完善的弯曲模还附有压料装置、定位板或定位销、导柱导套等。

折边也是弯曲工艺的一种。在金属家具产品中，如办公桌、文件柜、档案箱等的一些板材零部件，都有较长的弯曲线和很小的弯曲半径。这类制件的弯曲，常在折边机上进行。折边机上有窄而长的滑块，配合一些通用或专用的折边模具和挡料装置，可以完成较长的弯曲件的弯制工作。

5.6.3 拉延模

拉延工序可在单动冲床上进行，也可在双动、三动冲床及特种设备上进行。用于单动冲床上的拉延模，可分为首次拉延用和以后各次拉延用的两类，这两类拉延模具按其结构又可分为简单的、复合的、多级连续的，以及带压边装置和不带压边装置的几种。

5.6.4 模具的维护、保养与安全

在冲压加工过程中，要想得到高质量的制件和延长模具的使用寿命，不仅要设计制造合格的模具、选用性能良好的压力机和掌握熟练的操作技术，而且还要做好模具的维护保养工作。

（1）模具的寿命

模具的寿命，是以正常使用时间的长短或冲压出合格制件数量的多少来衡量的。模具的寿命，一般可分工作过程中的某些缺陷而引起的损坏和使用过程中的正常磨损两种情况。前者为损坏，后者为磨损。

模具损坏的原因较多，如压机能力选择不适当或失修，因模具设计错误而引起的强度不够或精度低产生偏心，以及因热处理不好而产生淬火变形或淬裂。这些都是由于模具设计与制件不良而造成的。此外，因操作不当（包括冲模调整）、疏忽等，也都会损坏模具。这种损坏现象多半发生在冲模磨损前的初期使用阶段。

冲裁模具的磨损分为初期磨损、正常磨损和过激磨损三个区域（图5-44）。

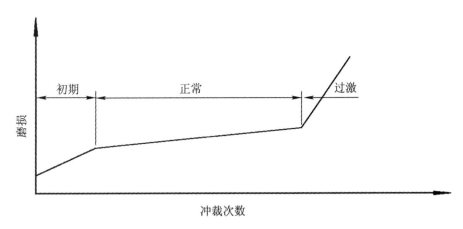

图5-44 模具的磨损过程

初期磨损就是在冲裁过程中，由于模具刃口对被加工毛料的冲击，使得集中在刃口部位的压力过大，造成刃口卷刃。

正常磨损是初期磨损到一定程度以后，过大集中的压力逐渐减弱，刃口不再出现卷刃现象。但由于刃口和被加工材料之间的摩擦，又出现所谓摩擦磨损，在此区域内磨损缓慢。在摩擦磨损过程中，刃口由于承受反复的冲击而疲劳，刃口附近的部位由塑性变形而逐渐硬化以至变质破坏，而成为过激磨损。

过激磨损就是在摩擦磨损区域内模具疲劳达到极限时逐渐产生破损的现象，这是急剧产生磨损的区域。在这个区域内，制件已失去了稳定性，模具不能再使用下去。从这个意义说，摩擦磨损的极限（图5-42中从正常磨损到过激磨损的过程）即为模具的寿命。

模具寿命的长短，除其本身的质量因素以外，还与制件所要求的各种条件有关系。至于哪个因素是主要的，就要看对制件断面光洁度的要求如何。如对断面光洁度的要求不高，仅对毛刺的大小有要求时，因为主要与刃口的磨损有关，所以只要注意磨损问题就行了。若对制件断面的光洁度要求高，模具刃口可制成圆形时，其他条件就成为影响模具寿命的主要因素了。

（2）模具的维护和保养

模具的维护保养应做到以下几点：

① 模具的安装：模具安装时必须保证凸模和凹模的合理间隙；安装要牢固，工作时不松动；不可用铁锤直接敲打模具；保证冲模和压力机的平行度；安装后必须进行试冲，各方面的要求都合格后方可正式工作。

② 模具的使用：要根据制件材料的物理、化学性质、机械性能、板料厚度和变形程度选用润滑油；在不使制件与模具粘连的情况下，应使模具能得到充分的润滑；按照模具的效能进料，决不允许冲压超厚板料或一次冲压多层板料；送料要平、正。及时根据制件的质量来判定和检查模具的磨损情况，一旦制件不符合质量要求，应立即停车检修模具；及时清除模具内的铁末等杂质，条料或预制件必须光滑，不许带有毛刺、砂等硬物。

③ 模具的维护保管：模具使用完毕应稳妥地卸下，擦去污物，涂上润滑油，以防长期不用而生锈；遇到磨损严重的模具，应及时修理，以便下次应用；完好的模具应进行妥善的保管，模具上附带的标签应有规则地置于不易磕碰的地方。

同时，还需注意模具的安全操作，它与设备的安全操作同样重要，特别是对冲压工人的安全尤为重要。为了保证生产的安全，还需在使用模具时采取有效的安全措施，不仅是减少冲压事故的根本措施，而且还可提高制件的质量和劳动生产率。

复习思考题

1、什么叫板料冲压？板料冲压有哪些优点？

2、什么叫冲裁？冲裁包括哪几种形式？其特点是什么？

3、板料的分离过程有哪几个阶段？每个阶段各有什么特点？

4、什么是冲裁件的工艺性？它包括哪些内容？

5、排样有哪几种方法？其形式又可分为几种？

6、什么叫搭边？搭边有何作用？

7、板料弯曲工艺有何特点？

8、影响最小弯曲半径的主要因素有哪几方面？

9、弯曲件毛料长度的计算根据哪两种弯曲形式？

10、什么是拉延工艺？它的作用和优点是什么？

11、什么是成型工序？

12、什么是校平、整形、翻边、起伏？

6

CHAPTER

金属家具
焊接工艺

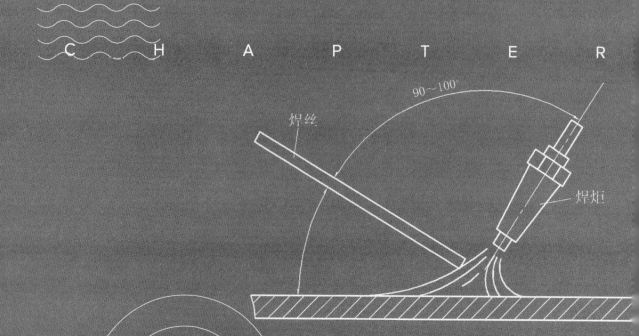

通过加热、加压或加热同时又加压的方法，使两个物体结合成一个整体的工艺过程，称为焊接。目前金属家具生产中所用的焊接方法，基本上分为两大类，即熔化焊接和压力焊接。熔化焊接如气焊、电弧焊、CO_2气体保护焊等；压力焊接（接触焊）如对焊、点焊、储能焊等。

在金属家具的生产中，焊接工艺是制造产品的主要工艺手段。金属家具固定结构的部件，采用焊接工艺比铆接有更多的优越性，如工序简化，牢固性好，节约材料，提高劳动生产率，降低劳动强度，减轻结构重量，提高产品质量等。根据金属家具所用的材料及结构特点，金属家具常用的焊接方式主要有气焊、电弧焊、CO_2气体保护焊、储能焊和高频焊接等，而具体的操作工艺有角焊、对焊、点焊等。气焊常用于铜、铝零件；电弧焊常用于厚钢板；高频焊常用于薄壁管件；点焊则用于薄板零件。

6.1 气焊

气焊在19世纪初期已被广泛应用，到19世纪末期，虽然出现了电弧焊，但当时仅有光焊条，焊接质量较气焊差。随着药皮焊条、埋弧焊、气体保护焊的问世，才在某些方面取代部分气焊。然而，由于气焊具有加热均匀和缓慢的特点，在焊接较薄的零件，特别是钢制家具中的薄钢板、薄壁钢管和熔点较低的金属（铜、铝等）时，仍被广为应用。

气焊是利用可燃气体（乙炔、液化石油气）与助燃气体（氧气）混合后燃烧时所产生的高热，通过焊炬与焊丝将两个工件牢固地熔接成一个整体的焊接方法。气焊的过程是：利用由焊炬喷出的火焰将两焊件的接缝处加热至熔化状态形成熔池，然后不断向熔池填充焊丝（也可不加焊丝，只靠焊件本身的熔化），使接缝熔合（冷却后形成焊缝），即将两个焊件接合在一起。

如果混合气体通过割炬产生的高温火焰（最高温度可达2000～3000℃），将金属预热到能在氧气流中燃烧的温度，然后开放高压氧，将金属剧烈氧化成熔渣，并从切口中吹掉，还能形成一条光洁的割缝，将金属割断，这就是气割工艺。

气焊中使用的可燃气体主要有乙炔、氢气、液化石油气、煤气、沼气等。现将常用的可燃气体发热量和火焰温度列于表6-1。

表6-1 常用可燃气体的发热量和火焰温度

名称	发热量/（kcal/m³）	火焰温度/℃
乙炔	12600	3150
氢	2400	2100
液化石油气	2120	2000～2850
煤气	5000	2100
沼气	7900	2000

从表6-1中可看出，乙炔发热量最大，火焰温度最高。它不但有发热量大、火焰温度高的优点，而且制取方便，所产生的焊接火焰对金属的影响最小，焊接质量好，是气焊工艺中最常用的一种可燃气体。

6.1.1 气焊材料

气焊用的材料主要为氧气、乙炔、气焊丝和气焊粉。

（1）氧气

气焊所用的助燃气体是氧气，氧气的分子式是 O_2，是一种无色、无臭、无味、无毒的气体。在极低的温度下，氧气可由气态变为液态和固态，常温时，则以化合物和游离状态大量存在于水和空气中。氧与氢化合成水。空气主要是氧与氮的混合物。氧气不能自燃，只能助燃。工业用氧气是由制氧工厂或使用单位利用制氧机制取的，然后压入氧气瓶内，供给使用单位。一般瓶内的氧气压力为 $150kg/cm^2$。

氧气愈纯，燃烧的火焰温度愈高。一般气焊与气割用的工业氧气分三级，对其纯度的具体要求见表6-2。

表6-2 焊接和气割用的氧气指标

指标名称	指标		
	一级品	二级品	三级品
氧气（U_2）含量/%	≥ 99.5	≥ 99.2	98.5
水分（H_2O）含量/（ml/瓶）	≤ 10	≤ 10	≤ 10

（2）乙炔

乙炔又称电石气，是一种无色而有特殊臭味的气体，在温度为0℃、压力为 $1kg/cm^2$ 时，比重是 $1.179kg/m^3$。乙炔是一种碳氢化合物。其分子为 C_2H_2。乙炔比空气轻，在常温常压下乙炔为气态。

乙炔是可燃气体，它与空气混合后燃烧时所产生的火焰温度为2350℃；而与氧气混合燃烧时所产生的火焰温度为3000～3300℃，因此足以熔化金属进行焊接和切割。

乙炔又是一种具有爆炸性的危险气体，当乙炔的温度超过300℃，同时压力增加到1.5～2kg/cm²时，就容易发生爆炸。乙炔与空气和氧气混合而成的气体，也具有爆炸性。重量（按体积计算）在2.8%～93%范围内的乙炔与氧气形成的混合体积，只要碰到火种立刻就会爆炸。

乙炔与铜或银长期接触后会产生一种爆炸性的化合物，即乙炔铜（Cu_2C_2）和乙炔银（Ag_2C_2），当它们受到剧烈震动或者加热到110～120℃时，就会引起爆炸。但乙炔能大量溶解于丙酮溶液中，因此我们就可以利用乙炔这个特性，将它装入乙炔瓶内（瓶内装有丙酮和活性炭）储存和运输。我们必须掌握乙炔的这些物理和化学性能，以免在使用和储运过程中发生事故。

乙炔是电石被水溶解后产生的气体。水分解电石产生乙炔的过程，是在乙炔发生器内进行的。根据工作场合和具体条件不同，可以使用移动式乙炔发生器产生乙炔或乙炔发生总站用管道输送乙炔及瓶装乙炔等，瓶装乙炔在家具生产中是极少应用的。

（3）气焊丝

在气焊过程中，对气焊丝的正确选用是很重要的。因为它不断地被送入熔池内，并与熔化的金属熔合形成焊缝。所以焊缝的质量在很大程度上和气焊丝的质量有关，因此必须给予重视。对气焊丝的要求一般有以下几点：

① 气焊丝的化学成分应基本上与焊件相符合，以保证焊缝具有足够的机械性能。

② 焊丝应能保证焊缝具有必要的致密性，即不产生气孔和夹渣等缺陷。

③ 焊丝的熔点应与焊件的熔点相近，并在熔化时没有强烈的飞溅或蒸发。

④ 焊丝表面应没有油脂、锈斑及油漆等污物。

常用的低碳钢气焊丝牌号主要有 H08、H08Mn、H15 及 H15Mn 等。气焊丝的直径规格一般为 2~4mm，使用长度为1m。金属家具零件气焊所用的焊丝，直径多数为2mm。

常用的有色金属焊丝，主要包括铝及铝合金焊丝以及铜及铜合金焊丝等。

（4）气焊粉

气焊过程中，被加热的熔化金属极易与周围空气中的氧或火焰中的氧化合成氧化物，使焊缝产生气孔和夹渣等缺陷。防止产生这些缺陷的办法，是在气焊的过程中，使用气焊粉。气焊粉能排除熔池内的高熔点金属氧化物，并形成熔渣覆盖在焊缝的表面，使熔池内的金属熔液与空气隔绝而不致被氧化，从而提高焊缝的质量。因此，在焊接有色金属、不锈钢，或低碳钢采用流铜焊时，都要加用气焊粉。

气焊粉可以在焊接前直接撒在焊件的坡口上，也可以蘸在气焊丝上或加入熔池中。

气焊粉的选择，要根据焊件的成分及性质而定，具体要求如下：

① 应具有很强的反应能力，即能迅速熔解氧化物或与高熔点化合物作用后生成新的低熔点化合物和易挥发的化合物。

② 气焊粉熔化后黏度小些，流动性要好，产生的熔渣熔点要低，比重要小（熔化后容易浮于熔池表面）。

③ 能减少熔化金属的表面张力，使熔化的填充金属与焊件容易熔合。

④ 对焊件没有腐蚀等副作用，生成的熔渣要容易清除。

气焊粉按其所起的作用之不同可分为：化学作用气焊粉和物理溶解作用气焊粉两类。

① 化学作用气焊粉：这类气焊料又可根据其性质分为酸性和碱性两种。要根据熔池内所产生的氧化物的性质来选用，如氧化物是碱性的，就应选用酸性气焊粉；反之，则选用碱性气焊粉。钢家具用酸性气焊粉，以铜作填充物代替焊丝。

② 物理溶解作用气焊粉：这类气焊粉主要用于焊接铝及铝合金。气焊粉在熔化状态下，能大量溶解与吸收铝及铝合金焊接时在熔池中形成的高熔点（2050℃）氧化物——三氧化二铝（Al_2O_3），从而保证焊接的正常进行。

6.1.2 气焊设备

气焊设备包括焊炬、点火炮、氧气瓶、乙炔瓶及其瓶阀、乙炔发生器、回火防止器、减压器、橡皮气管、护目镜、辅助用具等。

① 焊炬：也称气焊龙头或焊枪，它是进行气焊的主要工具。焊炬的作用是将可燃气体与氧气以一定比例混合而形成具有一定热能的焊接火焰。因此，焊炬在使用中，应能方便地调节氧气与可燃气体的比例和热能。同时重量要轻，使用时要安全可靠。焊炬按可燃气体与氧气混合的方式可分为射吸式和等压式两类，射吸式较为常用。

② 点火炮：又称点火枪，形式像手枪，是气焊工作的点火用具，使用时只要扳动扣机，枪口的小齿轮与火石摩擦，就会发生火花而将从焊炬内喷出的可燃气体引燃。

③ 氧气瓶：是储存和运输氧气用的高压容器，氧气被压入氧气瓶内待用。由于氧气是一种活泼的助

燃气体，使用不当，可以引起爆炸，因此必须重视氧气瓶的安全使用与保管。

④ 氧气瓶阀：是控制氧气瓶内氧气进出的阀门。按瓶阀构造的不同，可分为活瓣式和隔膜式两种。目前主要采用活瓣式氧气瓶阀，但也有不少是采用隔膜式的。隔膜式瓶阀气密性好，但容易损坏，使用寿命短。

⑤ 乙炔瓶：是一种储存和运输乙炔用的容器，其外形与氧气瓶相似，但它的构造要比氧气瓶复杂，因为乙炔不能用高压压入普通的钢瓶内，而必须利用乙炔的特性，采取必要的措施才能将乙炔压入钢瓶内。乙炔瓶阀是控制瓶内乙炔进出的气门，它与氧气瓶阀的构造和工作原理均不同，金属家具生产中很少使用瓶装乙炔。

⑥ 乙炔发生器：就是利用电石和水相互作用而创取乙炔的设备。乙炔发生器按制取的乙炔压力之不同，可分为低压式和中压式两种。低压式乙炔发生器制取的乙炔压力在 $0.45kg/cm^2$ 以下，中压式乙炔发生器制取的乙炔压力在 $0.45 \sim 1.5kg/cm^2$ 的范围内。

⑦ 回火防止器：是一种重要的安全设备。它的作用主要是在气焊或气割过程中，焊炬发生火焰倒燃（通常叫回火）时，防止乙炔发生器发生爆炸事故。若在火焰的通路上不设置回火防止器，则倒燃的火焰可能通过乙炔输送管道进入乙炔发生器内，从而产生燃烧爆炸事故。若在乙炔通路中未装置回火防止器或回火防止器工作状态不正常时，不允许进行气焊或气割工作。

⑧ 减压器：作用是把储存在气瓶内的高压气体，减压到所需的工作压力，并保持稳定，减压器按用途可分为集中式和岗位式两类，按构造可分为单级式和双级式两类；按工作原理可分为正作用式和反作用式两类。

⑨ 橡皮气管：供气焊用的橡皮气管，必须具有足够承受气体压力的能力，并应质地柔软，重量轻，以便于工作。根据所输送气体的不同，可分为氧气橡皮管和乙炔橡皮管两种。

⑩ 橡皮气管接头：是橡皮气管与减压器、焊炬，以及乙炔发生器和乙炔供应点等连接处的接头。接头多用黄铜制成。

⑪ 护目镜：主要是保护焊工的眼睛不受火焰亮光的刺激，又可防止飞溅金属微粒溅入眼内。同时在焊接过程中，还可以仔细地观察焊口内金属的熔化程度。

其他的辅助用具有扳手、手锤及通针等，这些也是保证焊接质量和进行正常工作不可缺少的工具。另外，为防止焊工的手被飞溅的金属灼伤，在焊接过程中，必须戴防护手套和用皮革或帆布制的脚盖及工作帽等防护用品，以防烧伤人体。

6.1.3 气焊工艺

6.1.3.1 焊接火焰

气焊用的火焰是由可燃气体（乙炔、氢气、丙烷等）和助燃气体混合燃烧而成的。常用的可燃气体基本采用乙炔，所以下面介绍氧乙炔火焰的燃烧过程及其特点。

乙炔完全燃烧的化学反应式如下：

$$2C_2H_2+5O_2 \longrightarrow 4CO_2+2H_2O+Q（产生高热）$$

乙炔高热值 $Q_{高}$ =14000kcal/m³（在0℃和一个大气压下）；低热值 $Q_{低}$ =12600kcal/m³（在20℃和一个大气压时）。

从这个化学反应方程式里可以看到，5个体积单位的氧气与2个体积单位的乙炔发生作用才能完全燃烧，也就是说在完全燃烧时，氧气与乙炔的体积之比是2.5：1。

但是在焊炬内，氧气与乙炔混合气体的比值却比这个数值小得多（一般是1：1～1.2：1），这是因为空气中存在着氧气，所缺少的氧气即由火焰周围空气中的氧气来补充，这样不但可以节省氧气用量，而且可使火焰周围的空气中没有氧气存在，这就大大减少了空气对焊口内熔化金属的有害影响。

混合气体内氧气体积与乙炔体积的比值是个极重要的技术数据，它直接决定着火焰的外形、构造和化学性能等，所以它是气焊规范中最重要的一项。这个混合比值的符号用小 a 来表示，其关系式如下：

$$a = \frac{O_2}{C_2H_2}$$

氧乙炔火焰的外形、构造和火焰的温度，是根据氧气体积与乙炔体积的混合比值而决定的。根据混合比值的大小，可得到性质不同的三种火焰，即中性焰、碳化焰及氧化焰（图6-1）。

（1）中性焰

当氧气与乙炔的混合比值 a 为1～1.2时，所产生的火焰称为中性焰。它燃烧后的气体中既无过剩氧，又无过剩乙炔，其火焰外形如图6-1（a）所示。

中性焰由焰心、内焰和外焰三部分组成。焰心是一个光亮的蓝白色圆锥形，它的长度与混合气体的流速有关，流速快则焰心长；而流速慢则焰心短。焰心由氧气与乙炔组成，在焰心的外面分布着由乙炔分解所产生的碳素微粒层。由于温度较高（约950℃），故焰心形成光亮而明显的轮廓。碳素微粒层外面是内焰，内焰的颜色较暗，呈淡橘红色，主要是由氧气与乙炔初步化学反应后生成的，因而具有还原性。内焰的长度一般从焰心伸展出20mm左右。内焰的外面是呈淡蓝色的外焰。在外焰中，一氧化碳与焊炬内的氧气和大气中的氧气燃烧，生成二氧化碳与水蒸气，具有氧化性。外焰的温度约在1200～2500℃范围内。中性焰的最高温度为3050～3150℃，焰心和外焰的温度较低，而内焰（距焰心2～4mm处）的温度最高（约为3150℃），同时由于内焰具有还原性，它与熔化的金属发生作用而使氧化物还原，能改善焊缝的机械性能，所以在用中性焰焊接时，可以利用内焰这部分火焰。中性焰适用于焊接一般碳钢和有色金属。

（2）碳化焰

当氧气与乙炔的混合比值 a 小于1（一般在0.85～0.95）时，所产生的火焰是碳化焰。它燃烧后的气体中尚有部分乙炔未曾燃烧。火焰的外形如图6-1（b）所示。

碳化焰的焰心较长，呈蓝白色，焰心也是由氧气和乙炔组成。内焰呈淡蓝色，其长度与碳化焰内乙炔的含量有关。乙炔过剩量较多时，内焰就较长。相反，乙炔过剩量较少时，内焰就较短。当乙炔过剩量很大时，由于缺乏使乙炔充分燃烧所需的氧气，所以火焰开始时冒黑烟。内焰由一氧化碳、氢气和碳素微粒组成。外焰带橘红色，它由水蒸

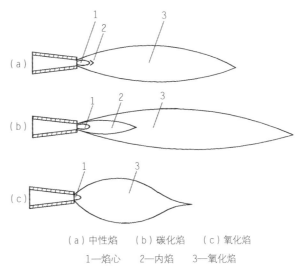

（a）中性焰　（b）碳化焰　（c）氧化焰

1—焰心　2—内焰　3—氧化焰

图6-1 氧乙炔火焰的种类与外形

气、二氧化碳、氧气及氮气组成，也可能存在有碳素微粒。碳化焰三层火焰之间，无明显的轮廓。

碳化焰的最高温度为2700～3000℃。由于火焰中有过剩乙炔，它可分解为氢气和碳，焊接碳钢时，碳对焊缝起着渗透作用，使焊缝中含碳量增加。这会改变焊缝金属的机械性能，使强度提高和塑性降低。碳化焰适用于焊接高碳钢、铸铁及硬质合金等材料。

（3）氧化焰

当氧气与乙炔的混合比值 a 大于1.2（一般在1.3～1.7）时，所产生的火焰是氧化焰，它燃烧后的气体中，尚有部分过剩的氧气，其火焰外形如图6-1（c）所示。

氧化焰的焰心呈淡紫色，轮廓也不太明显。焰心也是由氧气与乙炔组成。氧化焰没有碳素微粒层，内焰和外焰呈蓝紫色。氧化焰在燃烧时，带有噪音。噪音大小决定于氧气的压力和火焰中氧气的比例，氧的比例越大，整个火焰越短，噪音也越大。

氧化焰的温度为3100～3300℃，整个火焰具有氧化性，焊接一般钢件时，会使焊缝形成气孔和变脆，并增强了焊口中的沸腾现象，降低焊缝的质量，因此这种火焰较少采用氧化焰，适用于焊接黄铜和青铜等材料。

氧乙炔焰的温度分布，是确定焊接热源的主要因素，火焰的温度越高，焊件的加热和熔化过程就越迅速。氧乙炔火焰的温度与混合气体的成分有关，氧气的比例增加，火焰的温度也相应增高，反之则降低、所以中性焰、碳化焰和氧化焰的温度是不同的，其中氧焰的温度最高，碳化焰的温度较低，一般叙述火焰温度时，是以中性焰为准的。

另外，每一种火焰沿着长度方向上各部分的温度也不同，中性焰的温度情况如图6-2所示。在距焰心末端2～4mm处的温度最高（约为3150℃），距焰心末端越远，火焰的温度越低。

火焰的温度还与混合气体的喷射速度有关，喷射速度越大，火焰的温度越高。另外，火焰在横向断面上各部分的温度也

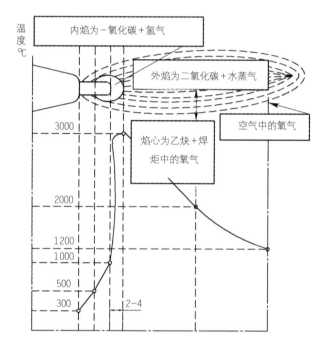

图6-2 中性焰的温度图

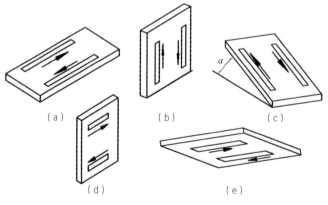

（a）平焊缝　（b）立焊缝　（c）倾斜焊缝　（d）横焊缝　（e）仰焊缝

图6-3 各种空间位置的气焊缝

是不同的，断面中心温度最高，越向边缘温度越低。

6.1.3.2 焊件的坡口形式和焊前准备

在其他工业部门的生产中，需要用气焊焊接各种空间位置的焊缝（如图6-3所示：平焊缝、立焊缝、倾斜焊缝、横焊缝、仰焊缝），主要采用对接接头。而角接接头和卷边接头只在焊接薄板时才使用。家具管材的焊接则主要采用T字接头，并根据焊件的形状和结构采取相应的措施。

焊接家具零件时，各种厚度钢板的坡口形式见表6-3。

表6-3 各种厚度钢板的坡口   单位：mm

接头形式	坡口形式		尺寸		
	图示	名称	板厚	间隙（C）	钝边（P）
对接接头		卷边	0.5~1	—	1~2
		不开坡口	1~5	0.5~1.5	—
T字接头		磨半圆槽	0.8~1.5	—	—
		钻孔	0.8~1.5	0.5~1	—
角接接头		卷边	0.5~1	—	1~2

气焊前，应该重视焊件的清洁工作，必须彻底消除焊口及其边缘的油污、铁锈、氧化皮层以及水分等。对于大批量生产的钢家具零件、钢材应妥善地保管，工艺流程中的半成品要有条理地存放。尽量避免影响焊接质量的有害物质污染工件，以省去不必要的清理工件的辅助工序。

6.1.3.3 气焊工艺规范

气焊工艺规范是气焊工保证焊接质量的主要技术依据。气焊规范通常包括焊丝和气焊粉的选择，火焰的成分与能率的选择，焊炬的倾斜角度以及焊接方向和速度等参数。

（1）焊丝与气焊粉的选择

对气焊用的焊丝与气焊粉的要求前面已讲过，下面着重介绍对气焊丝直径的选择。

焊丝的直径，要根据焊件和坡口的形式来选用，通常焊接5mm以下薄板时，焊丝直径要与焊件的厚度相近，一般选用1~3mm焊丝。若焊丝直径选用过细，焊接时焊件尚未熔化，而焊丝已很快熔化下滴，容易造成熔合不良等缺陷；相反，如果焊丝直径过粗，焊丝加热时间增加，使焊件过热，就会扩大热影响区的过热组织，并导致焊缝产生未焊透等缺陷。

对开坡口焊件的第一、二层焊缝的焊接，应选用较细的焊丝，以后的各层焊缝可采用较粗的焊丝。

焊丝直接还和焊接的方法有关，一般右向焊接时所选用的焊丝要比左向焊接时粗些。

低碳钢的焊丝直径通常在1～8mm范围内，焊件厚度与焊丝直径的关系见表6-4。

表6-4 焊件厚度与焊丝直径的关系　　　　　　　　　　　　　单位：mm

焊件厚度	1～2	2～3	3～5	5～10	＞5
焊丝直径	1～2	2	2～3	3～5	6～8

（2）火焰成分的选择

气焊火焰的成分，对焊接质量关系很大。应根据不同材料的焊件正确地选择和掌握火焰的成分。如混合气体内的乙炔量过多，就会引起焊缝金属渗碳，而使焊缝的硬度和脆性增加，同时还会产生气孔等缺陷。相反，如混合气体中的氧气过多，则会引起焊缝金属的氧化而出现脆性，使焊缝金属的强度和塑性降低。

表6-5 不同材料的焊件，焊接时应采用的火焰成分

焊件金属	火焰成分	焊件金属	火焰成分
低、中碳钢	中性焰	铬镍钢	氧化焰
低合金钢	中性焰	锰钢	氧化焰
紫铜	中性焰	镀锌钢板	氧化焰
铝及铝合金	中性焰	高碳钢	碳化焰
铝锡	中性焰	硬质合金	碳化焰
青铜	中性焰或氢氧化焰	高速钢	碳化焰
不锈钢	中性焰或炭化焰	铸铁	碳化焰
黄铜	氧化焰	镍	碳化焰或中性焰

（3）火焰能率的选择

所谓火焰能率，是指气焊时每小时可燃气体的消耗量（kg/h）。火焰能率的选用，取决于焊件金属的厚度和它的物理性质（熔点与导热性），焊件金属的厚度越大，焊接时选用的火焰能率就越大。

焊接低碳钢和低合金钢时，乙炔的消耗量可按下列经验公式计算：

左向焊法　　$v＝（100～120）\delta$

右向焊法　　$v＝（120～150）\delta$

式中　　v——火焰能率（kg/h）；

　　　　δ——钢板厚度（mm）。

焊接铸铁、黄铜、青铜、铝及铝合金时，所用的火焰能率与焊接碳钢和低合金钢时是不同的。由于它们的导热性和熔点高，所以乙炔的消耗量可用下列公式计算：

$$v＝（150～200）\delta$$

根据上述公式中计算的消耗量，我们可以选择合适的焊嘴，如H01-6型焊炬（表6-3），它的1号焊嘴的乙炔消耗量为170L/h，5号焊嘴的乙炔消耗量为430L/h。H01-20型焊炬的1号焊嘴，乙炔消耗量为1500L/h，5号焊嘴的乙炔消耗量为2600L/h。焊嘴的号码越大，火焰的能率也就越大。为了提高焊接生产率，通常在保证焊缝质量的前提下，尽量采用较大的火焰能率（也即选用较大的焊嘴），这样便于在焊接过程中正确调整火焰的能率。

在焊接过程中，需要的热量随时变化。如开始焊接时，整个焊件是冷的，需要的热量较多。焊接时，焊件本身的温度增高了，需要的热量就相应地减少。此时可把火焰调小一点或减少焊嘴与焊件的倾斜度，以及采用间断焊接的方法，即能达到调整热量的目的。

采用较大的焊嘴，还可以及时调整在焊接过程中由于焊嘴发热而引起的混合气体比例不当的现象。

（4）焊炬的倾斜角

焊炬倾斜角的大小，主要取决于焊件的厚度，材料的熔点和导热性。若焊件厚，则导热性及熔点高。应采用较大的倾斜角，以使火焰的热量集中，相反，则采用较小的倾斜角度。根据上述特点，可按照焊件的厚度、导热性及熔点等因素灵活地选用。

焊接碳素钢时，焊炬倾斜角与焊件厚度的关系见图6-4。

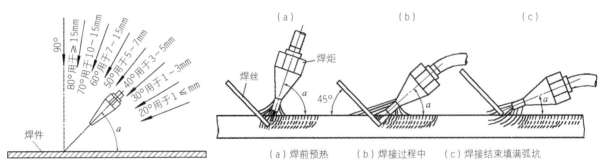

图6-4 焊炬倾斜角与焊件厚度的关系

图6-5 焊接过程中焊炬倾斜角的变化

（a）焊前预热 （b）焊接过程中 （c）焊接结束填满弧坑

焊件越厚，焊炬的倾斜角越大。不同材料的焊件，选用的焊件倾斜角也有差别，例如在焊接导热性较大的焊件时，焊炬的倾斜角为60～80°。而焊接低熔点铝及铝合金时，焊炬的倾斜角接近10°。焊炬的倾斜角在焊接过程中是需要改变的，在焊接开始时，为了轻快地加热焊件和迅速地形成熔池，采用的焊炬倾角为80～90°。当焊接结束时，为了更好地填满弧坑和避免焊穿，可将焊炬的倾斜角减小，使焊炬对准焊丝加热，并使火焰上下跳动，断续地对焊丝和熔池加热。

焊接过程中，焊炬倾斜的变化情况如图6-5所示。

在气焊过程中，焊丝与焊件表面的倾斜角一般为30～40°，它与焊炬中心线的角度为90～100°（图6-6）。

（5）焊接速度

一般来讲，焊接钢和铝时，由于熔点低，故焊接速度较同样板厚的碳钢为快，而铸铁和不锈钢，其焊接速度则要比同样板厚的碳钢慢些。

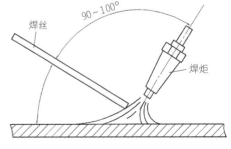

图6-6 焊炬与焊丝的位置图

焊接速度直接影响生产率和产品质量，根据不同产品，必须选择正确的焊接速度，如果焊接速度太慢，则焊件受热过大，将会降低产品的质量。此外，焊接速度的选用还要看焊工的操作熟练程度、焊缝位置以及其他条件。在保证焊接质量的前提下，应力求提高焊接速度，以提高生产效率。

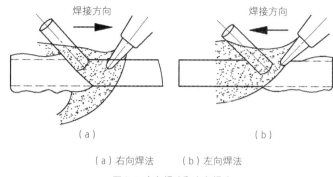

（a）右向焊法　（b）左向焊法
图6-7 右向焊法和左向焊法

6.1.3.4 右向焊接法和左向焊接法

气焊时，焊炬的运走方向可以从左到右，也可从右到左，前者称为右向焊法，而后者称为左向焊法。这两种焊法对焊接生产率及焊缝的质量影响很大。

右向焊法，如图6-7（a）的焊接过程是由左向右，焊炬火焰指向焊缝，并且焊炬是在焊丝前面移动。

左向焊法，如图6-7（b）的焊接过程是由右向左，焊炬火焰背着焊缝而指向焊件的未焊部分，并且焊炬跟着焊丝后面运走。

右向焊法由于焊炬火焰指向焊缝，因此火焰可以盖住整个熔池，使熔池与周围的空气隔离，所以能防止焊缝金属的氧化和减少产生气孔的可能性，同时使已焊好的焊缝缓慢地冷却，改善了焊缝组织，可得到较高的焊接质量，并由于焰心距熔池较近以及火焰受坡口和焊缝的阻挡，因此火焰热量较为集中，火焰能率的利用率也较高，从而增加熔深，提高生产率。

右向焊法的缺点主要是不易掌握，一般采用较少，操作过程对焊缝没有预热作用，所以它只适用于焊接较厚的焊件。

左向焊法焊工能够很清楚地看到熔池上部的凝固边缘，并可能获得高度和宽度较均匀的焊缝。由于焊炬火焰指向焊件的未焊部分，还对金属起着预热的作用，因此焊接薄板时生产效率较高。家具零件的焊接绝大多数采用左向焊法。

左向焊法容易掌握，应用最普遍。缺点是焊缝易氧化，冷却较快，热量利用率较低，因此仅适用于焊接5mm以下薄板和低熔点金属。

6.1.3.5 焊炬和焊丝的运走

焊接过程中，焊炬有沿焊接方向和沿焊缝横向的两个方向的运走。而焊丝除了这两个方向运走以外，还有向熔池方向的送进。焊炬和焊丝的运走必须均匀和相互协调，否则会形成焊缝宽窄不一致和高低不平等现象。

焊炬与焊丝沿焊缝横向的运走，主要是使焊接坡口边缘能很好地熔透，并控制液体金属的流动，而使焊缝成型良好，同时又不发生焊缝过热或焊穿等不良现象。另外，在焊接有色金属和铸铁时，还能使液体金属中各种非金属杂质从熔池中排除出来，浮于熔池的表面。

当焊接厚度小于2mm的低碳钢卷边接头时，一般不用焊丝作填充金属。焊炬的运走可采用斜环形和锯齿形两种动作（图6-8）。

焊接没有卷边的较薄钢板时，必须用焊丝作为填充金属。此时应采用向逐步形成的熔池内添加焊丝的方法。焊接开始时，应先对焊件进行预热，当形成4～5mm直径的熔池时，即可把焊丝的末端送入熔池中，使焊丝被少量熔化在熔池中，再将焊丝末端自熔池抽出，置于火焰中间，此时火焰靠近金属表面作急速的打圈运走，形成焊波。然后再将焊炬移到下一个位置，以便形成第二个熔池和焊波，并使第二个焊波重叠于第一个焊波的1/3上面（图6-9）。采用这种方法焊接时，为了避免焊丝氧化，焊丝末端不应离开火焰的中心范围。这种逐步形成熔池的方法，可以获得高质量的焊缝。

在焊接板厚小于5mm、大于3mm、不开坡口的平对接焊缝时，焊炬与焊丝的运走方法如图6-10所示，此时焊炬与焊丝末端相互交错、左右摆动（焊炬若向左摆动，则焊丝应向右摆动），这样可将焊件的边缘焊透，并能获得焊波均匀和较平整的焊缝。

焊接T字形管件的角焊缝时，焊炬与焊丝的运走如图6-11所示。在这种情况下，火焰与焊丝在焊缝中间运走应稍快些，而在焊缝的两侧则可略慢些，并稍停留一下，以形成良好的焊缝。

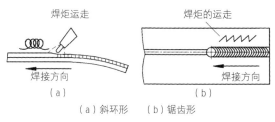

(a) 斜环形　　(b) 锯齿形

图6-8 卷边接头焊接时焊炬的运走

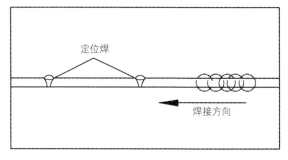

图6-9 逐步形成熔池焊接法

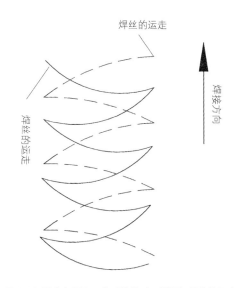

图6-10 厚度大于3mm的对接焊时，焊炬与焊丝的运走

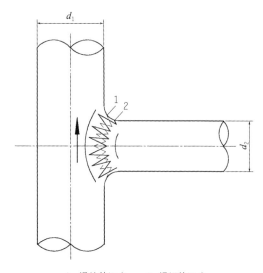

1-焊丝的运走　　2-焊炬的运走

图6-11 焊接T字形管件角焊缝时，焊炬与焊丝的运走

6.1.3.6 各种焊缝的焊接技术

气焊的操作方法，按焊接位置的不同，可分为平焊、立焊、横焊和仰焊四种焊法。焊缝的形成主要与火焰气流的压力、焊丝末端的运动、金属熔滴的重力和表面张力等因素有关。而家具零件的焊接主要采用平焊法。

平焊时，焊缝的形成主要靠火焰的压力和焊丝的运走。立焊、横焊和仰焊时，熔池中的熔化金属液

滴，克服了其表面张力，而使熔滴产生向外流的倾向。因此，在焊接时，火焰气流的压力及焊丝末端的运走，对焊缝的形成起很大的作用。

（1）平焊

焊丝位于工件之上，焊工俯视工件所进行的焊接为平焊，是最常见的一种焊接方法。平焊操作方便，焊接质量可靠，生产率高。焊接时采用的主要接头形式是对接，并多用左向焊法。焊炬和焊丝与焊件的相对位置如图6-12所示。火焰焰心的末端与焊件表面应保持2～6mm的距离。刚开始焊接时，焊炬与焊件的角度可以大些，随着焊接过程的进行，由于焊件的温度升高，焊炬与焊件的角度就可以减少些。焊丝与焊炬的夹角应保持在90°左右，焊丝要始终浸在熔池内（焊薄件可作上下运动），与焊件同时熔化，使两者在液体状态下能均匀地混合形成焊缝。由于焊丝容易熔化，所以火焰应较多地集中在焊件上，否则会产生未焊透等缺陷。

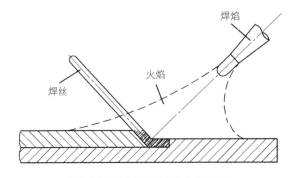

图6-12 焊炬与焊丝对焊件的相对位置

在焊接过程中，有时会产生熔池过大，液体金属过多的现象，原因是熔池温度太高，此时可采用间断焊的方法来降低熔池温度。待稍微冷却后，再以正常的速度焊接。应该指出，在调整熔池温度时，不应将火焰完全离开熔池，以免熔池金属发生氧化而影响质量。

焊接结束时，焊炬应缓慢地提起，使焊缝结尾部分的熔池逐渐缩小。为了防止在收尾时产生气泡和收尾处未填满现象，必要时还可添加焊丝将气泡重新熔化，直到收尾处填满，待收尾部分焊缝完成后，火焰才能移开。

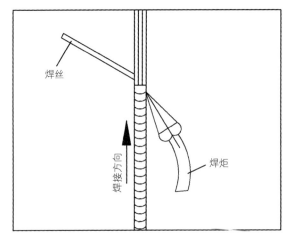

图6-13 立焊

总之在整个焊接过程中，要正确地掌握工艺规程和操作方法，控制熔池温度和焊接速度，防止产生未焊透、过热，甚至焊穿等缺陷。

（2）立焊

在工件立面或倾斜面上进行纵方向的焊接为立焊（图6-13）。它比平焊要困难些，原因是熔池中液体易往下滴，焊缝表面不易形成均匀的焊波。

（3）横焊

在工件的立面或倾斜面上进行横方向的焊接，叫做横焊（图6-14）。容易出现因熔化金属下淌而产生的咬口、焊瘤以及未焊透等缺陷。

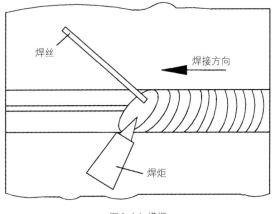

图6-14 横焊

（4）仰焊

焊炬位于工件之下方，焊工仰视工件所进行的焊接叫做仰焊或仰脸焊（图6-15）。仰焊是一种困难位置的焊接，主要是液体金属容易往下流，必须有较熟练的技能。仰焊时焊炬与焊件具有一定的角度（图6-16）。

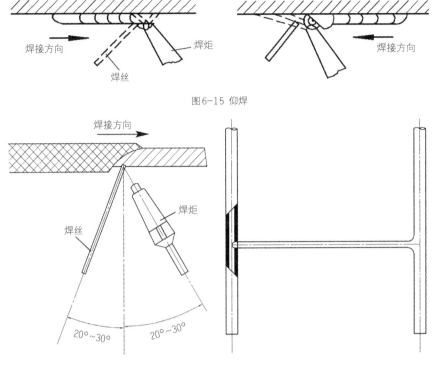

图6-15 仰焊

图6-16 仰焊时焊炬与焊丝对焊件的倾斜角度

图6-17 "T"型焊接

6.1.4 金属家具的气焊工艺

根据金属家具的结构和所用材料的特点，气焊工艺主要采用平焊，其余则用得较少。制作金属家具用的钢管、钢板均采用B_2、B_3或A_2、A_3以下的低碳钢材，这是用来生产金属家具的主要金属材料。所以介绍金属家具的气焊工艺，还是以低碳钢的气焊技术理论为基础，以钢管家具为主。目前在我国，铝合金家具也逐渐流行起来。根据铝合金材料的性能、管材的截面形状和产品结构方面的要求，气焊工艺远远不能适应铝合金家具的发展，必须采用新的焊接方法和工艺。

钢家具无论是用管材、板材或其他型材，厚度一般都在5mm以下。

因此，根据低碳钢的气焊技术理论，结合钢家具的结构、造型，焊接前后无须特殊的工艺措施。焊接过程中按照工件的实际形状，采用必要的胎、卡、夹具，是为了保证焊接尺寸的准确，提高质量和劳动生产率。

（1）钢家具气焊工艺规程

钢家具的焊接部位一般为图6-17所示的T型，也就是家具的两腿与横撑，或两横梁与立撑结合处的焊接。所以钢家具管材零件的焊接，基本上以T型最多。由于两腿或两横梁的尺寸大于横撑或立撑的尺寸，所以往往需在主零件的焊接部位钻孔，使尺寸小的工件能够插进去。这样既保证了焊接强度，又可使焊接件之间内部贯通。为了防止电镀或喷涂酸洗工序中因管内空气受热膨胀而使焊口开裂，横撑零件无须打工艺流水孔。

除T型焊接之外，当然也有板材与管材，板材与板材的焊接。

（2）钢家具气焊工艺常见的缺陷

主要缺陷有焊件过热、过烧、气孔、裂缝、咬边、焊瘤、夹渣、未焊透、焊穿、漏焊等。产生缺陷的原因及防止方法如下：

① 过热和过烧

一般指在气焊时，金属受热到一定程度，其内部组织所起的变化。过热的特征是金属表面变黑并起氧化皮，在组织上表现为晶粒粗大。而过烧时，除晶粒粗大外，晶体边界还被激烈氧化。焊缝出现过热，金属会变脆，若过烧则更脆。

气体产生过热、过烧的主要原因有：火焰能率过大；焊接速度太慢，焊炬在一处停留时间太长。

过烧还与采用了氧气过剩的氧化焰，焊丝成分不合格，以及在风力过大的工作场所焊接有关。

防止的方法有：根据工件厚度，选择合适的焊嘴；采用中性焰或乙炔稍多的中性焰；正确地掌握焊接速度；在焊接过程中，遇有特殊情况焊炬需要停留时，时间不可太长。如不得已工件需要继续加热时，此时内焰应上下跳动，不断离开熔池，给熔池以冷却的机会，但外焰仍不离开熔池，以保证熔池不被氧化。施焊时应严格控制熔池温度；采用合格的焊丝，避免工作场地风力过大。对于已经产生的过烧金属，应铲除重焊。

② 气孔

气孔是遗留在焊缝中的气泡，气孔缺陷将减少焊缝的有效截面积。因钢家具均为薄壁材料，焊缝加强面不多，如内部再有气孔，就会降低接头的机械性能。不仅如此，就是在电镀时，也绝对不允许有气孔存在，否则将影响电镀的质量。

产生气孔的主要原因有：工件与焊丝表面不干净，有油腻、锈漆及氧化铁皮等；焊丝与焊件的化学成分不相符合；焊接速度太快；焊丝与焊件的加热熔化配合不协调；采用了过剩的碳化焰；焊丝和焊嘴摆动太快、幅度太大等。

防止气孔产生的方法有：采用符合要求的焊丝；焊前必须保证焊丝和工件的干净，无油腻、铁锈等杂质；焊丝与工件的加热熔化要配合协调，两者呈熔融状态时再填焊丝，若其中之一温度不足时，应用火焰着重加热，使两者温度相近，必须用中性焰或乙炔稍多的中性焰焊接，不可使用碳化焰；焊接速度、焊丝和焊嘴的摆动，以及焊嘴的抬起都不宜太快，同时焊丝和焊嘴的摆动幅度也不宜过大，否则会促使焊缝冷凝过快，气体来不及逸出，而产生气孔。

③ 裂纹

裂纹是最危险的缺陷。它将显著降低焊接构件的承载能力，甚至引起构件脆性破坏，尤其是电镀工艺不允许有的。有裂纹的焊件必须铲除重焊。裂纹有外部裂纹和内部裂纹之分，产生的原因相同。

焊接钢家具零件时，一般是不易产生裂纹的，只有以下情况才会产生这种缺陷：

焊丝、焊件的化学成分和组织不合格（如碳量过多，硫、磷杂质过多及组织不均匀等）；焊接时应力过大，特别是焊缝加强高度不够，或焊波不匀时，由于后面的电镀和喷涂工艺必须先用砂轮或砂布将焊缝打磨光滑，往往因焊缝太薄，强度不够，经不起打磨而开裂；作业场所的气温过低或焊缝熔合不良；收尾时火口没有填满等。

防止裂纹的方法：合理地选择焊丝；焊接及装配时，要防止应力过大；进行点固焊时，焊缝的厚薄及长短要适当；若在气温较低的场所焊接时，焊嘴抬起、焊接结束或中断时，火焰离开熔池不可太快，如有可能，可适当提高工作场地的温度；收尾时火口要填满。

④ 咬边

咬边是在基本金属和焊缝金属交界处所形成的凹坑或凹槽。咬边是焊接T形接头常出现的缺陷。焊缝形成咬边后，就会减少焊缝金属的有效截面积，同时在咬边处形成应力集中。

形成咬边的原因有：焊嘴倾斜角度不对，焊嘴和焊丝的摆动不当；火焰能率（或焊炬嘴头号码）太大等。

防止的办法：选用适当能率的中性焰；根据管件管径的大小，使焊嘴得到适当的角度，一般在T形接头时，火焰应偏向管径大的一边；熔池不宜过大，对产生咬边缺陷的焊缝，应进行补焊。

⑤ 夹渣

夹渣就是焊缝内含有成堆的杂质，如铁锈、氧化皮等。夹渣使焊缝机械性能降低，引起应力集中，在焊接钢家具时常因有夹渣，在电镀和喷涂前进行打磨时焊口出现裂纹。

一般说来，钢家具焊接中不易产生夹渣观象，除非是在工件和焊丝上含有油腻、油漆、铁锈等脏物。所以焊前必须把工件和焊丝清理干净。施焊中一旦出现夹渣现象时，应及时用焊丝将杂质拔出。

⑥ 焊瘤

焊瘤是熔化的焊丝金属流在还没有加热到熔化温度的焊件上面所形成的。焊瘤下面的部位常常焊不透。

产生焊瘤的原因主要是焊丝和焊件加热不均匀，焊丝加热太快。遇有焊瘤应铲除重焊。至于焊穿、未焊透、漏焊的原因，主要是焊炬所选用的火焰能率、焊接速度不当，及焊工技术不熟练而造成的。未焊透包括虚焊和假焊。

⑦ 焊件的变形

钢家具零部件在生产过程中产生变形的因素很多，由焊接工艺而引起变形是普遍的现象。以H型折椅腿为例（图6-18），横撑与两腿焊接以后，横撑以下产生向里靠拢的变形，这种情况最为普通，其变形程度严重的可达1%以上。产生变形的原因，主要是结构本身决定的。因焊接时只在里侧加热，冷却以后必定要产生收缩，迫使横撑以下部分向里侧靠拢。另外与焊接火焰的能率及焊接时间也有关。火焰能率越大，焊接时间越长，变形的程度越大。控制火焰能率，缩短焊接时间，是减小变形的根本措施。利用胎具进行控制，可以使变形较有规律或减小其变形程度。

由于钢家具多用薄壁材料，故变形是难免的。可通过矫正工艺将各种因素引起的变形进行调整，使之符合允许的变形范围。

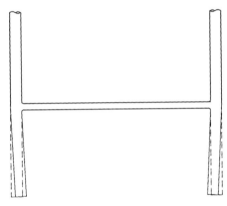

图6-18 H型杆件焊后的变化

（3）焊缝质量的检验

焊缝质量检验主要包括：

外表目测检查：焊缝不得有砂眼、裂纹、咬边、焊瘤等；焊缝上下、前后宽度必须一致；焊缝波纹应均匀，高低应控制在规定范围之内；不许有超过允许范围内的变形，如歪扭、审角等。

焊口的机械强度试验：要符合国家标准的要求。钢家具主要管件的焊口抗拉强度，不论何种接头形式，都不应低于国家规定的质量技术标准。

焊口的剖切和钻孔检查：主要检查焊缝内部是否焊透，有无夹渣、气孔和裂纹等缺陷。

外表目测检查在每一件产品正常的生产工序中都要进行。后两项应定期或定批进行一定数量的抽查。

6.2 电弧焊

电弧焊简称电焊，是金属家具焊接工艺之一，主要应用在钢家具中较厚的板形零件的焊接。

6.2.1 电焊原理

电弧焊是利用电弧放电时产生的热量，熔化焊条和焊件，从而获得牢固接头的焊接过程。由于它所需的设备简单，操作灵活，对空间不同位置、不同接头形式、短的或曲的焊缝均能方便地进行焊接。

在两个电极之间的气体介质中，强烈而持久地放电现象称为电弧。电弧放电时，一方面产生高热（温度可达6000℃左右），一方面产生强光，两者有不同的用处。

（1）焊接电弧的产生

焊接电弧的产生，一般先进行引弧。引弧时，先将焊条与焊件相互接触而形成短路，如图6-19（a）所示。由于焊接部分的电阻和通过的电流密度很大，就使两电极间的接触点产生大量电阻热，焊条末端和焊件被迅速加热到白热熔化状态，如图6-19（b）所示，然后将焊条稍微提起，瞬间大量电流便由熔化的金属细颈通过，如图6-19（c）所示。此时，因电流密度大，电阻热突然增大，而使细颈部分的液体金属温度猛烈升高，随着焊条与焊件的迅速分开，两电极间的空气间隙，因强烈地受热而发生热电离，使中性原子变成带电的离子和电子。同时，被加热的阴极上有高速的电子飞出（热发射电子），撞击空气中的分子和原子，使空气发生碰撞电离，产生阳离子、阴离子和自由电子。这时在电场的作用下，带电微粒按一定的方向移动，阳离子移向阴极并与阴极碰撞；阴离子和自由电子移向阳极并与阳极碰撞，碰撞结果更加速了电子的发射，最终使两电极间的空气剧烈电离而产生电弧，如图6-19（d）所示。

由于开始引弧时，两电极间的空气间隙受热还不够，为了使阴极上有高速电子飞出，以分裂空气中的分子和原子，所以要求引弧开始时的电压比电弧正常燃烧时的电压高，也即引弧电压总是高于正常燃烧时的电压。

电弧焊时，为了使电弧容易引燃和保持稳定燃烧，焊条药皮中多含有易于电离的成分，如钾、钠、钙及钛等化合物。

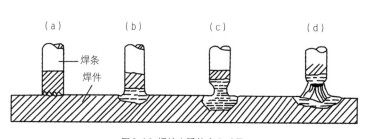

图6-19 焊接电弧的产生过程

图6-20 焊接电弧的组成

1—焊条　　2—阴极部分　　3—弧柱
4—阳极部分　　5—焊件

（2）焊接电弧的组成

焊接电弧由三部分组成，如图6-20所示。

① 阴极

阴极是电弧的重要部分。电子是从阴极发射出来的。

② 弧柱

弧柱中主要是阳离子和自由电子的混合物，也有一些阴离子和中性微粒。由于阴极和阳极部分很薄，所以弧柱长度几乎等于电弧的长度。

③ 阳极

由于阳极表面受高速电子的撞击，传给它较大的能量，因此阳极获得的能量较阴极大，在和阴极的材料相同时，阳极表面的温度略高于阴极的表面。

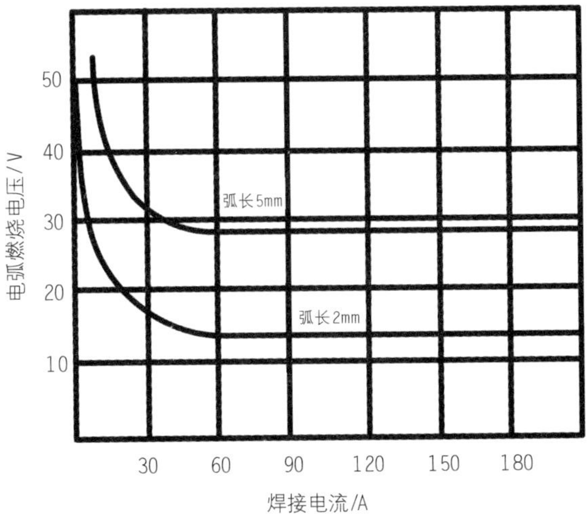

图 6-21 电弧的静特性曲线

6.2.2 电弧的静特性

电弧的静特性，就是焊接电流与电源所输出的电压之间的关系，它是在电弧长度一定时，由于电弧的燃烧，电压和焊接电流的变化所形成的。电弧的静特性可用曲线来表示（图6-21）。

从图中可以看出，在一定的电弧长度下，当焊接电流在30～50A以下时；要求电弧的燃烧电压较高，此时的电弧电压决定于焊接电流的大小；当焊接电流大于30～50A时，随着焊接电流的增大和电弧温度的升高，而加强了气体的电离作用，此时维持电弧燃烧所需要的电弧电压就下降。若继续增加焊接电流，只是增加了对焊条的加热和熔化程度，而对电弧电压的影响却极小，此时的电弧电压几乎与焊接电流的大小无关。电弧电压的升降主要与电弧的长度有关，电弧越长，焊接电流通过时所遇到的阻力就越大，电弧的电压下降也越大。

因此，为了使电弧能在焊条与焊件之间连续稳定地燃烧，就必须在两个电极之间保持一定的电压，一般为16～35V，电弧越长，需要稳定燃烧的电压越高；电弧越短，需要稳定燃烧的电压越低。

6.2.3 电弧的温度和热量分布

电弧各部分所产生的热量是不同的。在碳棒接负极（－），焊件接正极（＋）的直流碳极电弧焊中，电弧的温度分布如图6-22所示。阴极部分的温度达3500℃，放出热量为电弧总热量的38%。阳极部分的温度略高于阴极部分，达4200℃。它所放出的热量为电弧总热量的42%。弧柱中心的最高温度可达5000～8000℃。一般情况下，焊接的电流越大，弧柱温度越高；但弧柱周围的温度要低得多，所以弧柱放出的热量仅为电弧总热量的20%。

金属极电弧焊的电弧温度分布，则根据电极材料的性质和所选用的焊接电流大小等因素而定，表6-6为铁、铜、镍及钨等电极材料的电弧温度分布。

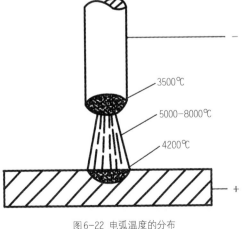

图 6-22 电弧温度的分布

表6-6 不同电极材料的电弧温度分布

电极材料	气体介质/1大气压	电极材料沸点/℃	阴极部分的温度/℃	阴极部分的温度/℃
铁	空气	3271	2400	2600
铜	空气	2580	2200	2450
镍	空气	3173	2370	2450
钨	空气	6200	3640	4250

当使用交流电焊接时，由于极性是交替变化的，因此焊条与焊件上的温度和热量分布基本相同。

6.2.4 电弧焊过程

电弧焊过程如图6-23所示。焊件和焊条分别为两个电极，利用两电极之间产生的电弧热来熔化金属，使两块金属熔合成一体。

被焊的金属件称为焊件。焊件本身的金属称为基本金属。焊条熔化所形成的熔滴过渡到熔池上的金属称为焊着金属。

焊接时可以清楚地看到，因电弧的吹力作用，使焊件熔化金属的底部形成一个陷槽，这陷槽称为熔池（冷却后形成弧坑），由于电弧的热作用，焊条和焊件继续

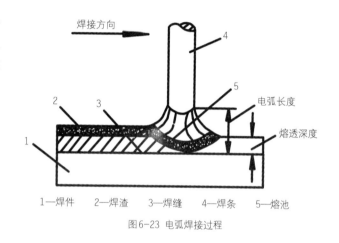

1—焊件　2—焊渣　3—焊缝　4—焊条　5—熔池

图6-23 电弧焊接过程

熔化，由于焊着金属和基本金属不断熔化而形成熔化状态的接合部位，冷却凝固后即形成焊缝。焊接后，焊缝表面覆盖着一层渣壳称为焊渣。

自焊条熔化的末端至熔池表面的距离，称为弧长（即电弧长度）。从基本金属表面至熔池底部的距离称为熔深（熔透深度）。

6.2.5 电弧的极性

电弧焊的电源，既可用直流电焊机，也可用交流电焊机。焊接时，直流电焊机两个接线柱上分别接着两根电缆，一根接到工件上，另一根接到焊条上。当焊机的正极与焊件相接，负极与焊条相接时，如图6-24（a）所示，这种接法称为正接极。当焊机的正极与焊条相接，负极与焊件相接时，如图6-24（b）所示，这种接法称为反接极。

选用何种极性的接法，主要根据焊条

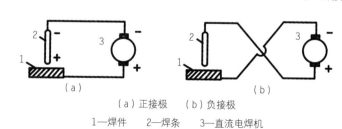

（a）正接极　（b）负接极

1—焊件　2—焊条　3—直流电焊机

图6-24 采用直流电焊机焊接的极性接法

的性质和焊件所需要的热量来决定。如用焊接重要结构的结507、结557等碱性低氢型焊条时，按规定应使用直流反接极焊接；而用焊接较重要结构的结422等酸性钛钙型焊条时，则可采用直流或交流电焊接。若使用直流电焊接厚件时，一般均采用正接极，因为阳极部分的温度高于阴极部分，所以用正接极可以得到较深的熔池；而焊接薄件时，则采用反接极。

鉴别焊机与焊件接法的极性很重要，一般是根据焊工的实践经验，观察电弧的燃烧特性。当用碱性焊条焊接时，若电弧燃烧不稳定，而且飞溅和噪音又很大，说明使用的极性是正接极。若电弧燃烧很稳定，飞溅很小，而且声音较平静均匀，则说明使用的极性是反接极。用这样的方法就可以断定极性的正确与否。其实，采用正接法还是反接法，主要从电弧稳定燃烧的条件来考虑，不同种类的焊条，要求不同的接法，一般在焊条说明书上都有规定。

采用交流电进行焊接时，由于极性是交替变化的，所以焊条、焊件和电焊机接线柱的连接，不需要选择接法的极性。

6.2.6 电弧的稳定性

电弧的稳定性是指在电弧燃烧过程中，电弧能维持一定的长度，不偏吹，不摇摆，不熄灭。电弧燃烧的稳定与否，对焊接的质量影响很大，不稳定的电弧会造成焊缝质量低劣。

为了使焊接电弧达到由引弧到稳定燃烧这一目的，就要求电源能按照一定的规律来供给电弧以电压和电流。亦即要求电源在引弧时能供给电弧较高的电压和较小的电流。当电弧稳定燃烧时，电流增大，而电压应急剧降低；如果遇到焊条与工件短路时，短路电流不应太大，而应限制在一定的数值内，以保证电弧稳定燃烧。能够满足上述这种要求的电源，称为具有陡降外特性的电源。对于手工电弧焊机，最重要的就是能具有这种陡降外特性。一般照明或动力用的电源都是平外特性，即不论输出的电流是大是小，输出的电压基本上都是不变的。而具有陡降外特性的电源，不但能保证电弧稳定地燃烧，而且能保证短路时不会产生过大电流而将电源设备烧毁。一般焊机的短路电流为焊接电流的120%～130%，最大不超过150%，如焊接电流为40A时，最大短路电流不应超过60A。

在正常的焊接过程中，当调好焊机的电流后，焊机的外特性曲线不变时，如果拉长电弧，焊接电流就会下降，电弧电压就会增高，使焊缝的熔深有所减小，熔宽有所加大。反之，如果压低电弧，则焊接电流增大，电弧电压降低，焊缝熔深增大，熔宽减小。

焊机的空载电压对引弧或电弧的稳定燃烧都有重要作用。如果单从引弧或电弧的稳定燃烧来考虑，则电焊机的空载电压越高越有利。但是，如果从安全和降低电焊机成本的角度来考虑，则要求空载电压在40～90V之间，交流焊机的空载电压多在60～85V之间。

根据焊接电流调节规范，一般最大电流应大于或不低于最小电流的4～5倍，即可满足使用要求。

另外，引弧时，如焊条与工件短路，即会由短路突然将焊条拉开。焊接过程中焊条金属熔滴往熔池过渡（图6-25），使焊条与工件短路，随后焊件又与基本金属分开等，都能使电焊机的负荷发生急剧的变化。由于在焊接回路中总有一定的感抗存在，故电焊机的输出电流和电压不可能迅速地稳定下来，而需经过一个过渡过程才能在某一点稳定下来。电焊机的结构不同，这种过渡的性能也不同，这就是所谓电焊机的动特性。

电焊机的动特性对焊接质量的影响很大。用动特性良好的焊机焊接，打火时很容易起弧，焊接过程电弧突然拉长一些也不容易熄灭，飞溅也较少。用这种焊机焊接时，使人明显地感到焊接过程很安静，电弧很柔软，好像富有弹性。相反，用动特性不好的焊机焊接，打火时焊条很容易粘在工件上，焊条拉开的距离稍大一些就不能起弧，只有当拉开的距离很小时才能起弧。焊接过程

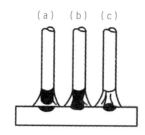

（a）焊条金属熔滴逐渐向熔池方向伸长
（b）焊条金属熔滴伸长到一定程度，将焊条与工件接通而短路
（c）焊条金属熔滴落到熔池与工件接通而短路

图6-25 焊条金属熔滴的过渡

中，电弧偶尔拉长一点，就容易熄灭，而且有时飞溅较严重。用这种焊机焊接时，使人感到电弧很硬和暴躁。

造成电弧不稳定的原因，除上述焊接电源、焊机性能差和操作技术不熟练外，以下因素也具有影响：

（1）焊条药皮的影响

焊条药皮中含有过多的氟化物时，由于氟在气体电离过程中容易获得电子而形成阴离子，不但使电子大量减少，而且它与阳离子结合后，还会成为中性微粒，因此降低了电弧燃烧的稳定性。一般说来，厚药皮的优质焊条要比薄药皮焊条更能使得电弧稳定地燃烧。当药皮局部剥落或采用裸体焊条焊接时，电弧是很难保持稳定燃烧的。

（2）气流的影响

在室外进行电弧焊时，气流能影响电弧的稳定性，特别在大风中进行焊接时，由于空气的流速快，会造成严重的偏吹而无法进行焊接。

（3）焊接处不清洁

焊接处若有油漆、油脂、水分以及污物时，会严重影响电弧的燃烧。

（4）磁偏吹

正常焊接时，焊接电弧的轴线基本是与焊条的轴线在同一中心线上（图6-26）。但有时发现电弧向左右或前后摆动，即弧柱的轴线与焊条不在同一中心线上，这样电弧就产生了偏吹（图6-27）。

电弧的偏吹使焊工难以控制电弧对熔池的集中加热，并会影响对熔池金属的保护作用，而且会焊偏焊缝，结果降低了焊接的质量。严重的电弧的偏吹，还会使电弧熄灭，无法进行焊接。因此，在焊接过程中，必须注意防止电弧偏吹。产生电弧偏吹的原因很多，如气流的影响和焊条药皮的不均匀（即焊条偏心）等。但是，最常见的原因，是在采用直流电焊接时，由于弧柱周围的磁力线分布不均匀，而使焊接电弧向一定的方向偏吹，这种现象称为磁偏吹。

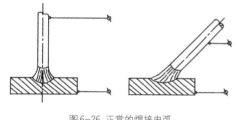

图6-26 正常的焊接电弧

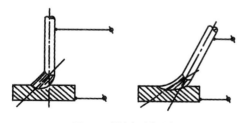

图6-27 焊接电弧的偏吹

从图6-28（a）中可以看出，在焊件连接电缆的一面，由于通过焊接电流而产生了磁力线；而不连接电缆的另一个面，由于不通过焊接电流，故不产生磁力线。这样，电弧周围磁力线的分布是很不均匀的。弧柱受到磁力线分布较密一侧的作用力，就产生了磁偏吹。焊接电流越大时，电弧的磁

偏吹就越严重。磁偏吹会使焊缝产生气孔，焊不透和焊偏等缺陷，所以必须采取措施加以消除。

为了防止或减少磁偏吹，可适当改变焊件的接线部位，如图6-28（b）所示，尽可能使弧柱周围的磁力线分布均匀一些，或适当调整焊条的倾斜角度，使焊条朝电弧偏吹的方向倾斜。

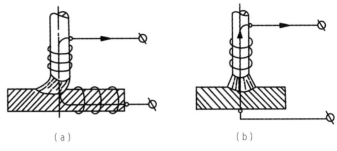

（a）　　　　　　　　（b）

图6-28 接线部位对磁偏吹的影响

实践证明，在采用交流电焊接时，由于变化的磁场在焊体（导体）内引起感应电流，由感应电流所产生的磁力线，可以削弱焊接电流所产生的磁场。因此也就大大减弱了磁偏吹现象。

6.2.7 电焊在金属家具生产中的应用

电焊主要应用在不显眼（内部）或较厚、较大及承受力较重的钢家具零件上，如双人铁床床梃和床腿连接处插接件的焊接，折椅靠背加强筋的焊接等。

电弧焊焊接钢家具零件的特点是：焊件薄、焊缝短、容易烧穿、焊缝成形不良等，针对上述特点，在焊接过程中应注意以下事项：

（1）家具零部件装配间隙越小越好，最大不要超过0.5mm，焊缝边缘的剪切毛刺应清除干净。

（2）应采用直径（ϕ2.0～3.2mm）较小的，结420～427类型的结构钢焊条，可用交流、直流电焊机。

（3）实际使用的焊接电流，应比焊条说明书上规定的大，一般大10～20A。但焊接钢家具零件，却无须大出这个数据，且焊速应稍快，需仔细观察熔池情况，灵活地运送焊条。当发现熔池将要焊穿时，立即灭弧，使焊接处温度降低后再焊。电弧应偏向焊件较厚的一侧。

（4）焊接时应采用短弧，焊条不作摆动而直线焊接。引弧时应稍提起电弧，使焊接处得到预热，然后再压下焊条进行焊接。

（5）焊制各种零部件，必要时同样应配置胎具和卡夹具，以保证焊后尺寸误差不大，提高焊接速度和质量。

电焊操作过程中还必须遵守一定的安全操作规程：

（1）禁止在储有易燃、易爆物品的房间或场地进行焊接。

（2）焊接工作场地，应尽量改善通风状况，以排除有害气体、灰尘和烟雾。

（3）电焊机在使用之前，应检查设备装置是否安全。例如，电焊机外壳应接地，电焊机的初级线和次级线绝缘层应完好，焊机各回路接触点应接触良好。

（4）当电焊设备与网络电源接通时，人体不应接触带电部分，如要装配、检查和修理时，都必须切断电源后再进行。

（5）电焊机的空载电压一般不超过下列数值：直流发电机为110V，交流变压器为80V，在特殊情况下，允许适当超过上列数值，但应加强防止触电的措施。

（6）电焊机应装有防止接触其裸露带电部分和转动部分的安全保护罩，焊机接地必须完好可靠；电焊钳子的握柄，必须用电木、橡胶或其他绝缘材料制成，禁止使用无绝缘的焊钳。

（7）电焊工所用的次级导线，最好使用专门的焊接电缆线。连接焊钳的导线必须采用一段专用的焊接电缆胶皮线；在潮湿的地方进行电焊工作时，应加强防止触电措施。

6.3　电阻焊

电阻焊是指利用电流通过焊件及接触处产生的电阻热作为热源，将焊件局部加热到熔化或塑性状态，并在压力下形成接头的焊接方法，通常使用较大的电流。为了防止在接触面上发生电弧并且为了锻压焊缝金属，焊接过程中始终要施加压力。进行电阻焊前必须将电极与工件以及工件与工件间的接触表面进行清理，以获得稳定的焊接质量。焊接时，不需要填充金属，生产率高，焊件变形小，容易实现自动化。电阻焊按接头形式可分为对焊、点焊和缝焊三种。

6.3.1 点焊

点焊是被焊零件的接触面之间形成许多单独的焊点，而将两零件连接在一起的焊接方法法。焊接时，通过电极对两焊件施加一定的压力，然后通以焊接电流，利用电流流过焊件时所产生的电阻热使焊件金属熔化。切断电流后，在电极压力的作用下，熔化金属冷却结晶即形成焊点（图6-29）。点焊的焊件，由于融化金属不与外界空气接触，故焊点强度高，被焊零件表面光滑，焊接件变形小。点焊主要用于薄板结构，可以用来焊接厚度为0.2+0.2mm到16+16mm的低碳钢。此外还可以焊接不锈钢、镍合金、铝镁合金等。在钢家具制作中广泛用于焊接箱柜、柜等薄板结构。

由于焊件的结构各不相同，所以点焊时的接头形式也是多种多样的，图6-30是金属家具产品结构中一些可用的点焊接头形式。

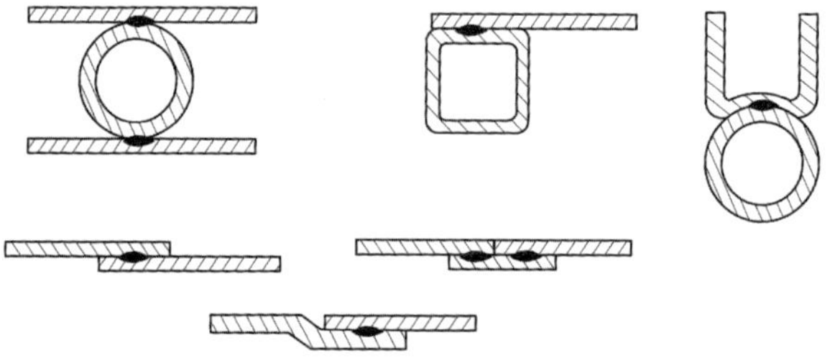

（1）点焊时的加热特点

由于点焊是利用电流流过焊件时产生的电阻热加热焊件的，所以点焊的热源是内部热源。作为点焊热源的电阻，大致可以分为两个部分，即焊件的接触电阻和焊件内部电阻。两焊件之间的接触电阻及焊件与电极之间的接触电阻统称接触电阻。产生接触电阻的原因是：焊件的接触面从微观的角度来

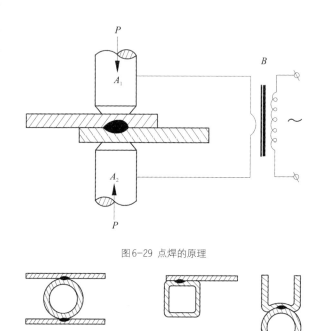

图6-29 点焊的原理

图6-30 家具点焊件可用的接头形式

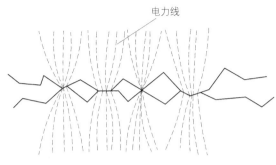

电力线

图6-31 电流通过焊件间接触点的情况

看总是凹凸不平的,因而焊件的接触只是一些点的接触(图6-31)。这就使得焊件的接触面积缩小了许多。同时电流流经的路线也由于弯曲而变长,再加上接触面之间具有夹杂物,因而接触电阻就远远大于焊件的内部电阻。影响接触电阻大小的因素主要有:电极压力、材料性质、焊件的表面状况以及焊件的温度等。当电极压力大时,焊件导电性强。焊前表面处理得好,焊件温度高时,接触电阻就小(所产生的热量不超过总热量的10%)。虽然接触电阻对加热不起主要作用,但它可能成为影响点焊质量的主要因素。当焊接表面清理得不好时,常常因接触电阻太大,使焊点过热甚至烧穿焊件。所以点焊时,应特别注意焊件表面的清理工作。

焊件内部电阻是加热的主要热源,它与电极压力、电极直径及焊件的厚度有关。电极压力增大时,导电面积增大,电阻减小;焊件厚度增大时,导体长度增加,电阻增加。

点焊时,焊件的加热速度和冷却速度是很大的。由于加热的速度大、时间短,焊接区金属组织转变一般是不均匀和不完全的。点焊时的冷却速度对焊点的组织和性能有很大的影响,所以要根据钢材的性能来确定点焊后的冷却条件。

（2）点焊过程

点焊时,首先通过电极对焊件施加一定的压力,然后通电焊接,形成熔核后断电并继续对焊件施加压力,待冷却结晶后,抬起电极,便完成了一个焊点的焊接过程。

在点焊过程中,电极压力P和焊接电流I是两个重要的因素,这两个因素都在一定的时间内以一定的数值起作用。通常把一个焊点的焊接过程称为一个点焊循环,把反映点焊过程中P和I关系的曲线图形称为点焊循环图,图6-32就是一个典型的点焊循环图。每个点焊循环,可分为四个阶段,即预压阶段、焊接阶段、锻压阶段和休止阶段,与这四个阶段相对应的时间分别为$t_{预}$、$t_{焊}$、$t_{锻}$、$t_{休}$,这四个阶段是依次紧密衔接的。

预压阶段:作用是在焊接之前,通过电极对焊件施加一定的预压力,使两焊件能够紧密接触,而避免由于焊件接触不良,接触电阻过大,接触金属迅速熔化所造成的初始喷射。

焊接阶段:加热焊件,使焊件在两电极之间的金属柱中形成熔化核心。焊接阶段包括产生热量和热量向四周散失这两个内容。电流通过焊件进行加热时,由于加热迅速,点焊时的温度场主要取决于热源的强度及其分布。加热最强烈的地方是电流密度最大的地方。两极之间的金属柱内电流密度较大,因此金属柱被剧烈地加热。在产生热量的同时,热量又不断地向电极和金属柱周围散失,这样就形成了熔核温度高、熔核周围温度逐步降低的状况。熔核周围的一层金属温度较高,但没有达到熔化温度,因此组成一个塑性金属环紧紧地包围住熔化液体,使其不能外溢。如果加热过快和压力过小,塑性环还没有形成之前就熔化,这时熔核的液体金属就外溢而形成喷射,故点焊时应有适

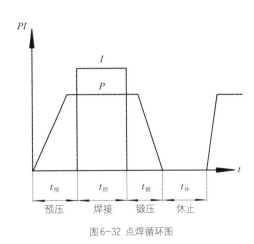

图6-32 点焊循环图

当的加热速度。

锻压阶段：点焊时，熔核结晶是在电极压力下进行的。电源断开后，加热虽停止。但还在继续向四周散热，熔核温度下降，并开始结晶。结晶是从熔核边缘的半熔化部位开始，以树枝状的结晶向熔核中心成长，一直到它们在熔核中心相遇时为止。熔核在冷却结晶时，必然伴随着体积的缩小，这时，如果焊件的刚度较大，或电极压力较小，就可能在焊点的中心产生缩孔和裂缝，因此，当焊件的厚度增大时，电极的压力也应随之适当增大，同时锻压时间也延长。

休止阶段：即焊点形成后，电极开起，准备进行下一个点的焊接时间。

（3）点焊缺陷

点焊缺陷一般分为表面缺陷和内部缺陷两类。表面缺陷有溢出、深的凹陷、表面熔化和延伸到表面的裂缝等，它们都可以通过外部观察来发现。内部缺陷有未焊透、疏松、内部裂缝和缩孔等，它们都难以发现，一般采用破坏性的方法进行检验。

焊接规范选择不当，焊前准备不符合要求，焊工技术不熟练及焊机工作不稳定等，都有可能造成点焊缺陷。

常见的点焊缺陷及产生的原因见表6-7。

表6-7 常见的点焊缺陷及产生的原因

缺陷名称	图例	产生原因
过深的凹陷	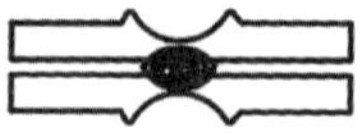	1.焊接时间过长，焊接电流过大 2.锻压力过大 3.严重的溢出 4.电极工作表面尺寸小
溢出或表面熔化		1.电极压力过小 2.焊接时间过长或电流过大 3.焊件或电极工作面清理不好 4.电极工作面形状或位置不正确
未焊透	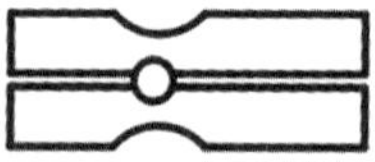	1.焊接电流过小 2.电极压力过大 3.焊接时间过短 4.有严重的分流现象 5.电极工作面损坏
外部裂缝		1.过强的焊接规范 2.电极压力过小 3.电极冷却不够好
内部裂缝或缩孔		1.焊接时间过短 2.电极压力过小

（4）点焊规范

点焊时的规范参数主要包括焊接电流、焊接时间、电极压力、电极工作面的尺寸等。

① 焊接电流

焊接电流是根据电热公式先求出焊件的热量之后计算出的，即：

$$Q = 0.24I^2Rt$$

$$I = \sqrt{\frac{Q}{0.24Rt}}$$

式中 　Q —— 所产生的热量（cal）；

　　　I —— 焊接电流（A）；

　　　R —— 两极之间的电阻（Ω）；

　　　t —— 通电时间（s）。

根据电热公式可知，焊接电流的大小对热量的产生具有重大影响，故对焊接质量亦有较大的影响。电流过小时，焊点太小或不能形成焊点，电流过大时，由于过热，可能引起剧烈的喷射、深度的凹陷及焊接裂缝，使焊点机械性能降低。所以点焊时除选择适当的焊接规范外，还应注意引起电流波动的各种原因。

② 焊接时间

焊接时间也是直接影响加热的一个因素，它和焊接电流可以相互补充，即在其他条件一定时，电流小一点，时间长一点（即软规范），或电流大一点，时间短一点（即硬规范），都能焊得良好的接头，但时间过长或过短都对焊接质量不利。

③ 电极压力

电极压力对焊接结果有两方面的作用，一是调节焊接区域的加热强度，二是决定焊接区域的塑性变形程度。当其他条件不变时，电极压力增大，焊接电阻减小，接头强度降低。

表6-8是一组薄板低碳钢的点焊规范参数。

表6-8 低碳钢薄板点焊规范

焊接厚度 / mm	电极接触面直径 / mm	电极压力 / kg	焊接通电时间 / s	焊接电流 / A	功率 / kW
0.5+0.5	4	50～100	0.1～0.3	4000～5000	10～20
1.0+1.0	5	100～200	0.2～0.4	6000～8000	20～50
1.5+1.5	6	150～250	0.25～0.5	8000～12000	40～60
2.0+2.0	8	250～280	0.35～0.6	9000～14000	50～75
3.0+3.0	10	500～550	0.6～1.0	14000～18000	75～100

④ 电极工作面尺寸的确定

除去表6-9，所列的电极接触面直径参考数据以外，亦可按下式计算：

$$d = 2\delta + 3 \quad (\delta < 2)$$

$$d = 1.5\delta + 5 \quad (\delta > 2)$$

式中 　d —— 电极工作表面直径（mm）；

　　　δ —— 工件厚度（mm）。

在焊接两个厚度不同的焊件时，基本上应用薄焊件的规范，并将电流稍增大些。如果厚度差别太大（超过1:3），焊点仍在两焊件厚度和之半的位置上形成，如图6-33（a）所示，则焊点并未把焊件连接起来。为了解决这一问题，可将与厚板接触的电极直径加大，使之向厚板方面散热大于薄板方面，因而焊点向薄板方面偏移，如图6-33（b）所示。这样即可将两个焊件可靠地连接起来。当焊件的比电阻不同时，则熔核偏向比电阻大的焊件。为使焊点在两焊件之间形成，常常用加大与比电阻大的焊件接触的电极直径的方法，使熔核向比电阻小的焊件方面偏移，以取得可靠地焊接的效果。

当焊接3个厚度不同的焊件时，可能有两种典型情况：一是中间焊件较厚，如图6-34（a）所示，焊接规范由薄件决定，同时将电流增大一些；二是薄板夹于厚板之间，如图6-34（b）所示，规范由厚件决定，同时将电流或$t_{焊}$减小一些。

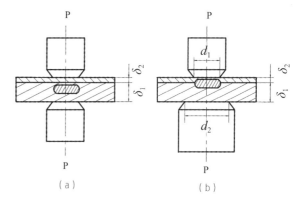

（a）不合理的电极直径　（b）合理的电极直径

图6-33　点焊两个不同厚度的焊件

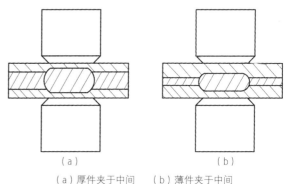

（a）厚件夹于中间　（b）薄件夹于中间

图6-34　点焊三个不同厚度焊件的典型情况

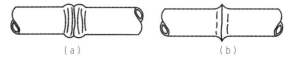

（a）电阻对焊　（b）闪光对焊

图6-35　两种对焊接头的不同特点

6.3.2 对焊

电阻对焊是将两焊件端面压紧，并通以很大电流，依靠两个焊件端面间的接触电阻和焊件本身的电阻，使金属加热到塑性状态。断电后在压力的作用下，两端面即被连接在一起。

对焊是使两个被焊零件沿整个接触面连接的焊接方法。

6.3.2.1 对焊的种类

根据焊接过程和操作方法的不同，对焊又可分电阻对焊和闪光对焊。两种对焊的接头情况如图6-35所示。

闪光对焊主要是依靠两焊件间的接触电阻来加热焊件。加热时，先使两焊件保持轻微的接触，当电流流过两焊件间的接触点时，接触点被熔化并向四周喷溅，随着焊件的继续靠近，接触点不断产生和熔化，使两端面在一定深度内加热到一定温度，然后迅速断电加压，两个焊件即被焊接在一起。

从接头情况看，电阻对焊的焊件接口处变形很大，闪光对焊的焊件接头则变形很小，只在接口处留有很少的毛刺，便于焊后的加工处理。另外，由于焊接的过程不同，电阻对焊的接头中容易夹带一些杂质，影响焊缝的强度。而闪光对焊焊接时，接口处喷射出大量的金属火花，并将接口处的杂质一起带出，故焊缝质量好，容易得到与焊件相同强度的接头，因此闪光对焊得到广泛的应用。

在金属家具生产中，闪光对焊主要用来焊接闭合形的工件，或将短管材接成长管材。如图6-36所示，图中（a）是焊接钢折椅座框，（b）是将短管接长。

6.3.2.2 闪光对焊的焊接过程

焊接时，先使两个焊件相接触通电，将它们的接触面加热到熔化状态，然后迅速施加一个很高的压力并断电，此时接触面间的熔化金属即在高压力下被挤出，接头便在固态下冷却结晶，形成牢固的焊接接头。由此可知，闪光对焊的焊接过程，主要由两部分组成，即加热过程（也称闪光过程）和相互挤压过程（也称顶锻过程），并且这两个过程是紧密衔接的。

（1）闪光过程（烧化过程）

当电源接通以后，两个焊件在外力作用下开始接触时，焊件端面上只有很小的几个点互相接触，如图6-37（a）所示，此时的接触电阻必须很大。此后电流通过，使接触点迅速加热并且熔化，形成了连接两焊件的液体金属过梁。过梁一旦形成，就受到液体表面的张力及电磁收缩效应的作用，结果使过梁成为中间细、两头粗的形状，如图6-37（b）所示，并且过梁中间部位的电流密度最大，就使液体金属的温度迅速升到金属气化的温度，并导致过梁爆炸，而将熔化的金属喷射出来。这样，原有的过梁不断爆炸、新的过梁又不断生成，便形成大量的火花喷射。

闪光焊的焊接过程中，喷出的火花绝大多数是向着背离焊接变压器的方向运动的，这是变压器斥力作用的结果。金属过梁所受到的内力和外力如图6-38所示。

在过梁爆炸并向外喷射火花的过程中，同时将整个接触面加热，所以闪光过程的主要作用就是加热焊件。另外，闪光过程还带来了如下一些有力的附加作用：

① 烧掉了焊件接触表面的脏物及不平之处，可减少焊前准备工作的工作量。

② 焊件的接触面有很薄的一层被加热到熔化状态，这层液态金属的流动性好，顶锻时容易被挤到焊缝之外，从而将焊缝中的氧化物、污染物等杂质一起带出。故闪光对焊接头中不易出现夹渣现象。

③ 火花的喷射，在焊接区周围形成了一层保护层，使外界有害气体不能浸入焊缝。另外火花喷射时，金属蒸汽及碳原子被氧化而降低了焊接区气体中含氧量，也就减少了焊接表面被氧化的可能性。

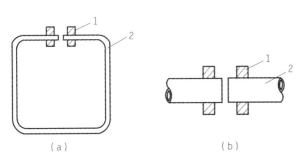

（a）焊接钢折椅座框　（b）将短管接长

1—电极　2—工件

图6-36 闪光对焊的应用实例

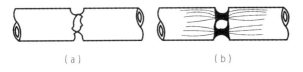

（a）开始点接触　（b）形成金属过梁

图6-37 闪光过程

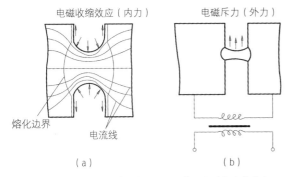

（a）作用在过梁上的内力　（b）作用在过梁上的外力

图6-38 金属过梁的受力作用

④ 在闪光过程中，两个焊件接触面的金属不断地熔化，又不断地被喷出，这样就使得焊缝处热量较集中，热影响区小。

上述这些附加作用，就使得闪光焊容易得到质量优越的焊接接头。同时也足以说明闪光过程的重要性。要实现上述作用，就要把握住闪光过程，使闪光进行得剧烈而稳定。否则，焊接区的保护性气体就会被破坏，不易得到优质接头。这一点在顶锻前尤其重要。

剧烈而稳定的闪光。首先决定于焊机的功率。功率过小和过大都对闪光不利。一般焊接直径 19~22、壁厚 1~1.2mm 的钢管，所用的焊机功率为 30~75kW。其次就是焊件的送进速度，要符合闪光的速度（单位时间内两焊件烧损的总长度）。这主要靠实际生产中的操作经验灵活掌握。

闪光速度与被焊材料的导电、导热性能及焊件的截面积有关。导电、导热差的材料闪光速度低，焊件的送进也应慢些。焊件截面大，闪光速度低，焊件的送进也要相应减慢。

理论和实践都证明，闪光过程本身就有它的自动调节性，即使在适当的范围内变化焊件的送给速度，也不致破坏闪光的稳定性。

另外，闪光焊是在闪光过程中加热焊件的，焊接时总要烧损一定量的焊件端面，所以，要留有足够的闪光量。

（2）顶锻过程

闪光过程即将完成时，就过渡到顶锻过程。顶锻过程一开始，就应向两个焊件施加很高的压力，使两者迅速地挤压在一起，同时将电流切断，焊件便在压力和塑性变形下相互凝结而焊接在一起。顶锻过程具有以下一些作用：

① 挤出接触面间的带杂渣的液体金属，使干净的塑性金属挤压在一起并断电，为相互凝结晶创造条件。

② 封闭接触面的间隙和过梁爆炸后留下的凹坑。

③ 使焊接处在压力作用下产生一定的塑性变形，促使焊接处的结晶组织细密。

为了实现上述作用，顶锻过程就要符合如下要求：

① 足够快的顶锻速度

自闪光过程过渡到顶锻过程的瞬间，闪光停止，保护气体也随之消失。但此时焊件接触面间的空隙并没有被完全封闭，空气还有可能乘机侵入焊缝，产生有害作用。所以顶锻速度应尽可能地快，以减少接口氧化的机会。

② 适当的有电顶锻

所谓有电顶锻，就是开始顶锻时，焊件还通有电流，在顶锻过程中才将电流切断。这一点在闪光焊中非常重要。因为有电顶锻可使焊件得到补充加热，有利于排除接触面间夹带的异物和液态金属，而且也便于焊缝处的塑性变形，所以断电不能过早。但断电过迟也不利，因为过迟使接头金属过热，将会降低接头的机械强度。一般有电顶锻应进行到焊件接触间隙及火坑完全封闭为止。

③ 足够的顶锻压力

无电顶锻时，要有足够的顶锻压力，因为只有顶锻的压力适当，才能有足够的塑性变形，从而保证能将间隙内的液体金属和凹坑全部排除，否则将降低接头的质量。

6.3.2.3 对焊的接头形式

采用闪光对焊，焊接表面一般与焊件的中心线相互垂直，个别情况下也有成一斜角的，图 6-39 所示是一组典型的闪光焊接头形式。

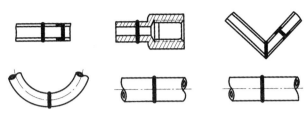

图6-39 常用的对焊接头形式

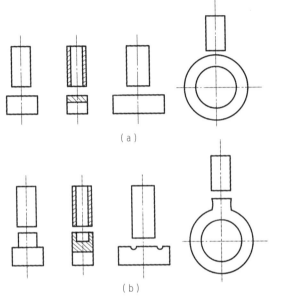

（a）

（b）

（a）不合理的接头形式　（b）合理的接头形式

图6-40 接头形式的比较

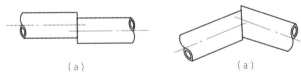

（a）　　　　　　　　（a）

（a）焊件未对正　（b）焊件倾斜

图6-41 焊接后的几何形状缺陷

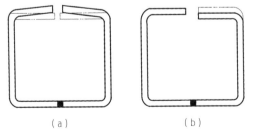

（a）　　　　　　　　（b）

（a）弯曲不够度数　（b）接头错位

图6-42 焊件机械加工缺陷

无论是何种接头形式，或接头部位在何处，都应注意：两个焊件接触处的面积大小与形状要一致。否则，焊接时就难以均匀地将两个焊件同时加热，并获得相等的塑性变形。图6-40的（a）为不合理的接头形式，（b）为改进后的接头形式。

6.3.2.4 对焊接头常见的缺陷

对焊接头的缺陷一般可分为：几何形状，缺陷，目见组织缺陷及显微组织缺陷。

（1）几何形状缺陷

焊接后，焊件的几何形状不符合要求，就成为几何形状的缺陷，这类缺陷主要是因为焊接时，焊件倾斜未对正造成的（图6-41）。

这类缺陷将给下道工序的加工带来困难，缺陷严重的就要报废，另外还可能使接头的强度严重下降。造成焊件未对正或倾斜的原因有：焊件坯料的几何形状不准，焊接时焊件安装不正，电极松动，活动电极的导轨间隙太大，焊件从电极中伸出长度过长而使顶锻时失稳等。图6-42所示的焊件就容易在焊接后出现上述缺陷，这是由于机械加工不良而造成的。

另外，当焊件接触面积较小，二次电压过高时，常常由于电极与焊件接触不良而烧损焊件表面，造成外表形状不符合要求。

（2）目见组织缺陷

未焊透、夹有杂物、焊缝疏松，以及裂缝等都属于此类缺陷。现将造成这类缺陷的原因分述如下：

① 未焊透及夹有杂物

两焊件的金属沿整个焊缝或局部没有相互凝结，在接口处的金相磨片上，用肉眼即可看到大片的氧化膜或链状杂物。未焊透是一种最危险的缺陷，它可以急剧降低接头的机械性能，而且用非破坏性的检验方法又难以发现。造成未焊透的主要原因是：顶锻前焊口温度太低，使接口不易塑性变形，从而难以排除接口间隙中的金属氧化物。顶锻量过小，凹坑未封闭。顶锻力及顶锻速度不够大；断电过早，以及焊

件金属中原有的杂质过多等。

②焊缝疏松

顶锻过程中，两焊件接触间隙中的液体金属没有完全排出，冷却后，焊缝金属组织中便形成大量而细小的空洞，这就叫疏松，它可使接头强度降低。防止的办法是减少加热区的宽度或提高顶锻力。

③裂缝

有横向裂缝（沿圆周方向）和纵向裂缝（沿轴线方向）之分，横向裂缝一般较少见，与接头淬火变脆有关，故在金属家具零件的焊接中不存在此现象。纵向裂缝是由于过热区太宽，顶锻量太大造成的。

（3）显微组织缺陷

晶粒粗大，显微夹有杂质，显微裂缝等属于此类缺陷。显微夹有杂质及裂缝，与上述（2）目见组织缺陷的原因相同。而晶粒粗大是由于金属在过热区停留的时间过长，使金属晶粒显著长大。晶粒粗大会使接头变脆，从而降低接头的机械性能。

6.3.2.5 闪光焊的主要规范参数

（1）伸出长度

伸出长度即焊件从电极伸出的长度。选择伸出长度时，首先要保证必要的留量（即闪光留量＋顶锻留量），另外需要考虑的是，伸出长度小，焊件散热快，将使温度场陡降，加热区变窄，塑性变形困难，这样就必须增大顶锻力。伸出长度大时，焊件散热慢，温度场平缓，加热区变宽，顶锻时，焊件易失稳而变弯，而造成焊件的几何缺陷。焊接同等材料时，两焊件的伸出长度应一致。焊接导热性不同的材料时，则应采用不同的伸出长度，以调节焊接的温度场（这在家具生产中少有）。一般家具钢管伸出长度为0.75～1倍的钢管直径。

（2）闪光留量

闪光的留量应保证达到焊件的加热要求，即焊件接触面的温度分布均匀，塑性变形区达到预定的温度。对低碳钢焊件而言，塑性变形区的温度应超过600～700℃。闪光留量可参见表6-9。

（3）闪光速度

闪光的速度主要取决于变压器的二次端电压（次级电压）、顶热温度和材料。闪光开始时，由于焊件温度较低，为使接触端面的热量向焊件内部传导，闪光速度应低一些。随着闪光过程的进行，闪光速度要逐步增加，闪光终了时的高速度，可造成好的保护气体，从而减少接口处被氧化的危险。所以，为了使闪光过程保持稳定，电极坐板应加速送进，并使之符合闪光的速度。

（4）变压器二次端电压

提高二次端电压，可加快闪光速度，从而使温度场陡降，加热区变窄。但是，过高的闪光速度反而对焊接质量不利。故二次端电压一般应调节在4～12V之间。当二次端电压超过15V时，焊件端面间易产生电弧，因电弧具有强烈的加热作用，将迫使端面加热过于集中，热量分布不均匀，因而会降低接头的质量。

（5）顶锻速度

前面讲过，顶锻的作用之一是排除接触端面间的液态金属及夹杂物。为了排除液态金属及夹杂物和防止因液态金属冷却而造成的排除困难。顶锻应尽快进行，一般顶锻速度在15～40mm/s范围内。

（6）单位面积上的顶锻压力

顶锻的压力应保证足以排除接触面间的液态金属，并达到一定的塑性变形。顶锻力的大小对静载强度无影响，但对动载强度则影响较大。一般低碳钢连续闪光焊时，单位面积的顶锻力在 $6 \sim 8kg/mm^2$ 范围之内比较合适。

（7）顶锻留量

焊接时，留有足够大的顶锻量，可保证接头处有足够大的塑性变形量，从而保证焊接质量。但顶锻量过大时，也会造成其他方面的缺陷。

低碳钢圆形焊件的闪光留量及顶锻留量列于表6-9，以供焊接金属家具零件时参考。

表6-9 低碳钢圆形焊件的闪光留量及顶锻留量（实心、双面）　　单位：mm

焊件直径（d）	5	10	15	20	30
闪光留量	4.5	6	10.5	14	21.5
顶锻留量	1.5	2	2.5	3	3.5
总留量	6	8	13	17	25

6.3.3 缝焊

缝焊又称滚焊，它是在两个被焊零件的接触面间形成许多连续的焊点，而将两零件连接起来的焊接方法。其焊接过程与点焊相似，可以认为是连续的点焊过程，所不同的是缝焊是用转动的圆盘状电极来代替点焊时用的圆柱状电极。缝焊焊接表面平整光滑，而且焊缝具有较高的强度和气密性。缝焊可以焊接低碳钢、合金钢、铝和铝合金等材料。因此，常用来焊接要求密封的薄壁容器和要求较高的薄板结构的金属家具。

电阻焊是一种生产效率很高的焊接方法，可以在短时间内获得焊接接头，而不需要填充金属和焊剂，因而节省材料。焊缝表面平整，焊接变形小，它可以焊接两种不同的金属。工作电压低，一般仅几伏到十几伏，没有弧光和有害辐射。操作简单，易实现机械化、自动化。但是，它需要大功率焊接电源，焊前工件洁净要求较高，且受焊件大小及接头形式的限制。

6.4　其他焊接

6.4.1 二氧化碳气体保护焊

二氧化碳气体保护焊简称 CO_2 焊，是以二氧化碳气体为保护介质的电弧焊方法。它是用焊丝做电极，以自动或半自动方式进行焊接。CO_2 焊是以 CO_2 作为保护介质，依靠焊丝和焊件之间产生的电弧来熔化金属的一种电焊。

CO_2 焊的焊接过程如图6-43所示，焊丝由送丝机构通过软管经导电嘴送出，CO_2 气体从喷嘴内以一定的流量流出，这样就使焊丝与焊件接触而引燃电弧，并使焊丝的末端和熔池受到二氧化碳气流的保护，以防空气对熔化金属的有害影响，从而保证获得优质的焊缝。

二氧化碳气体保护焊的主要优点是：成本低；生产效率高；焊接质量好；对铁锈的敏感性小；操作简便灵活，容易掌握；可以进行全位置焊接。但缺点是飞溅较大，焊缝成形不够光滑美观；大电流焊接时弧光强烈，烟雾较大，需加强防护；气体保护层容易被风破坏。

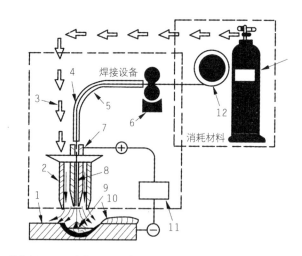

1—基本金属 2—喷嘴 3—气体 4—焊丝 5—软管 6—送丝机构 7—焊枪
8—导电嘴 9—熔池 10—焊缝 11—电源 12—焊丝 13—CO_2

图6-43 CO_2焊的焊接过程示意图

6.4.2 电容储能焊接

电容储能焊接是利用高电流能量的贮存，瞬时放出热量把工件焊牢的一种焊接方法。

（1）电容储能焊的原理

电容储能焊的基本原理是：电容的电场可以储存电能。充电时，将开关K拨向 a 点，直流电经限流电阻向电容器充电。充电的快慢可通过调节限流电阻来控制。当充到需要的电压值时，将开关拨向 b 点。电容器作为焊接电源，可通过焊接变压器进行放电，由变压器次级绕组感应出很大的电流脉冲，用来加热焊件，进行焊接（图6-44）。简单

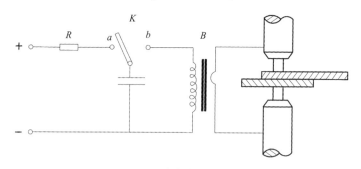

图6-44 电容储能焊原理

讲，就是在较长的时间内，用低功率的电源给电容充电，然后，在很短时间内使电容向焊接变压器放电，产生很大的电流脉冲，加热焊件。

（2）电容储能焊的特点

储能焊接的优点：由于充电电流的大小可以控制，所以能在较长时间内充电，故从网路取用的功率小；由于放电时间极短（一般只有几毫秒），故能量集中，焊接热影响区小，焊件变形小，同时可节省能量；调节性能好，而且可以准确地控制焊接能量；适合焊接较薄的工件，以及薄厚差别较大或材料性质差别较大的工件，并且焊缝光洁美观；工人劳动条件好，产量高，成本低，焊接强度合乎要求。

电容储能焊的缺点：设备造价高，机体庞大，对工艺要求比较严格。

（3）储能焊在金属家具中的应用

由于金属家具主要是用薄壁管材和薄的板材，通过成型加工以后铆接和焊接而成，并且要求焊接接头光滑美观，变形量小等。采用储能焊是能够满足这些要求的。目前最普遍的是用于钢管折椅前后腿撑子（即所谓"T"型焊）的点焊封帽及螺柱焊等。

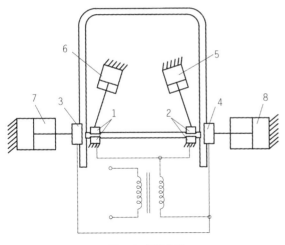

图6-45 焊接椅撑

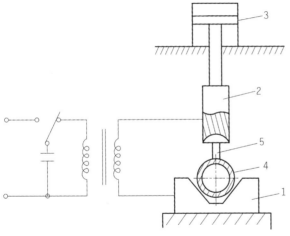

图6-46 铆钉与钢管的焊接

点焊时，焊机外形与普通工频点焊机的外形基本一样，只是焊接电源改用电容储能式焊接电源而已。

①T形焊（图6-45）

1和2是两对夹紧电极，每对电极分别由固定电极与活动电极组成。固定电极与工作台相连，活动电极借助滑板与活塞杆相连。电极的松开与夹紧，由夹紧气缸5和6来控制。3、4为顶锻电极，分别由7、8两个顶锻气缸进行控制。它们的作用是对焊件施加顶锻力并导电。焊接时，两对夹紧电极同时完成夹紧动作，而两个顶锻电极则分别对焊件施加压力，焊好一个接头再焊另一个。

② 螺柱焊

螺柱焊是在焊件上焊接螺栓或铆钉等柱形零件（如在钢折床上焊接锁钩铆钉等），其接头部位如图6-46所示。这种类型的焊件，采用螺柱焊是极为方便的。利用储能焊机进行螺柱焊的工艺过程如图6-46所示。图中左边方框内，为电容器及放电变压器等，焊接时供给电能。下电极1固定在机架上，上电极2连接于气缸3的活塞杆上。由活塞杆带动它作上、下移动，从而起到压紧或松开工件的作用。4、5为焊件。

6.5　常用焊缝符号和标注方法

根据GB/T 324-2008《焊缝符号表示法》规定，常用焊缝符号和标注方法见表6-10～6-14。

表6-10 焊缝的基本符号

名称	示意图	符号
卷边焊缝（卷边完全融化）		八

（续）

名称	示意图	符号
I形焊缝		‖
V形焊缝		∨
单边V形焊缝		∨
带钝边V形焊缝		Y
带钝边单边V形焊缝		Y
带钝边U形焊缝		Y
带钝边J形焊缝		P
封底焊缝		◡
角焊缝		△
塞焊缝或槽焊缝		⊓
点焊缝		◯
缝焊缝		⊝

（续）

名称	示意图	符号
陡边V形焊缝		|/
陡边单V形焊缝	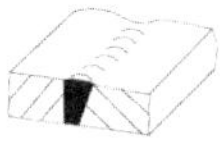	|
端焊缝		|||
堆焊缝		 ⌒
平面连接（钎焊缝）	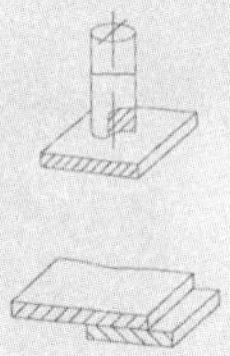	=
斜面连接（钎焊）	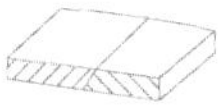	//
折叠连接（钎焊）		ϱ

标注双面焊焊缝或接头时，基本符号可以组合使用见表6-11。

表6-11 基本符号的组合

名称	示意图	符号
双面V形焊缝（X焊缝）	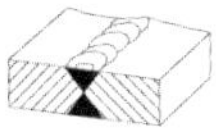	X
双面单V形焊缝（K焊缝）	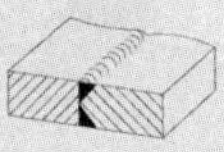	K
带钝边的双面V形焊缝	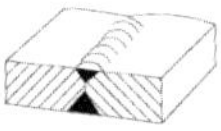	 X
带钝边的双面单V形焊缝	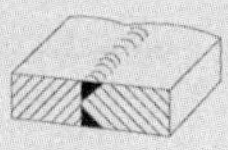	K
双面U形焊缝	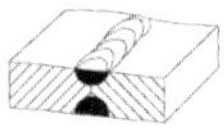	X

补充符号用来补充说明有关焊缝或接头的某些特征（诸如表面形状、衬垫、焊缝分布、施焊地点等）见表6-12。

表6-12 补充符号

名称	符号	说明
平面	——	焊缝表面通常经过加工后平整
凹面	⌣	焊缝表面凹陷
凸面	⌢	焊缝表面凸起
圆滑过渡	⏝	焊趾处过渡圆滑
永久衬垫	M	衬垫永久保留
临时衬垫	MR	衬垫在焊接完成后拆除
三面焊缝	⊐	三面带有焊缝
周围焊缝	○	沿着工件周边施焊的焊缝 标注位置为基准线与箭头线的交点处
现场焊缝	◤	在现场焊接的焊缝
尾部	<	可以表示所需的信息

必要时，可以在焊缝符号中标注尺寸。尺寸标注见表6-13，标注示例见表6-14。

表6-13 焊缝符号中尺寸标注

符号	名称	示意图	符号	名称	示意图
δ	工件厚度		c	焊缝宽度	
α	坡口角度		K	焊脚尺寸	
β	坡口面角度		d	点焊：熔核直径 塞焊：孔径	
b	根部间隙		n	焊缝段数	
p	钝边		l	焊缝长度	
R	根部半径		e	焊缝间距	
H	坡口深度		N	相同焊缝数量	
S	焊缝有效厚度		h	余高	

标注规则：

① 横向尺寸标注在基本符号的左侧；纵向尺寸标注在基本符号的右侧。

② 坡口角度、坡口面角度、根部间隙标注在基本符号的上侧或下侧。

③ 相同焊缝数量标注在尾部；当尺寸较多不易分辨时，可在尺寸数据前标注相应的尺寸符号。

④ 在基本符号的右侧无任何尺寸标注又无其他说明时，意味着焊缝在工件的整个长度方向上是连续的。

⑤ 在基本符号的左侧无任何尺寸标注又无其他说明时，意味着对接焊缝应完全焊透。塞焊缝、槽焊缝带有斜边时应标注其底部的尺寸。

⑥ 确定焊缝位置的尺寸不在焊缝符号中标注，应将其标注在图样上。

表6-14 尺寸标注示例

名称	示意图	尺寸符号	标注方法
对接焊缝		S: 焊缝有效厚度	
连续角焊缝		K: 焊脚尺寸	
断续角焊缝		l: 焊缝长度; e: 间距; n: 焊缝段数; K: 焊脚尺寸	
交错断续角焊缝		l: 焊缝长度; e: 间距; n: 焊缝段数; K: 焊脚尺寸	
塞焊缝或槽焊缝		l: 焊缝长度; e: 间距; n: 焊缝段数; c: 槽宽	
塞焊缝或槽焊缝		e: 间距; n: 焊缝段数; d: 槽宽	
点焊缝		n: 焊点数量; e: 焊点距; d: 熔核直径	
缝焊缝		l: 焊缝长度; e: 间距; n: 焊缝段数; c: 焊缝宽度	

复习思考题

1、气焊的原理与过程是怎样的?

2、简述焊接电弧的产生过程?

3、焊接电弧由哪几部分组成？各有什么特征?

4、电弧焊焊接过程是怎样进行的？各有何特征?

5、CO_2焊的基本原理是什么？CO_2焊有哪些特点?

6、点焊的概念及其基本原理?

7、焊件内部电阻的大小与哪些因素有关?

8、点焊工艺可能产生哪些缺陷？产生的原因是什么?

9、电阻对焊与闪光对焊有何不同?

10、电容储能焊有哪些特点?

7

金属家具
表面装饰工艺

CHAPTER

金属家具表面装饰的目的和作用主要是装饰产品、保护产品、改善性能。表面装饰工艺是金属家具生产中一项非常重要的工艺，它的工艺和生产操作，技术性都很强，涉及的范围也相当广。家具的美观、耐用，很大程度决定于表面装饰工艺的质量。金属家具表面装饰主要包括表面处理工艺、着色工艺、肌理工艺。表面处理工艺主要包括两个方面，一是表面油污和锈蚀的清除，二是在预先清理过的表面上进行特种加工处理，如磷化、氧化和钝化处理等，增加一层对涂料具有较强附着力的覆盖层。着色工艺是采用化学、电解、机械等方法，使金属表面形成各种色泽的膜层、镀层或涂层，金属着色方法常见的有阳极氧化、电镀、涂层等。肌理工艺是采用化学、机械等方法，使金属表面形成各种不同的质感（视感和触感）。肌理处理的方法主要有抛光、拉丝、雕刻等。

7.1　金属材料表面处理

7.1.1 金属表面处理的意义

金属零件或制成品在机械加工和焊接过程中，表面往往有氧化皮、锈蚀、毛刺、凹陷、焊渣、油污、水分和灰尘等，这些缺陷和污物如果不进行清理，就不能进行表面装饰或大大降低装饰的质量，影响制品的使用寿命。

表面处理就是清除工件表面的污物，去除或减轻表面缺陷，以提供适应表面装饰的良好基础。表面处理也叫表面准备。表面处理是表面装饰施工中重要的环节，处理不好会直接影响装饰工艺的质量，使表面装饰达不到预期的效果。

表面处理的目的：

① 清理油污及水分、锈斑及氧化物、粘附性的杂质、酸碱等的残留物

② 增加涂（镀）层与金属的结合力；

③ 保证获得均匀的涂（镀）层；

④ 延长的涂（镀）层的使用寿命。

表面处理后，需在一定的时间内涂覆油漆，否则处理失效。

7.1.2 金属表面除锈、除油

工业上使用除锈的方法很多，而金属家具大多根据零件的结构、形状、材料及生产条件采用手工处理、机械处理和化学处理等方法。

手工处理：手工处理是一种最简便的方法，主要就是利用砂布、刮刀、刮铲、钢丝刷等工具（图7-1）在工件表面进行砂磨、刮铲、清刷等，以达到除去表面锈蚀并清洁表面的目

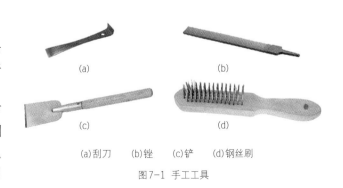

(a)刮刀　(b)锉　(c)铲　(d)钢丝刷

图7-1 手工工具

的。手工处理虽然方法简单易行，但生产效率低，处理质量差，劳动强度大，劳动环境不好，质量也不好，仅用于其他方法不便、量少或锈蚀、污染不严重的零件。

机械处理： 采用各种砂轮机打磨或喷射处理。用砂轮磨去焊缝的氧化皮、锐边、毛刺和表面缺陷，不仅能除去一切锈蚀及污染物，并且能产生有利于涂层附着的表面。这一方法与使用焊接工艺以后、电镀工艺之前的磨光一样，但应注意砂轮磨粒的大小，粗的易使金属表面产生凹陷，而凹陷周围的突出部分则难以覆盖涂料，或者覆盖太薄容易遭受损坏，故要注意避免。

金属家具生产中，还可用压缩空气作为动力，将干的砂石磨料喷射到工件表面上，喷头能变换方向，管线也能适当伸展，然而工作场地需要进行封闭。尽管喷射处理的效果较好，但由于产量低，目前已很少采用。

化学处理： 金属的锈蚀产物主要是金属的氧化物。化学处理就是用酸溶液与这些金属氧化物发生化学反应，使其溶解在酸液中，达到从金属表面除掉的目的。

在除锈过程中，酸与金属铁的作用，会造成金属过度腐蚀（所谓酸洗烧损），大量的氢气析出，导致金属性能发生变化（如变脆，易于损坏），即所谓"氢脆"，此外氢气从酸液中逸出，还形成酸雾，影响人体健康。为了消除这种不利影响，在酸中加入少量缓蚀剂，可大大减缓酸对金属基体的溶解和产生氢脆现象，而且对除锈没有显著影响。

化学除锈在工厂里习惯称之为酸洗，酸洗方式有浸渍酸洗、喷射酸洗、酸洗膏等，而金属家具多用浸渍酸洗法。

化学除油就是利用碱和碱性盐等化学药品的作用来清除物件表面的油脂，达到表面洁净的目的。碱液不仅可使油脂起浮化作用，而且能使可皂化的油起皂化作用，因此除油效率较高。但是它只能用于铁、钢、铸铁、镍、铜等金属的除油。锡、铅、锌、铝的制品以及有锡焊的黑色金属制品，由于碱的腐蚀作用，故不能在仅含碱的溶液中进行清理。这类金属应使用碱性盐的溶液，例如碳酸钠、磷酸三钠、碳酸钾、硅酸钠（水玻璃）、肥皂等，其中碳酸钠、磷酸三钠和硅酸钠既起缓蚀作用，又能起软化作用。表面活性剂肥皂和烷基苯磺酸钠等，均能降低表面张力，起乳化作用，有利于除油。

由于金属表面油污的情况较复杂，一般均采用碱和碱性盐的混合物进行清洗，这样除油效果好而且经济。对于黑色金属，可根据油污的性质和程度，采用以氢氧化钠和碳酸钠为主的配方。对于易被碱腐蚀的金属，可采用碱性盐的混合物。为了加速除油的速度，也可在配方中加入少量的氢氧化钠，但要控制溶液的pH值。加热碱溶液能大大地加速除油过程，因为此时碱性盐的水解增强，同时也加速了油脂的皂化与乳化过程。化学除油一般在碱液槽内浸渍清洗，如有条件采用喷射清洗则效率更高。

无论是经过酸洗还是经过除油处理后，工件都必须经过一道水洗工序，以使金属表面干净，不受酸液和碱液的进一步影响。特别是经过酸洗后，还需要再经过一次弱碱性池的中和处理。

按工艺过程分，有单一的酸洗除锈，然后再进行除油和钝化的；有除油、除锈、钝化同时进行的三合一综合处理法；有除油、除锈、磷化、钝化的四合一综合处理法；还有电化学处理法。而金属家具多采用两步法，即第一步同时进行酸洗除油、除锈，第二步磷化（或氧化）和钝化，也可叫三步法，因磷化（或氧化）和钝化是分开进行的，只因化学药品配方比较少，工艺比较简单。金属家具的生产，由于产品结构简单，零件尺寸较小，故比较适宜采用两步法。至于三合一和四合一等处理方法，由于工艺条件较高，在不同季节、湿度、温度、甚至上午、下午的时间等都有不同的影响，在生产上难以控制，故使用很少。

7.1.3 金属表面磷化、氧化、钝化处理

在金属家具生产中，磷化、氧化、钝化都是在除锈、除油以后进行的。

7.1.3.1 磷化

磷化是用磷酸和锰、铁、锌或镉的磷酸盐溶液处理金属家具的零部件，从而得到磷酸盐覆盖层——磷化膜，这一过程称为磷化。磷化过程包括化学与电化学反应。磷化膜对防止腐蚀和增加涂层的附着力起着良好的作用，因此它除了单独用作金属防腐覆盖层以外，还常作为涂料的基底，以提高涂层的使用寿命。

（1）磷化的作用

磷酸盐转化膜应用于铁、铝、锌、镉及其合金上，既可当做最终精饰层，也可作为其他覆盖层的中间层，其作用主要有以下方面。

① 提高耐蚀性：磷化膜虽然薄，但由于它是一层非金属的不导电隔离层，能使金属工件表面的优良导体转变为不良导体，抑制金属工件表面微电池的形成，进而有效阻止涂膜的腐蚀。

② 提高基体与涂层间或其他有机精饰层间的附着力：磷化膜与金属工件是一个结合紧密的整体结构，其间没有明显界限。磷化膜具有的多孔性，使封闭剂、涂料等可以渗透到这些孔隙之中，与磷化膜紧密结合，从而使附着力提高。

③ 提供清洁表面：磷化膜只有在无油污和无锈层的金属工件表面才能生长，因此，经过磷化处理的金属工件，可以提供清洁、均匀、无油脂和无锈蚀的表面。

④ 改善材料的冷加工性能，如拉丝、拉管、挤压等。

⑤ 改进表面摩擦性能，以促进其滑动。

（2）磷化的分类

磷化处理分类方法较多，工业上较为常用的有以下几种。

① 按磷化膜种类分类：可分为锌系、锌钙系、锌锰系、锰系、铁系、非晶相铁系六大类。

② 按磷化膜质量分类：实际应用中，一般根据单位面积膜层质量（g/m^2）衡量，可分为重量级、次重量级、轻量级、次轻量级四种。通常膜薄附着力好，而膜厚耐蚀性好，涂装前处理所需膜层为 $0.5\sim7.5g/m^2$，一般锌系磷化膜控制在 $1\sim4.5g/m^2$，铁系磷化膜控制在 $0.2\sim1g/m^2$，与阴极电泳或粉末涂料配套时磷化膜控制在 $1\sim3g/m^2$。

③ 按磷化处理温度分类：可分为高温、中温、低温、常温磷化。

高温磷化——磷化处理温度为 $80\sim90℃$。优点是配方成分简单，磷化速度快，磷化膜的耐蚀性、硬度及耐热性能较高。缺点是槽液温度高、耗能大、蒸发量大、沉渣多、成本高，形成磷化膜较厚且粗糙，一般不做涂装前的磷化。

中温磷化——磷化处理温度为 $60\sim75℃$。优点是磷化速度较快，磷化结晶较细，耐蚀性能好，但磷化膜仍较厚，涂装后涂膜的光泽不好，一般适用于耐蚀性防护层及喷、刷漆的底层，但不适用于电泳及静电粉末喷涂的底层。

低温磷化——磷化处理温度为 $35\sim55℃$。低温磷化成膜动力主要依赖配方中的促进剂等物质，形成的磷化膜薄而致密，平整光滑，槽液稳定，沉渣较少，能耗小，维护简便，使用综合成本低，是目前国内外涂装底层处理的主要技术。

常温磷化——常温状态下（一般不低于20℃），不加温的磷化工艺。磷化成膜的动力完全依赖于配方中的促进剂成分。节能，减少设备投资，是新的发展趋势，但磷化速度较慢，对大批量产品不适用。磷化配方复杂，槽液维护调整难度较大，槽液浓度较高，但综合成本较低，是发展方向。

④ 按磷化处理工艺分类：可分为浸渍法、喷淋法和涂刷法。

浸渍磷化——适用于处理形状复杂的工件，沉渣量少，设备维护容易。缺点是磷化时间较长，处理浓度高，膜层结晶粗糙。

喷淋磷化——适用于处理几何形状较为简单的板材。由于喷射时的冲击力和磷化时的化学作用结合，使喷淋磷化的速度提高，浓度较低，膜层结晶较为细密、均匀。缺点是工件内部部位不易磷化，还易遭受腐蚀，喷淋的沉渣较多，设备投资大，维护困难。

涂刷磷化——适用于大型钢铁构件的磷化或局部磷化，能获得中等和较薄的磷化膜，设备投资少，磷化方便。缺点是磷化膜不够均匀，受人为因素影响较大。

其他分类方法还有按磷化促进剂类型分类，可分为硝酸盐型、亚硝酸盐型、氯酸盐型、有机氮化物型、钼酸盐型等；按磷化后是否水洗分类，分为水洗型磷化液和不水洗型磷化液；按磷化槽液沉渣的多少分类，可分为多渣型磷化和低渣型磷化；按促进剂是否单独补加分类，可分为内含促进剂型磷化和促进剂单独补加型磷化；按磷化液中是否含亚硝酸盐和镍盐分类等。

（3）磷化过程

钢铁件置入磷化液中磷化时，表面上生成铁、锰的磷酸盐或磷酸氢盐。随着反应的进行，逐渐在钢铁件表面覆盖成膜，磷化速度随之降低，一直到钢铁件与磷化液的作用停止，槽中无氢气放出，稍后磷化过程即结束。

磷化膜很薄，呈灰色，其厚度低于$25\mu m$。磷酸锌的结晶呈羽毛状，磷酸锰的结晶近于立方体，磷酸铁则不显示明显的结晶，根据研究认为，以磷酸锌的防腐蚀效率最高，所以应用较广。

为了在较高的酸度下快速形成致密的磷化膜，一般都以硝酸锌作为催化剂，其作用为：

① 消除极化作用，铁与酸作用放出氢气，而氢气在铁件表面的阴极区域停滞和析出，形成了氢的超电压，使磷化难以形成。而硝酸锌中的酸根则在酸性浴液中直接氧化氢，并可与铁直接反应。由此消除了氢的超电压，加速了磷化过程。

② 硝酸锌提供锌与磷酸根作用，生成不溶于水的磷酸锌盐，产生了更多的结晶中心，而加快磷化过程。

③ 硝酸根也是氧化剂，不断将亚铁氧化成正铁，正铁与磷酸根作用生成不溶于水或难溶于水的磷酸铁盐。

磷酸铁盐一部分在金属表面上发生电化学沉积，成为磷化膜的组分；一部分成淤泥而沉于槽底，因此既加快了磷化速度，又不至于使铁在溶液中积累过多。

在家具生产中，浸渍磷化主要是热磷化。热磷化一般是将磷化液加热到60℃以上来进行磷化处理。而冷磷化是在室温下进行磷化处理，所用磷化液的特点，是游离酸和氧化剂的含量较高。冷磷化处理操作方便，得到的磷化膜具有微晶结构，对涂料的附着力也强，但所形成的磷化膜较薄，保护性稍差，所以不如热磷化使用广泛。

需要注意的是，如采用电泳涂漆，则要求磷化膜结晶细密、均匀，而且不宜过厚（其厚度以$2\sim4\mu m$为宜）。因为磷化膜厚了电阻就大，将会产生电泳不上去或出现"花脸"的现象。若实行磷化和电泳连续自动生产，磷化液被带入电泳槽中，就会引起漆液早期变质，使漆膜呈蛤蟆皮状，所形成的磷化膜不耐酸、碱，而且在碱性电泳漆液中能被溶解。所以在磷化后，一定要设立烘干装置，使工件干透以后才能电泳涂漆。

（4）影响磷化膜质量的因素

磷化膜的主要性质，如厚度、结构以及在基本金属中的渗透深度等，都取决于表面处理状况、磷化液的组成和磷化处理的工艺规程。

未经处理洁净的工件表面，难以磷化甚至不能磷化。用化学药剂清洗过的表面，残存的溶剂有助于结晶的细致；工件表面残存微量的酸、碱，能加速结晶的形成，但若稍多则会产生硫松或附着不牢固的粉状磷化膜，大大降低防腐性能。尤其是硫酸根离子（SO^{2-}），对磷化过程的影响更大。因此酸洗除油、除锈后，最好用碱中和，并用水冲洗干净以免影响磷化膜的质量。经过喷砂除锈的工件表面，对磷化处理是适宜的。据有关资料介绍，喷砂处理后所得到的磷化膜，其耐腐性比酸洗处理所得的磷化膜要高25%～35%。工件表面经过草酸化处理后，磷化时可得到结晶细致的磷化膜。

磷化液中杂质的含量也有影响，少量的铁能促进磷化膜的形成，过量则磷化膜质地疏松。少量的镍、钴、铜等对磷化有利，而铅、砷、铝等对磷化不利。另外，磷化液的酸度也应适当控制，过高则不易磷化，而且磷化膜质量不好。但如酸度过低，在磷化时又会迅速形成粉末状的磷化膜。氧化剂虽能加速磷化，但也影响结晶的大小。

总之，操作时应尽量避免不利因素，并严格按配方的用量及工艺规程进行操作。如果工艺上需要，随后用0.2～0.5g/L的重铬酸钾溶液在温度70～80℃下钝化处理0.5～2min，使之达到封闭针孔的作用，可防止空气氧化，以获得更好的结果。

磷化膜的质量，要求整个零件均覆有磷化膜，膜的结晶应细而均匀，磷化膜呈钢灰色或浅灰色，不允许有磷化不上的斑点、锈疤和疏松的挂霜物（沉淀物）。

7.1.3.2 氧化

金属表面与氧或氧化剂作用，形成保护性的氧化膜，能防止金属被进一步的腐蚀。

氧化根据材料的不同，分黑色金属氧化和有色金属氧化。

根据氧化的方法，黑色金属的氧化处理有热氧化法、碱性氧化法和酸性氧化法。不同的氧化剂可制得不同外观的氧化膜。如碱金属的硝酸盐能生成深黑色、无光泽的薄膜，铬酸钾生成微红色的黑膜，亚硝酸盐生成浅蓝黑色的有光薄膜，增加草酸盐可以使氧化膜带有美丽的蓝色。

氧化处理后最好用60～80℃、15～20g/L的肥皂水漂洗25min，然后用冷水冲洗，再用热水冲洗（水温不低于80℃），吹干。

但是氧化后的工件很容易重新锈蚀，不能久放，故需很快涂装底漆，存放时间一般不应超过24h。氧化处理比磷化处理要经济。氧化的基本方法较多。家具零件的要求不一，所采取的方法也不同。有色金属的氧化，主要是指铝及铝合金的氧化。铝型材经过氧化以后，表面可以处理成丰富多彩的色调。

7.1.3.3 钝化

磷化后所形成的磷化膜，由于是磷酸铁锌或锰组成的，孔隙很多，有较高的吸附力和穿透性，所以耐腐蚀性很差。为了加强其耐腐蚀性，还需经过钝化处理。处理过程中，可用酪酸酐或重铬酸钾的稀水溶液作为钝化剂，使其起填充磷化膜晶格空隙的作用，以提高磷化膜的防腐蚀性。由于钝化后的酪酸酐

或重酪酸钾，会在电泳时溶解于漆液中，而影响漆液的稳定性。因此，凡采用电泳涂漆的，一般均将钝化工艺取消。

钝化工艺的规程是：酪酐含量 0.2～2g/L；处理温度 70～80℃；处理时间 0.5～2min。

一般生产中，钝化以后不易进行烘干，而是将钝化槽内的水温控制在 90℃以上，工件离水以后，即利用本身的热量将水分蒸发。

7.1.4 铝及铝合金的表面处理

纯铝在常温干燥的空气中是比较稳定的。铝在空气中与氧能发生作用，在铝表面生成一层很薄的致密氧化膜。

铝和铝合金制品需要先进行清洗，去掉油污和杂物，而后进行化学转化膜处理，使铝及铝合金工件表面生成一层均匀的多孔性氧化膜，从而增强漆膜的附着力，提高铝的抗腐蚀性。

铝和铝合金的涂装前化学转化膜处理中，最好采用铬酸盐工艺，因为铝材上的磷化膜耐腐蚀性远低于用其他方法，虽然铬酸盐处理功能满足大部分技术要求，但由于铬离子带来的毒性和污染排放问题，铬酸盐使用受到了限制。

除了使用化学氧化法，也可用电化学氧化法来提高铝制品抗腐蚀性。

7.2 金属家具表面涂饰工艺

涂饰是将涂料在清洁的材质表面进行均匀涂布，经固化形成具有防护、装饰或特定功能涂层的过程。

根据被涂饰件的主要用途，涂饰具有保护功能（防水、防锈、防霉、防火）、装饰功能（使物体表面具有色彩、光泽、模样、平滑性、立体感等）、标志功能（采用特殊颜色和图案对需要特殊提示的物品、区域进行显著性标志，起到提醒和警示的作用）和特殊功能（起到对某些物品的隐蔽、伪装、绝缘等功能）等极为广泛的功能。

金属家具的表面也广泛采用涂料来进行防护和装饰，尤其是漆膜的光泽和色彩可以使其显得五光十色，给人们在视觉上、心理上带来良好的感觉。要使漆膜色彩鲜艳，光亮丰满，经久耐用，必须选择合适的涂料和涂饰方法。

7.2.1 金属家具常用涂料

用来对金属件进行涂饰的涂料种类很多，以实现各种功能。所谓涂料，是一种有机高分子胶体的混合物溶液或粉末，涂布在物体表面上形成一层附着坚固的连续涂膜。由于过去的涂料以油料为主，故一直称它为"油漆"。随着石油化工和有机合成工业的发展，为涂料工业提供了新的原料来源，使许多新型涂料不再使用植物油，"油漆"这个名词就不够确切了，而称为"涂料"更合适。

涂料的组成：成膜物质、颜料、溶剂和助剂。

金属家具常用涂料有溶剂型涂料、水性涂料和粉末涂料三大类。

（1）溶剂型涂料

金属家具常用的溶剂型涂料有氨基醇酸烘漆、聚酯氨基烘漆、聚氨酯漆、丙烯酸漆、硝基漆等。

① 聚酯氨基烘漆的漆膜柔韧性良好，光泽高，保光保色性好，可采用一般喷涂、静电涂装、幕式淋涂等方法进行涂饰。

② 聚氨酯漆可在常温下交联固化，漆膜坚韧，硬度和光泽度高，耐油耐水性、耐化学性好，除用于金属家具外，也广泛用于木质家具的装饰。

③ 丙烯酸漆的特点是保光保色性好，耐候性优良，耐沾污性和耐化学品性也十分优越。

④ 硝基漆的特点是干燥迅速，施工方便，光泽高，可以擦蜡上光，修补方便。

（2）水性涂料

由于树脂水性化途径的不同，水性涂料通常分为三类：水溶性、胶束分散型和乳液。大多数树脂都能形成这三种水分散形态，像醇酸、丙烯酸都有这三种形状的产品。但是，同类树脂，由于不同形态下的聚合物相对分子质量及分散微粒的尺寸差别很大，其水性涂料的性能也大不相同。

水性涂料虽然以水作分散介质，但为了提高树脂的水溶性，调节水性涂料的黏度及涂膜的流平性，需加入少量醇醚类有机助溶剂。

水性涂料用量最大的是建筑乳胶涂料，同类型热塑性乳胶也有部分作为工业维护涂料用于金属表面涂覆；在金属表面上用得最好的是热固性电泳涂料，工业化大批量涂底漆几乎都是采用电泳涂料，它是金属用水性涂料的主流。

水性涂料相对于溶剂性涂料，具有以下特点，具体如下：

① 以水作溶剂，节省大量资源；消除了施工时火灾危险性；降低了对大气的污染；仅采用少量低毒性醇醚类有机溶剂，改善了作业环境条件。一般的水性涂料有机溶剂在10%～15%之间，而现在的阴极电泳涂料已降至1.2%以下，对降低污染、节省资源效果显著。

② 水性涂料在湿表面和潮湿环境中可以直接涂覆施工；对材质表面适应性好，涂层附着力强。

③ 涂装工具可用水清洗，大大减少清洗溶剂的消耗。

④ 电泳涂膜均匀、平整、展平性好；内腔、焊缝、棱角、棱边部位都能涂上一定厚度的涂膜，有很好的防护性；电泳涂膜有最好的耐腐蚀性，厚膜阴极电泳涂层的耐盐雾性最高可达1200h。

水性涂料也存在如下的问题：

① 水性涂料对施工过程中及材质表面清洁度要求高，因水的表面张力大，污物易使涂膜产生缩孔；

② 水性涂料对抗强机械作用力的分散稳定性差，输送管道内的流速急剧变化时，分散微粒被压缩成固态微粒，使涂膜产生麻点。要求输送管道形状良好，管壁无缺陷。

③ 水性涂料对涂装设备腐蚀性大，需采用防腐蚀衬里或不锈钢材料，设备造价高。水性涂料对输送管道的腐蚀，金属溶解，使分散微粒析出，涂膜产生麻点，也需采用不锈钢管。

④ 烘烤型水性涂料对施工环境条件（温度、湿度）要求较严格，增加了调温调湿设备的投入，同时也增大了能耗。

⑤ 水的蒸发潜热大，烘烤能量消耗大。阴极电泳涂料需在180℃烘烤；而乳胶涂料完全干透的时间则很长。

⑥ 沸点高的有机助溶剂等在烘烤时产生很多油烟，凝结后滴于涂膜表面影响外观。

⑦ 水性涂料的介质一般都在微碱性（pH7.5～8.5），树脂中的酯键易水解而使分子链降解，影响涂料

和槽液稳定性，以及涂膜的性能。

水性涂料虽然存在诸多问题，但通过配方及涂装工艺和设备等几方面技术的不断提高，有些问题在工艺上得到避免，有些通过配方本身得到改善和提高。

（3）粉末涂料

粉末涂料是一种由树脂、固化剂（交联剂）、颜料、填料和添加剂等组成的固体粉末状合成树脂涂料。和普通溶剂型涂料及水性涂料不同，它的分散介质不是溶剂和水，而是空气。它具有无溶剂污染、100%成膜、能耗低的特点。

粉末涂料有如下优点：

① 粉末涂料不含有机溶剂，避免了有机溶剂带来的火灾、中毒和运输中的不安全问题。虽然存在粉尘爆炸的危险性，但是只要把体系中的粉尘浓度控制适当，爆炸是完全可以避免的。

② 不存在有机溶剂带来的大气污染，符合环保的要求。

③ 喷涂时涂料损耗小，喷溢的粉末可回收利用，涂料的利用率可达95%以上。

④ 粉末涂料涂层致密、附着力、抗冲击强度和韧性均好，边角覆盖率高，具有优良的耐化学药品腐蚀性能和电气绝缘性能。

⑤ 喷涂施工效率高，涂膜厚度可以控制，一次涂装可达40～500mm膜厚。

⑥ 施工操作方便，被涂物表面处理后，一次性施工，无需底涂，即可得到足够厚度的涂膜，容易实行自动化操作。

⑦ 粉末涂料不用溶剂，直接节省了原油的消耗。

⑧ 容易保持施工环境的卫生，附着于皮肤上的粉末可用压缩空气吹掉或用温水、肥皂水洗掉，不需要用刺激性的清洗剂。

粉末涂料还存在如下缺点：

① 粉末涂料的制造设备和工艺比一般涂料复杂，所以涂料的制造成本也高。

② 粉末涂料的涂装设备与一般涂料的涂装设备不同，用户需要安装新的涂装设备和粉末回收设备。

③ 粉末涂料的烘烤温度比一般涂料高得多，所以耗能也较多。

④ 粉末涂料的换色、换品种比一般涂料麻烦。

粉末涂料的品种虽然没有像溶剂型涂料那样繁多，但可作为粉末涂料的聚合物树脂也很多，总的可分为热固型和热塑型两大类。热塑性粉末涂料的涂膜外观（光泽和流平性）较差，与金属之间的附着力也差；热固性粉末涂料是以热固性合成树脂为成膜物质，加入起交联反应的固化剂经加热后能形成不溶不熔的质地坚硬涂层。温度再高该涂层也不会像热塑性涂层那样软化，而只能发生分解。由于热固性粉末涂料所采用的树脂为聚合度较低的预聚物，分子量较低，所以涂层的流平性较好，具有较好的装饰性，而且低分子量的预聚物经固化后，能形成网状交联的大分子，因而涂层具有较好防腐性和机械性能。故热固性粉末涂料发展尤为迅速。

按粉末涂料所用树脂与固化剂（交联剂）可分为：纯环氧类、环氧－聚酯类、纯聚酯类、聚氨酯类、丙烯酸类、氟碳类。

按涂膜表面状态可分为：平面粉末涂料、砂纹粉末涂料、垂纹（皱纹）粉末涂料、绵绵漆（水纹漆）粉末涂料、斑纹漆、龟纹漆粉末涂料、雪花漆粉末涂料等。

（4）涂料的选择

把涂料涂覆在被保护的金属表面上，以获得牢固、性能良好的涂膜，需正确选用涂料并按规定的技术要求，采用适合的施工方法和设备。

① 被涂物材料及用途

被涂材料不同，涂饰材料不同。如涂饰钢铁表面可选用环氧铁红防锈漆，而涂装铝及铝合金表面应选用锌铬黄防锈漆。

同一种材料，用途不同，对涂料的性能要求也不同。如同样是涂装钢铁材料，造船工业、冶金工业、机械工业及金属家具行业对涂料的要求也不同。对不同的金属家具结构、部位的涂料要求也不相同。

② 涂料的配套使用

不同品种的涂料，其性能往往互不适应，因此，底层和面层涂料必须正确配套，方可充分发挥涂料的作用。如过氯乙烯对金属表面附着力不佳，这就要求与附着力良好的乙烯磷化底漆和铁红醇酸底漆配套使用。

③ 施工环境

选择涂料时还要考虑施工时环境，如温度、湿度是否允许。

④ 涂层外观要求

高级装饰性涂层要求涂层外观漂亮、清晰、光亮如镜、色泽鲜艳、涂层物无肉眼能见缺陷，如中高级轿车车身、钢琴、仪器仪表、家用电器、高级家具等，均属于一级涂层。二级涂层则其装饰性、平滑度较一级涂层稍差，但外观仍漂亮，色泽鲜艳，如自行车、机床、火车车厢等。除此之外还有三级、四级涂层及特种保护涂层等可供选择。

⑤ 经济性

要注意漆膜性能与价格的合理性。使用环境恶劣、使用期长的物体应选用成本较高的涂料。涂装费用应包括表面预处理费用。

⑥ 涂饰方法

涂饰的方法很多，如刷涂、浸涂、淋涂、滚涂、喷涂、泳涂等，喷涂有空气喷涂和静电喷涂两种。它们都各有优缺点，应根据具体情况进行选择和使用。所用涂料的性质，涂漆工件的材料、规格、大小及形状，对涂漆质量的要求，涂漆的工具和设备，涂漆的环境和经济价值等都应考虑。

7.2.2 空气喷涂

（1）空气喷涂的原理

利用压缩空气的气流，将涂料从喷枪的喷嘴中喷出，分散沉积于工件表面。

用喷涂法喷涂工件，可以获得薄而均匀的漆膜，即使工件表面有缝隙和小孔，甚至倾斜、曲线和凹凸不平的现象，都能喷涂均匀，而且施工效率比刷漆的方法高。这是一种比较完善的涂饰方法，尤其在喷涂大表面工件时，更显得快速而有效。因此，用喷涂法来进行涂装的制品是相当多的，如汽车、飞机、轮船、家具、机械器具及电讯器材等。目前，常用的涂料大部分都可采用喷涂法，尤其是快干的挥发性漆，如硝基漆、过氯乙烯漆等，采用喷涂法能获得质量较高的漆膜。

空气喷涂法除具备上述优点外，亦有其缺点，如：约有相当一部分的涂料随漆雾扩散而损耗；需反复喷涂几次，才能获得一定的厚度；扩散在空气中的漆料和溶剂，对人体有害；喷漆的漆雾在通风不良的情况下，容易引起火灾。空气中的溶剂蒸汽达到一定浓度时，甚至会发生爆炸。

（2）空气喷涂的设备

用空气喷涂法施工，一般应具有以下一些设备：空气喷枪、贮漆罐、空气压缩机及油水分离器、橡皮管、喷漆室、排风装置及其他各种辅助用具。

① 喷枪

喷枪的品种较多，其中PQ-1型和PQ-2型（图7-2、7-3）属于吸上式喷枪，使用较普遍。

吸上式喷枪是利用压缩空气喷出时所造成的真空来吸漆，并使其喷出成雾状的一种喷枪。它由喷头、空气阀两个主要部件构成。PQ-1型喷枪也称对嘴式喷枪，它的喷头上有两个铜质的喷嘴，在漆罐盖上互相垂直连接。空气阀由弹簧和活门组成，用扳机操纵，一端连接输气橡皮管。使用时扣动扳机打开空气阀，漆罐内的漆便自行流向喷嘴而喷出漆雾。由于PQ-2型的喷枪可以调节扁平的漆流，所以也称扁嘴式喷枪。

压下式喷枪的枪体构造，基本上与PQ-2型喷枪相同，所不同的仅在于贮漆罐置于枪身的上方（图7-4），依靠漆本身的重力流入枪内而喷出。压下式喷枪的优点是贮漆罐内存漆很少时也可喷涂，缺点是加满漆后重心在上，故手感较重。对于小面积的精细喷涂，需采用较小压力的压缩空气，一般在吸上式喷枪不能满足要求时，用压下式的小型喷枪较为合适。

② 喷漆室

在喷漆时，必定会有许多有害的以及有爆炸危险的溶剂挥发，这对施工人员有害。小规模生产可用喷漆室，设置排风装置（图7-5），将漆雾从该室后墙的孔洞抽出去。大规模的生产，必须按照具体情况，设计专门的喷漆房，并将空气中多余的漆粒过滤净化。图7-6是设有水帘过滤器的喷漆室，漆雾经过后墙上的孔洞被抽出，经过水滤器，飘浮在空气中的漆粒便与水滤器喷下的水帘相遇，被水滴留住，而从出水管中流出。

1—漆罐　　2—漆罐盖　　3—喷漆嘴
4—空气喷嘴　　5—枪体　　6—扳机
7—阀杆　　8—空气螺栓　　9—空气接头

图7-2 PQ-1型喷枪

1—漆罐　　2—轧栏螺丝　　3—空气喷嘴的旋钮
4—螺帽　　5—扳机　　6—空气阀杆　　7—控制阀
8—空气接头

图7-3 PQ-2型喷枪

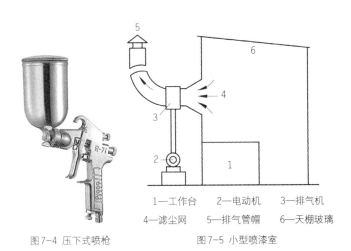

图7-4 压下式喷枪

1—工作台　　2—电动机　　3—排气机
4—滤尘网　　5—排气管帽　　6—天棚玻璃

图7-5 小型喷漆室

图7-6 设有水帘过滤器的喷室

7.2.3 静电喷涂

静电喷涂是借助高压电场的作用，使喷枪喷出的漆液雾化得更细并带电，通过静电的引力而沉积在导电工件表面的一种涂漆方法。静电喷涂设备由喷枪、喷杯以及静电喷涂高压电源等组成。

7.2.3.1 静电喷涂的原理

静电喷涂是根据静电吸引的原理（图7-7），即以接地的被涂物作为正极，油料雾化器（即喷杯或喷盘）接高压电作为负极，在高电压作用下，喷枪（或喷盘、喷杯）的端部与工件之间就形成一个静电场。涂料经雾化器雾化后，被雾化的涂料微粒通过枪口的极针或喷盘、喷杯的边缘时因接触而带负电荷，当经过电晕放电所产生的气体电离区时，将再一次增加其表面电荷密度。这些带负电荷的涂料微粒的静电场作用下，向带正电荷的工件表面运动，被吸附并沉积在工件表面上形成均匀的涂膜。

涂料微粒所受到的电场力与静电场的电压和涂料微粒的带电量成正比，而与喷枪和工件间的距离成反比，当电压足够高时，喷枪端部附近区域形成空气电离区，空气激烈地离子化和发热，使喷枪端部锐边或极针周围形成一个暗红色的晕圈，在黑暗中能明显看见，这时空气产生强烈的电晕放电。

平均电场强度的计算公式为：

$$E_{平} = U / L$$

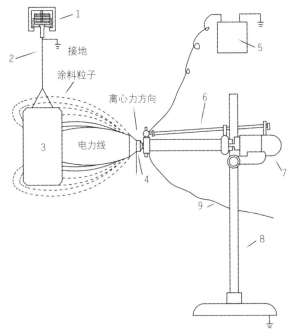

1-传送带　　2-挂具　　3-被涂物　　4-旋杯　　5-高压电源
6-喷涂机　　7-电动机　　8-支架　　9-输漆管

图7-7 杯式静电喷涂机工作原理图

式中　　$E_{平}$——静电场的平均电场强度（V/cm）；

　　　　U——阴极电栅或电喷枪上所加的直流电压（V）；

　　　　L——极距（cm）。

7.2.3.2 静电喷涂的特点

① 施工环境和劳动条件好：应用较多的固定式静电喷涂设备通常都是与悬式传送装置配套组成连续涂饰流水生产线的。在这种情况下，操作者的工作仅限于对涂饰工件的准备和装、卸以及对设备的调控和照管等，因此，与涂料直接接触的机会和体力劳动强度都大为减少。而且在高压静电场中喷涂时，漆雾的扩散也远不及气压喷涂或无气喷涂时那样多，这样就使涂饰环境的污染得到明显的改善。

② 涂料利用率高：在高压静电场喷涂时，带有负电荷的涂料微粒，沿电力线方向被涂饰到工件表面上，因此，基本上没有涂料射流反弹和漆雾飞散现象，漆雾损失很小，涂料利用率可达到85%～90%以上。

③ 涂饰质量好：在严格遵守正确的操作规程实行静电喷涂时，由于高压静电场的作用，涂料微粒分散度高，在射流中分布也较均匀，因而在被涂饰工件表面形成的涂层也较平整、均匀，漆膜的光泽、附着力均较高。

④ 涂饰效率高：生产实践表明，在静电喷涂连续流水生产线上，传送带的运行速度可以达24m/min，远远超过其他的喷涂流水线。对于那些不可能采用淋涂、辊涂的框架结构的木质件，如桌、椅、框等，静电喷涂的综合经济效益尤为明显。

静电喷涂法的缺点主要是火灾危险性大，特别是当喷距不当或操作失误而引起火花放电时，均易酿成火灾。因此必须有可靠的防火、防爆设施，严格遵守安全操作规程。此外，对于形状复杂或轮廓凹凸较深的表面，静电喷涂法难以获得均匀的涂层。又因漆雾的密度小，对漆膜的流平性也有一定影响，因而漆膜的光泽也受到一定的影响。

7.2.3.3 静电喷漆工艺

影响静电喷涂效果的主要因素有以下几个方面。

（1）喷枪和电网的位置

喷枪之间的距离会影响喷涂效果，用两支以上喷枪喷涂时，两者的距离尤为重要。从静电室的面积考虑，最好枪距减小，但这对喷涂是不利的。因为，距离小了，两支枪所喷出的带电荷的漆雾会相互碰撞，会造成同性相斥，使漆雾乱飞，影响漆膜质量。两支枪如果不在同一平面上（如一前一后），漆粒要朝后面飞溅，既浪费漆，又影响喷涂质量及环境条件。图7-8所示的喷枪位置，产生漆雾后溅的现象，主要是甲枪喷出的漆粒冲向乙枪。由于漆粒与喷杯带有相同的电荷，所以喷杯把漆粒斥向接地的枪架和静电房内壁，形成另一个静电场。因此，枪距至少要有1m，如果因工件形状所限，喷枪不可能在同一平面上，则枪距应该离得更远些，这样才能减少或避免后溅的可能。

从要求漆雾粒子细及节省漆料方面考虑，枪多比枪少好，但枪多不易安排，容易造成溅漆。用一支枪喷涂，受电场干扰最少，但由于漆流量增大，所以漆雾粒子比较粗，有时甚至在漆膜干燥后橘皮痕仍不消失，应根据被喷涂的工件做具体的安排。

有的工厂，在喷枪的对面，安装用漆包线绕成的电网接高压电，虽对漆雾粒子仍有推斥的现象，涂成的漆膜略成橘皮痕，对涂着质量稍有影响，但能把大部分窜过工件的漆雾弹回工件上，既减少涂料的消耗，又能改善环境条件。如果把电网用尼龙绳悬挂在离喷枪70cm以上的地方（离喷漆室顶至少

50cm），就能阻止飞扬到上面的漆雾，取得良好的效果。如果把电网垂直吊在喷枪下面，由于负电场距离漆雾太近，反而会影响涂着率（在接近电网的地方涂着不好）。加入电网对高压发生器的负荷有所增加，对电子管形的高压发生器有影响，但对硒柱型高压发生器却没什么影响。

（2）电压高低的关系

采用静电喷涂，电压的高低是非常重要的一个因素，特别是在选用之前尤为重要。据介绍，电压在4万伏时，涂着率只有20%，6万伏时为80%，12万伏时可达99%（图7-9）。根据这些情况，采用8～9万伏是可以的，过高对设备的绝缘性能也要求较高。

（3）喷枪与工件之间的距离

喷枪与工件的距离也是静电喷涂中很主要的因素，两极之间距离的改变，实际上是电场强度的变化，而且变化很大，尤其是形状较为复杂的工件，在转动时更加明显。一般在空气中，用1万伏电压时，距离1cm就会产生火花。因此，以25～30cm作为两极间的距离较为适当。但必须与工件的形状、喷枪的布置等结合起来考虑。

喷枪与工件的距离超过40cm时，其涂着率显著下降，所以在保证安全和质量的前提下，取近距离对电场强度的利用是有意义的。

（4）极针和导线对漆雾的影响

极针的头部呈尖形，是用直径2～3mm的铜棒做成的，它连接在喷杯的附近，由于极针接高压，与漆雾同样带负电荷，所以在极针周围形成一个负电场。漆雾飞上去时，被负电场弹回来，运用这个原理，可以把漆雾控制在需要的范围内。当然，还是会有极少部分漆雾冲过负电场飞溅到外面去。

用极针可以改变漆雾的涂形（图7-10）。此时由于极针四周的漆比较多，所以在使用时要注意，如控制得不好将会影响涂着质量。

旋风式喷涂的涂形几乎没有中心孔，并且涂形直径小。一般装极针是为了静电房内的清洁，要求并不像旋杯式那样讲究。

负高压电电缆接在一支喷枪上，再用导线（亦可用电线）与另外的喷枪连接起来，使每支喷枪同样带高压电。使用导线时如果不注意，也会使漆雾后溅。这与喷枪不在同一平面上而形成后溅的原因和道理相同，在这种情况下，导线表面是一个负电场。如果导线在喷杯的前面，当漆雾飞出时，前面遇到相同电荷的电场时，很快地就会被弹回来。所以必须把导线和极针装在喷杯稍后一点的位置上，才可避免漆雾后溅。

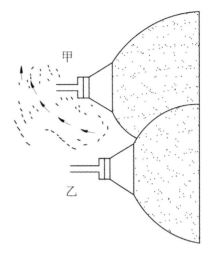

图7-8 喷枪布置不正确

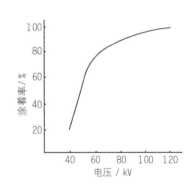

图7-9 电压与涂着率的关系

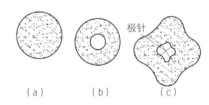

（a）旋风式不装极针涂形
（b）旋杯式不装极针涂形
（c）旋杯式装极针涂形

图7-10 极针对漆雾涂形的影响

（5）喷枪的转速

一般旋风式喷枪的转速800r/min，旋杯式必须大于1000r/min，否则喷涂黏度高的漆料有困难。实践证明，沥青漆必须要高的转速，以1500~2500r/min为宜，而氨基醇酸漆以2800r/min为宜，才能达到理想的漆膜。因为转速高，线速度大，漆雾粒子细，所形成的漆膜平整。反之，漆雾粒子粗，有橘皮痕迹，还可能产生泡泡，虽然可多加些溶剂解决这个问题，但是漆膜会因此而显得单薄无光泽，且会增加成本。

（6）喷杯口径与雾化面积

旋杯式喷杯的口径大，漆雾涂形直径大，中心孔随之亦大，雾化粒子则细；反之雾化粒子就粗，这是由于和线速度有关，如图7-11所示。图中喷枪与工件的距离同前所述。从涂形可以看出，喷杯口径大，外径（R）和内径（r）随着增大，反之则小。但在喷杯口径为55mm时，漆雾涂形就出现反常情况，这主要由于喷杯是腰鼓形的关系（图7-12）。

选择喷杯是很重要的，根据不同的条件来选择喷杯口径，才能获得较满意的结果。雾化面积除与所选的喷杯大小有关外，尚与出漆量多少、电压高低、喷杯转速及涂料黏度等有关系。

一般是电压高，雾化面积小；反之则大（图7-13）。涂形直径与喷杯转速的关系如图7-14所示。转速慢，雾化面积小；转速快，雾化面积大。

涂形直径与出漆量的关系如图7-15所示。出漆量越大，雾化面积也大；出漆量小，雾化面积也小。

涂形直径与黏度的关系为涂料黏度大，涂形外圆直径也大，但并不显著；涂料黏度小，外圆直径也小（图7-16）。内圆直径则基本不受黏度的影响。

（7）喷杯的性能

① 旋杯式：由于旋杯式属于机械离心，电气雾化，对于漆料和溶剂的导电性要求低。当然导电好，有效面积大，吸附效率高，对涂层均匀性大为改善，更有益于提高质量。此外，雾化后涂料细致，涂层表面平整光滑。简单形状的工件，涂料静电吸附效率高，用于涂复金属家具和自行车零件较为合适。

旋杯式的喷杯，结构比较简单，制造方便，易于获得所需要的涂形。但对形状比较复杂的工件喷涂较困难，特别是

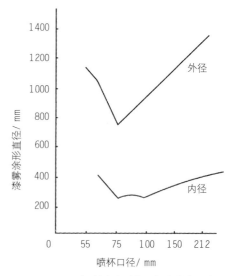

图7-11 涂形直径与喷杯口径大小的关系

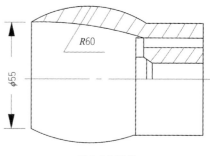

图7-12 喷杯

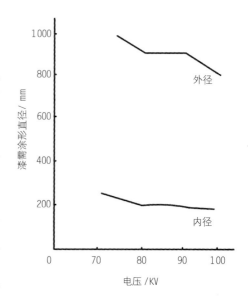

图7-13 涂形直径与电压的关系

方角形的工件，涂层不均匀，边角上喷涂较厚（如缝纫机机头等）。

旋杯式喷杯，由于机械离心力的关系，加上各种颜料带电能力的不同，所以在喷涂用多种颜料配成的涂料时，会出现颜色不均匀的弊病。金属颜料铝粉漆虽然吸附比较好，但因铝粉颗粒为棱形薄片状，静电喷涂后颜料会竖立起来而突出于漆膜的表面，故漆膜显得比手工喷涂的略粗糙，而且光泽也较差。不过喷涂普通的底漆是不成问题的，只要在喷涂时将工件各孔口内角的地方都能喷到就可以了。

旋杯式由于出漆孔大，喷涂时不易为颜料或异物所阻塞，而且清洗很方便，可以装在喷枪上用溶剂冲洗，而不必拆下来。但旋杯式的涂形会有中心孔这样的缺陷。

② 旋风式：旋风式喷杯借助空气的雾化，能够喷涂比较复杂的工件，如缝纫机机头、家具的组装件等，其他如自行车车架、前叉等零件的罩光及色漆，均能用旋风式喷涂。喷嘴的三个蛇形嘴是可以调节的，变更涂形的直径较为方便，且能减少甚至消灭涂形的中心孔，容易得到比较均匀的涂层。

旋风式喷杯由于在空气雾化的过程中溶剂易挥发，涂膜易产生橘皮等弊病。所以对漆液的要求比较高，如黏度低，固体含量高，遮盖力好，溶剂挥发速度慢、流动性能好等。

旋风式由于空气的雾化，空气的压力将带电的漆粒冲过静电的吸引力增加而流失到工件以外，所以它比旋杯式要多耗用10%左右的涂料。

旋风式喷杯的结构复杂（图7-17）。制造比较困难，特别是蛇形嘴更不易制造。由于喷嘴小（一般小于1mm），易使颜料颗粒粗的涂料将嘴喷堵塞，清洗也麻烦。

（8）工件悬挂要求

工件的形状结构多样，以管材为主的金属家具制件，占据空间大，实际有效喷涂面积小，在互不碰撞的原则下，以每只挂具的节距最小为原则。这样漆料损耗少，产量大。工件距离地面和距离喷漆室内的传送链至少1m以上。工件距离地面过近，雾化的涂料会有一部分吸向地面，影响工件对涂料的吸附。同样，距离传送链太近，会使传送链和静电房顶上也被喷上涂料而造成滴漆，影响产品质量和电场的强度，降低涂着效率。静电房对面和左右

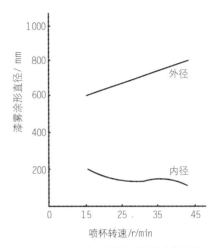

图7-14 涂形直径与喷杯转速的关系

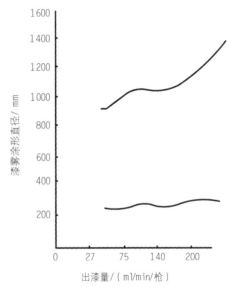

图7-15 涂形直径与出漆量的关系

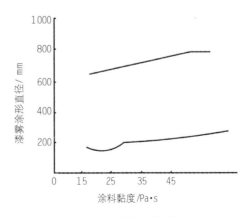

图7-16 涂形直径与黏度的关系

侧相距1.5m以上比较理想。

（9）回转喷涂法

静电喷涂由于工件形状的繁简而使涂料的涂着性能有差异。一般在尖边部分，通电量就大，因此涂料的吸附就比平面部分多。为了解决这个问题，可用回转喷涂的方法。依照工件的大小和形状的繁简等因素来选定其回转数。对于回转中不对称或者回转后使喷枪与工件距离显著变化的工件，则不宜采用此种方法。因为零件在转动时由于喷枪与工件的距离过分悬殊，其电场强度改变太大，因此漆膜不会均匀。如工件不易回转（如薄钢板型工件），可同用喷枪在工件的两面同时喷涂，如图7-18所示。两支喷枪的间距必须在1.5m以上，否则会干扰电场，影响涂着率。

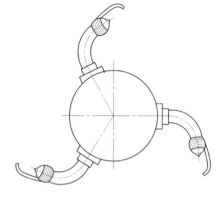

图7-17 旋风式喷杯

回转喷涂的速度不宜过快，一般回转数为3～4r/m。传送链的速度，应根据被喷涂的零件及干燥情况来决定。过快会影响喷涂质量。喷涂金属家具零件一般速度为2.5～4m/min。

（10）补喷工艺

静电喷涂以后，大多数产品还需要利用空气喷涂对未喷到之处进行修补。为此，应在静电喷漆室后面的适当地点设置空气喷漆室，其规模可比正常的空气喷漆室为小，但室内必须有充足的光线和有效的排毒装置。

造成补喷的因素主要是产品的几何形状复杂，特别是深凹及隐蔽之处，静电喷涂难以喷到；喷枪与工件的角度和高度不当；漆流大小不均；漆液黏度不合适；静电设备性能不良等。这些因素均可造成喷涂的漆膜不匀或未喷到等弊病。

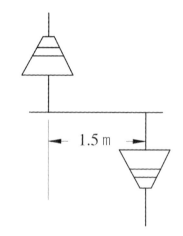

图7-18 喷枪的布置

同一种产品，补喷的部位基本上是有规律性的，当工件运行到补喷室时应迅速抓住良机将未喷到之处进行修补，漆的流量应和正常部位的漆膜一致。喷时多数以点射形式进行。

有些组合件的接合部位，采用补喷还不能完全解决问题，就必须采用局部浸涂的方法，将孔眼部位及隐蔽处，都涂上均匀的漆膜。

7.2.3.4 静电喷涂对涂料的性能要求

漆膜的好坏不仅要靠喷涂技术，而且还要看与所用的涂料品种有关。因为各种涂料的静电效果和涂装后的漆膜状态有很大关系。涂料有易带电的，也有不易带电的，而静电喷涂当然选用易于带电的涂料较好。这可根据涂料的介电常数、电偶极子和电阻率来决定。但是介电常数和电偶极子的测定较困难，而且仪器也精密，因此一般仅以涂料的电阻率作为标准。

涂料的电阻率在5～50MΩ·cm比较适宜。静电喷涂的好坏与涂料品种、颜料和溶剂的品种等都有关系。有时高电阻的反而比低电阻的效果好，如沥青漆，电阻率在300MΩ·cm以上，其喷涂效果仍然较好。但在一般情况下，电阻还是低些好。如电阻过高，可适当添加低电阻的极性溶剂来降低。

随着合成树脂的不断发展与改进，它们的品种也大量增加。适用于静电喷涂的合成树脂漆有醇酸树脂漆、酚醛树脂漆、环氧树脂漆、聚氨基甲酸酯树脂漆、丙烯酸树脂漆、氨基醇酸树脂漆、苯乙烯醇酸树脂漆和聚酯树脂漆等。这些树脂漆的性能各有差异，金属家具常用的树脂漆有以下几种。

① 氨基醇酸树脂漆：这类漆是一种代表性的烘漆，金属家具使用最普遍。此外，各种电器制品、汽车、自行车、缝纫机等，也都能用来进行静电喷涂。这种漆易于带电，使用苯类、醇类及酯类为主体的溶剂，也易调整电阻值。

② 丙烯酸树脂漆：由于这类树脂漆易溶于酯类和酮类溶剂，用作静电喷涂比较适宜，多用于轿车、自行车等零件，较高档的金属家具亦可使用。如施工正确，可得到坚固而光滑的漆膜。

③ 环氧树脂漆：这类漆电阻值也高，其基本溶剂为醇类、酮类及酯类，使用前不仅需要添加稀释剂以降低电阻值，而且还要使用沸点高的酮类溶剂。漆膜极为坚固、耐磨，密着性好，多用作耐候性及耐化学药品性工件的底漆，但金属家具生产中应用较少。

7.2.3.5 静电喷涂溶剂的性能要求

（1）高沸点溶剂

静电喷涂比空气喷涂涂料的雾化粒子扩散得好，即涂形大，而且粒子群的密度极小。假定空气喷涂在喷射扁平漆流时，涂料雾化粒子的扩散为矩形的角锥体，而旋杯式静电喷涂涂料的雾化粒子扩散为中空的圆锥体，在一般情况下，空气喷涂的涂形当喷枪距物面为20cm时，矩形的长和宽分别为30cm和6cm。静电喷涂的涂形在喷枪距物面为30cm时，外圆直径为60cm，内圆直径为20cm（图7-19）。

$$矩形角锥体体积 = \frac{6 \times 30 \times 20}{3} = 1200（cm^3）$$

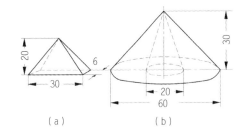

$$空心圆锥体体积 = \frac{（30^2 \times \pi - 10^2 \times \pi）\times 30/3}{3} = 25120（cm^3）$$

两体积之比为：

$1200 : 25120 = 1 : 20.9$

（a）空气喷涂涂形　（b）静电喷涂涂形

图7-19 喷涂图形比较

即静电喷涂时涂料雾化粒子的扩散为空气喷涂的20.9倍。又假定每分钟的出漆量：空气喷涂为150ml/min，静电喷涂为80ml/min，两者的比例：

$150 : 80 = 1.88 : 1$

由以上求得的两个比例，可知静电喷涂涂料雾化粒子群的密度仅为空气喷涂的1/39.3。

由于涂料粒子群的密度有很大的差异，因此静电喷涂时溶剂蒸发较快，若采用沸点低的溶剂就不能满足涂料粒子流平成膜的需要，使漆膜表面出现橘皮。因此，静电喷涂必须使用较多的高沸点溶剂。沸点为120～210℃的高沸点溶剂一般添加量为10%～25%。冬、夏季气温不同，应随之调整用量。

（2）极性溶剂

由于静电喷涂要发挥其静电效果，所以选用易于使涂料带电荷的溶剂是十分必要的，极性溶剂就能起到降低涂料电阻的作用。极性溶剂的添加量需根据涂料的种类而有所区别。

（3）溶解性良好的溶剂

溶剂的溶解力越大，对涂料黏度降低的效果越大，因此在同样施工黏度下用量就少，涂料的固体含量就高。溶解力不好的溶剂，不但量加得很多，而且易产生橘皮或漆膜光泽差等弊病，甚至还可能使漆发胀变稠或胶化。静电喷涂由于涂料粒子群密度小，容易产生橘皮现象，因此选用溶解性良好的溶剂更有必要。常用溶剂的极性类别和电阻值见下表7-1和表7-2。

表7-1 常用溶剂的极性

高极性	中极性	低极性	非极性
丙酮	醋酸戊酯	甲基戊醇	苯
醋酸乙酯	醋酸异巴基甲基戊酯	乳酸乙酯	甲苯
甲醇	丁醇	—	二甲苯
甲乙酮（丁酮）	乙二醇乙醚	—	200号溶剂汽油
甲基异丁基酮	醋酸乙二醇乙酯	—	高闪点石脑油
醋酸丁酯	乙二醇丁醚	—	—
二丙酮醇	—	—	—

表7-2 常用溶剂的电阻值

溶剂种类	电阻值 / MΩ
甲苯	400
乙醇	12
仲丁醇	50
改性酒精	60
无水酒精	100
丁醇	70
二丙酮醇（92%以上）	0.12
二丙酮醇（90%以下）	0.4
醋酸仲戊酯	300
环己酮	1.5
氯苯	100
二甲苯	400
纯苯	400
乙二醇乙醚	0.15
醛酯	500
丁酸乙酯	55
溶剂汽油	500

在设计配方及使用前，必须根据不同情况对涂料与溶剂进行合理地配合使用。当然，单独地根据涂料的电阻值仍然不能判定涂料的使用效果，还必须根据实际使用经验来加以综合考虑，才能获得满意的结果。例如，涂料的黏度对静电喷涂的效果也有一定的影响，从表7-3可以看出：黏度越高，效果越差，尤其是涂料的分散度和沉积率较差。

对于不同的涂料和不同类型的设备，其黏度要求也不同。但在不影响质量的前提下，黏度应尽可能高些，这样可以增加不挥发份的含量，光泽、丰满度好，有利于安全和降低成本。

表7-3 涂料黏度与喷涂质量

喷涂质量涂料黏度		43s（31℃ 涂—4黏度计）	32s（31℃ 涂—4黏度计）	22.5s（31℃ 涂—4黏度计）	17s（31℃ 涂—4黏度计）
喷涂幅度	空白直径 / mm	400	380	330	210
	雾形外径 / mm	650	710	770	730
涂料分散度		差	较差	较好	好
涂料沉积率		较差	好	好	较差

7.2.4 静电粉末喷涂

静电粉末喷涂是以具有雾化咀（使涂料雾化）和放电级（发生电量电流）的涂装机使涂料微粒化，对之施加电荷，在电极与被涂物体之间形成电场，利用其静电吸附作用而涂装。静电粉末喷涂法的工作原理与一般的液态涂料的静电喷涂法几乎完全相同，不同之处在于粉末喷涂是分散的，而不是雾化的。它是靠静电粉末喷枪喷出来的涂料，在分散的同时使粉末粒子带负电荷，带电荷的粉末粒子受气流（或离心力等其他作用力）和静电引力的作用，涂着到接地的被涂物上，再加热熔融固化成膜。静电粉末喷涂设备由静电喷枪、高压静电发生器和供粉器组成。

静电粉末喷涂工艺出现于20世纪60年代，主要是应用于金属表面涂装。随着粉末涂料和喷涂设备的发展，使静电粉末喷涂工艺应用于非金属表面成为可能。

（1）静电粉末喷涂的特点

① 环保性能好：静电粉末喷涂由于是无溶剂喷涂，没有有机挥发物的产生，避免了因挥发至大气中而产生环境污染，因而彻底消除了溶剂中毒和公害的现象，使环境污染的程度降到最低。

② 经济性能好：粉末涂料是纯固体成分的涂料，飞散的粉末能回收，粉末涂料的使用率几乎可达100%，可使涂装作业尽可能达到经济性及有效性。同时，由于粉末喷涂运用静电喷涂作业，涂装设备几乎可达到全自动化，节省工序、工时和能源，其综合经济指标优越。

③ 节约能源：静电喷涂设备一次喷涂即可得厚膜，不必进行重复性喷涂，也不必打底漆，比相同膜厚的涂装作业速度快，效率高。涂装设备中不需要静止时间，可节省设备空间。另外，粉末喷涂的烘烤时间也较液体涂装时间短，因此可大大降低燃料能源的消耗，缩短涂装作业线，提高产量及生产效率。在粉末涂装作业中，如果有喷涂不良的部位，可在未经烘烤前，使用空气喷枪将其吹除，然后进行再涂装。因此可避免表面流漆、滴漆等现象，大大降低了重涂返工的几率。

④ 优异的涂膜性能：只要将粉末涂料直接喷涂于经过预前处理的材料表面上，经过烘烤，即可得到性能优异的涂膜表面。一般粉末涂料具有涂膜持久的性能，其中包括耐摩擦性、抗冲击性、密着性、韧性、耐蚀性及耐化学药品性能等。而户外使用的粉末涂料，除了上述的优点外，还包括高耐候性及耐污染性。粉末涂料一次喷涂即可得到高厚涂膜，膜厚可在$50-300\mu m$之间，且没有溶剂涂料厚涂时的滴垂或积滞现象发生。

静电粉末喷涂的涂层，附着力要比同类液体涂层的附着力高得多。它的机械性能、耐冲击强度和耐

磨性能，是同类液体涂层所不能比拟的。静电粉末喷涂涂层耐腐蚀，"三防"性能也比同类液体涂层优越得多。

由于静电粉末喷涂具有上述特点，工业生产中已从作为保护性涂层发展到作为装饰性涂层，广泛应用于汽车车壳、自行车车架、金属家具等各方面。

（2）静电粉末喷涂工艺流程

用静电粉末喷涂设备把粉末涂料喷涂到工件的表面，在静电作用下，粉末会均匀的吸附于工件表面，形成粉状的涂层；粉状涂层经过高温烘烤流平固化，变成效果各异（粉末涂料的不同种类效果）的最终涂层。

具体步骤为：

表面处理——除掉工件表面的油污、灰尘、锈迹，并在工件表面生成一层抗腐蚀且能够增加喷涂涂层附着力的灰色磷化膜或铬化膜。

静电喷涂——利用静电吸附原理，在工件的表面均匀的喷上一层粉末涂料；落下的粉末通过回收系统回收。

固化——将喷涂后的工件至于200℃左右的高温炉内20min（固化的温度与时间根据所选粉末质量而定，特殊低温粉末固化温度为160℃左右，更加节省能源），使粉末浓融、流平、固化。

7.2.5 热喷涂

热喷涂是指将涂层材料加热熔化，用高速气流将其雾化成极细的颗粒，并以很高的速度喷射到工件表面，形成涂层的过程（图7-20）。根据加热方式不同，目前常用的热喷涂方法主要有电弧喷涂、等离子喷涂、火焰喷涂等。一般金属零件大多用燃烧火焰喷涂。其主要设备与氧焊设备类似。

热喷涂由一系列过程组成，在这些过程中，细微而分散的金属或非金属的涂层材料，以一种熔化或半熔化状态，沉积到一种经过制备的基体表面，形成某种喷涂沉积层。涂层材料可以是粉状、带状、丝状或棒状。热喷涂枪由燃料气、电弧或等离子弧提供必需的热量，将热喷涂材料加热到塑态或熔融态，再经受压缩空气的加速，使受约束的颗粒束流冲击到基体表面上。冲击到表面的颗粒，因受冲压而变形，形成叠层薄片，黏附在经过制备的基体表面，随之冷却并不断堆积，最终形成一种层状的涂层。

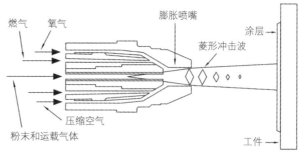

图7-20 热喷涂原理

热喷涂的基体材料不受限制，可以是金属和非金属（木材、塑料）；热喷涂技术可用来喷涂几乎所有的固体工程材料，如硬质合金、陶瓷、金属、石墨等；喷涂过程中基体材料温升小，不产生应力和变形；

操作工艺灵活方便，不受工件形状限制，施工方便；涂层厚度可以从0.01至几毫米；这种方法根据需要选用不同的涂层材料，可以获得耐磨损、耐腐蚀、抗氧化、隔热、绝缘、导电、防辐射、抗电磁波等具有各种特殊功能的涂层。

7.2.6 电泳涂装

电泳涂装是将具有导电性的被涂物浸在装满水稀释的浓度比较低的电泳涂料槽中作为阳极（或阴极），在槽中另设置与其对应的阴极（或阳极），在两极间接通直流电一段时间后，使悬浮于电泳液中的颜料和树脂等微粒定向迁移并沉积于被涂物表面，形成均匀细密、不被水溶解涂膜的一种特殊的涂装方法。

电泳涂料按被涂工件电极可分为阳极电泳涂料和阴极电泳涂料；按成膜物在水中存在的离子形态可分为阴离子电泳涂料和阳离子电泳涂料。阴极电泳涂料按水分散状态可分为单组分电泳涂料和双组分电泳涂料；还可按膜厚度分为薄膜型、中厚膜和厚膜型阴极电泳涂料。

7.2.6.1 电泳涂装的特点

电泳漆膜具有涂层丰满、均匀、平整、光滑的优点，电泳漆膜的硬度、附着力、耐腐、冲击性能、渗透性能明显优于其他涂装工艺。电泳涂漆应用范围较广，钢铁、铝制品、工件大小均可采用，尤适于大批量而且自动化生产的条件。因此，金属家具制品采用电泳涂漆有一定的优越性。

① 采用水溶性涂料，以水为溶解介质，节省了大量有机溶剂，大大降低了大气污染和环境危害，安全卫生，同时避免了火灾的隐患。

② 涂装效率高，涂料损失小，涂料的利用率可达90%～95%。

③ 涂膜厚度均匀，附着力强，涂装质量好，工件各个部位如内层、凹陷、焊缝等处都能获得均匀、平滑的漆膜，解决了其他涂装方法对复杂形状工件的涂装难题。

④ 生产效率高，施工可实现自动化连续生产，大大提高劳动效率。

⑤ 电泳涂装设备复杂，投资费用高，耗电量大，其烘干固化要求的温度较高，涂料、涂装的管理复杂，施工条件严格，并需进行废水处理；

⑥ 只能采用水溶性涂料，在涂装过程中不能改变颜色，涂料贮存过久稳定性不易控制。

⑦ 仅适用于具有导电性的被涂物涂底漆。如木材、塑料、布等无导电性的物件不能采用这种涂装方法。

⑧ 由多种金属组合成的被涂物，如电泳特性不一样，也不宜采用电泳涂装工艺。

7.2.6.2 电泳涂装的电化学过程

目前所用的电泳涂装方式，大都属于阳极电泳型，所用的漆液是水溶性树脂。水溶性树脂是一种高酸价的羧酸盐（这种羧酸盐一般是氨盐），在水中溶解后，分子和离子成平衡状态。在直流电场中，两极之间产生电位差，离子发生定向移动。当阴离子向阳极移动时，阳极的表面放出电子，沉积于阴极的表面形成漆膜；当阳离子向阴极移动时，即在阴极上获得电子，而还原成胺。这就是电泳涂漆的基本原理。所以电泳涂装是一个复杂的电化学反应，包括四个电化学反应的过程。

（1）电泳

在直流电场的作用下，分散在极性介质水中的带电胶体粒子，向与它所带电荷相反的电极方向移动，

称为电泳。电泳漆液中，除带负电荷的树脂粒子可以电泳外，不带电荷的颜料和体质颜料的粒子吸附在带电荷的树脂粒子上也随着电泳。

（2）电沉积

在电场的作用下，带电荷的树脂粒子电泳到达阳极，放出电子，沉积在阳极表面，形成不溶水的漆膜，称为电沉积。它是电泳涂漆过程中的主要反应。电沉积首先在电力线密度特别高的部位（如被涂工件的边缘、棱角和尖端处）进行。而一旦沉积发生时，被涂工件（阳极）就变成具有一定程度的绝缘体，电场于是就沿着被涂工件（阳极）的表面向里移动，直到最后涂到工件的内表面为止，从而得到完整的、均匀的涂层。

（3）电渗

可看成是电泳的逆过程。当漆液胶体粒子受电场影响，向阳极移动并沉积时，吸附在阴极上的介质（主要是水）在内渗力的作用下，即从阴极穿过沉积的漆膜进入漆液中，称为电渗。电渗的作用是将沉积下来的漆膜进行脱水，使新沉积的漆膜（通常含水量为5%～15%）能够直接进入高温设备烘干，而不致发生起泡或流挂现象。

（4）电解

当电流通过电解质水溶液时。水便发生电解反应，阴极放出氢气，阳极放出氧气。所以在电泳涂漆过程中，应尽量降低电压，并防止其他杂质离子混入漆液中，因为电解反应时所放出的过量气体会影响漆膜的质量。

7.2.6.3 电泳涂装工艺

电泳涂装的工艺条件对漆膜的质量有直接的影响，必须根据工件的几何形状、材质，工件与阴极的距离，所用的涂料、颜料的品种，工件的表面处理方法及设备等来确定。

（1）电泳涂装的工艺流程

金属家具工件电泳涂装的工艺流程为：

酸洗除油除锈→水洗→氧化（或磷化）→热水洗（烘干）→电泳涂漆→水洗→烘干

表面处理部分前已叙述，但对表面处理的质量要求比采用喷涂方法要高。

（2）电泳涂装前工件的表面处理

电泳涂装前的工件表面处理是一个重要环节。工件表面处理不好，不仅影响漆膜质量，降低防锈能力，而且还会破坏漆液的稳定性。因此，电泳涂装前，工件表面要求无油、无锈、无酸碱及无机电解质离子，无不溶于水的有机溶剂等。处理方法和前面所述的表面处理方法一样，但还有以下几个重要环节需特别注意：

① 经过除油除锈后，工件上残存的碱液和酸液一定要洗净。

② 磷化的目的是为了得到防锈能力强的漆膜，但电泳涂漆时磷化膜不宜过厚，磷化膜的结晶要均匀、细腻，磷化后必须洗清工件上残存的电解质。

③ 工件在电泳涂漆前，必须冲洗干净，避免杂质离子带入电泳槽中。冲洗用的水最好有一定的压力和高温，以便工件脱水后能自干。但进电泳槽前需降到常温。

电泳涂装的工艺过程是一个复杂的物理化学、胶体化学和电化学过程，而用来电泳的漆液又是一个兼具胶体和悬浮体特征的多组分体系，其中某组分和条件有所变化就会改变漆液的电化学特性（如漆的pH值、固体份、电压、槽温、电泳时间等），对漆膜的质量和漆液的稳定性都有显著影响。因此，严格控制这些因素的变化和保持漆液的稳定性是非常重要的。

电泳涂装是带电操作，施工时应特别注意安全。电泳涂装的主要设备有盛装漆液的电泳槽，电泳时使漆液循环的搅拌设备，供产生电化学作用的直流电源，进行电化学作用的导电机构，以及冲洗设备等。电泳设备的性能和操作，因较为复杂，故在此不作详细介绍。

7.3 金属表面电镀工艺

电镀是利用电解原理在金属表面镀上一薄层其他金属或合金的工艺过程，从而起到防止金属氧化，提高耐磨性、导电性、反光性、抗腐蚀性及增进美观等作用。

7.3.1 电镀的基本原理

当零件进行电镀时，是将零件放在含有欲镀金属的电解液中，并与电源的阴极相接，金属阳极板与电源的阳极相接（图7-21），在一定电压的直流电作用下，被镀零件表面上就沉积上一层金属镀层，这就是电镀。

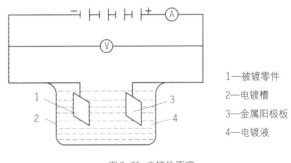

1—被镀零件
2—电镀槽
3—金属阳极板
4—电镀液

图7-21 电镀的原理

一般阴极为被镀工件，阳极为所镀金属。电解液是指可以扩大金属的阴极电流密度范围、改善镀层的外观、增加溶液抗氧化的稳定性等特点的液体，镀不同金属其电解液不同。镀铬时阳极为铅板，电解液由铬酐和氟化物组成，也可加入少量的硫酸。

电镀是一种电化学过程，是一种在水溶液中进行的氧化还原过程。电镀的方法既能在各种金属材料上镀覆所需的金属，也能在经过一些特殊处理后，使金属沉积于非金属材料的表面上。

7.3.2 电镀的种类

电镀种类很多，仅金属镀层就有镀铜、镍、锌、金、银、铁、铬等几十种，合金镀层有铜锡、锌铜、镍钴、镍铁、锌铁、锌镍铁等上百种。对这些镀层按其用途可分以下四大类。

（1）防腐蚀性镀层

防腐蚀性镀层是指在大气或其他环境下为防止基体金属腐蚀的镀层。例如，铁制品镀锌、镀镉或镀镉钛合金等。

（2）防护装饰性镀层

这是指在大气条件下使基体金属既防腐蚀又具有美观的镀层。例如，铁制品上镀铜、镀镍、镀铬或镀铜锡合金后再镀铬等。目前钢家具已采用镍铁合金镀层和仿金镀层（俗称彩色电镀）新工艺。

（3）修复性镀层

修复性镀层是指在被磨损零件（如轴、轧辊等）的局部或整体上加厚修复的镀层。例如镀硬铬、镀铁等。

（4）特殊要求的镀层

特殊要求的镀层是指某些有特殊要求的制品表面上的镀层。例如：镀硬铬形成耐磨镀层；镀银形成反光镀层；镀黑镍、黑铬等形成防反光镀层；镀银、镀金等形成导电镀层；镀镍铁合金、镀镍钴合金等形成导磁镀层；防渗碳镀铜、防渗氮镀锡等形成热加工镀层。

在实际生产中，电镀对镀层的要求很重要，主要有以下几点：镀层与基体金属，镀层与镀层之间应有良好的结合力；镀层在产品的主要工作面上，应有比较均匀的厚度和细致的结构；镀层应具有规定的各项指标。例如光亮度、硬度、盐雾试验耐腐蚀性等。

常用电镀方法有挂镀、滚镀、连续镀和刷镀等，主要与待镀件的尺寸和批量有关。挂镀适用于镀大的部件，如钢折椅腿和折桌腿等；滚镀适用于镀小的零件，如螺钉、铆钉、垫圈等。

7.3.3 电镀前的表面处理

零件镀前表面处理的优劣直接影响镀层的质量。生产实践证明，镀层出现脱落、爆皮、起泡、花斑等许多质量缺陷的原因，往往是由于镀前处理不好所造成的。所以，零件在电镀前必须经过以下几个步骤进行处理。

① 除去零件表面的粗糙状态，使其达到一定的光洁度；

② 除去零件表面的油污；

③ 除去零件表面的氧化皮；

④ 电镀前的活化处理。

在除去零件表面的粗糙状态时，多采用机械法磨光、抛光和滚光（小零件滚光时往往伴随着去油和去锈）。除去油污时采用碱液，除氧化物用属于化学法的酸洗。除油过程中所用的电化学除油和除氧化膜时用的电化学腐蚀，属于电化学法。在选择镀前处理方法和配方时，要考虑到零件表面的状态、金属的性质及预先机械加工的情况等各种因素。

7.3.4 金属家具一般电镀工艺

钢家具电镀工艺有采用镀铜、镀镍、镀铬或镀铜锡合金套铬及镀镍铁合金套铬等不同方法，以获得既防腐蚀又具有镜面般美观、光亮度高的产品。

7.3.4.1 铜锡合金电镀工艺

铜锡合金的镀层，按其含锡量的多少可分为三类：含锡量在15%以下为低锡青铜；含锡量在40%以上的为高锡青铜；介于两者之间的是中锡青铜。

低锡青铜镀层的外观为粉红色或深黄色，具有很好的抛光性能。镀层孔隙少，有较好的防蚀能力。但在空气中易于氧化变色，含锡量越低越易变色，所以必须套铬。它的硬度低于中锡青铜和高锡青铜。

中锡青铜镀层呈黄色，硬度介于低锡青铜和高锡青铜之间。在空气中的稳定性及防蚀能力比低锡青铜好，可作为防护装饰性镀层的底镀层，也需要套铬。但是由于含锡量高，镀铬容易发花，所以应用比较少。

高锡青铜的外观呈银白色，硬度在镍和铬之间。在空气中光泽稳定性好，经抛光后有良好的反光性能。一般可用来代替铬和银的镀层。缺点是镀层性能较脆，不能经受变形。

电镀铜锡合金常用的电镀液有含氰化物及无氰化物两种。含氰化物溶液根据氰化钠含量的多少又可分为低氰和高氰两种。无氰化物溶液有焦磷酸盐溶液和柠檬酸盐溶液等多种溶液。

在水溶液中，电镀合金的先决条件一般是，凡组成合金的各单体金属，都能从各自的盐溶液中镀出来。另外一个主要条件是，形成合金镀层的各金属，在沉积时的析出电位必须接近。所以如要使沉积时的析出电位相差较大的两种或三种金属共同沉积而形成合金镀层时，就必须利用各种工艺条件，使它们在沉积时的析出电位互相接近。

7.3.4.2 镀铬工艺

镀铬层有许多很重要的特性，如很高的硬度，很好的耐磨性，很好的耐高温和反光性等。因此镀铬在国防工业和国民经济各工业部门中被广泛用来提高机器零件的耐磨性、防蚀性，修复机器被磨损的部位，以及提高机器零件的反光性能。

镀铬层的硬度很高，在正常工作条件下，可获得的镀铬层硬度达 $HB \approx 800 \sim 1000°$ 左右，比最硬的淬火钢还要高。

根据电镀铬沉积条件（如温度、电流密度等的变化）可以获得不同的硬度。电镀铬所以有这样高的硬度，主要是由于其内部所产生的内应力和电镀时氢的生成所引起的晶格歪扭。镀层的内应力随着镀层的加厚而增加，当达到一定限度时，镀层就会裂开，形成裂纹网。由于镀铬层有以上特点，因此经常发生镀铬层穿透现象或产生裂纹网。

铬有很好的耐热性，在高温时，铬受氧化的可能性小，仅在 $400 \sim 500℃$ 表面上开始呈现氧化色。

铬在一般潮湿大气里不起变化、不变颜色。许多酸（如硝酸、醋酸、柠檬酸以及其他有机酸）对它都不起作用。硫化氢、碱和许多盐的溶液，及有机物质对它也不起作用，因此铬层有较高的抗蚀性。但是铬能溶于氢卤酸（盐酸）和热硫酸中，在反应过程中产生氢气，使基体金属渗氢（氢脆），从而降低基体金属的强度。

根据电化序表，铬的标准电极电位介于锌和铁之间。按理说，钢铁零件上的镀铬层应该是阳极镀层。但是，由于铬在各种氧化性介质中的钝化倾向甚大，使其电极电位向正方向移动，所以对钢铁来说，铬层是阴极镀层，不能起电化学保护作用。而且镀层本身裂纹又较多，因此，铬层不能可靠地防止钢铁零件的腐蚀。如采用铬作为防护装饰镀层时，钢铁零件上应先镀上铜及镍层或铜锡合金层。目前这种防护装饰镀层，已在航空、汽车、家具、自行车及各种仪表工业上广泛地采用。

为了提高钢铁零件的耐磨性而镀铬，通常称为硬质镀铬。此种工艺则不需在制品表面预先镀铜或镀镍等。硬质镀铬广泛用于量具、刀具、机械零件（轴、阀、轴瓦等）、各种模子、印染滚子、铅板、印刷板等的电镀。松孔镀铬广泛用于航空发动机的汽缸套与活塞环的电镀。另外，铬对橡胶、塑料等的粘附性很低。因此，用橡胶、塑料、玻璃等制造的压模，表面也经常镀硬铬。

镀铬在反射镜的制造上也普遍地被采用，并且在某些方面还胜于镀银。虽然铬的反射系数较银略低，但铬在大气，特别是在含有硫化物的大气中比银安定，不会因这些介质的作用而失去光泽和改变原来的颜色。

镀铬的用途很广泛，如果根据不同的技术要求采用不同的工艺规范，还可以获得不同性能的铬层，大致可分为下列五种。

① 硬铬镀层：硬度较高，耐磨性较好，可以提高机器零件寿命很多倍。

② 乳白铬镀层：乳白铬镀层孔隙很少，抗蚀性能好，但硬度稍低。在乳白铬镀层上，加镀光亮耐磨铬镀层，既可提高抗蚀性能又可耐磨，故称为防护耐磨双层铬镀层。这种双层铬广泛应用于飞机、船舶

    金属家具设计与制造

零件及枪炮内腔的电镀。

③ 松孔铬镀层：松孔镀铬工艺的主要特点是镀铬后还要进行阳极松孔处理，使镀铬层的网状裂纹扩大和加深，以贮存润滑油，降低摩擦系数，延长使用寿命。松孔镀铬层主要用于耐热、抗蚀、耐磨的零件，如内燃机活塞环、气缸套和转子发电机内腔等。

④ 黑铬镀层：黑铬镀层主要作为降低反光性能的防护装饰性镀层，应用于仪器、仪表、相机零件上。

⑤ 防护装饰性镀铬层：防护装饰性镀铬层既可防止基体金属锈蚀，又具有装饰性外观，反光率较好。为了提高抗蚀性能，可采用无裂纹铬、微裂纹铬或双铬镀层。这种镀层广泛用于汽车、自行车、缝纫机、仪器、量具、日用五金及飞机、船舶内舱等零件上。

7.3.4.3 电镀镍铁合金工艺

防护装饰性电镀镍铁合金工艺的主要特点是：以镍铁合金代替纯镍镀层。以货源充足、价格低廉的铁来取代一部分金属镍，不但可以节约用镍，而且合金镀层的色泽、韧性、整平性和显微硬度都比镍镀层好。此外，把镀镍溶液中的有害物质——铁变为有用成分，还可以减少工艺故障和麻烦的净化处理，尤其适用于管状零件。因此，此种工艺在钢家具上使用取得了很好的效果。合金镀层的含铁量也从当初的10%～20%增到30%～40%，在不影响镀层质量的前提下，节约了更多的金属镍。

由于镍铁镀液中碳酸镍的浓度比较低，故在配制镀液时可以节约镍盐，对废水处理也较简便。因镀层中含有铁，其色泽较白，介于镍与铬之间，故套铬后光亮度较好，有利于对产品的装饰。镍铁合金镀层具有较好的韧性，在装配过程中能承受敲、打、冲、压、铆等工序。镍铁合金可直接镀在钢铁上，它与基体金属的结合力良好。

7.4　金属表面阳极氧化着色

阳极氧化即金属或合金的电化学氧化。在特定的溶液（电解质）中，以电解的方法对金属进行处理，在金属表面产生能吸附染料的氧化膜层，在天然或合成染料的作用下着色，使金属表面形成复合带色镀层。阳极氧化金属表面呈现染料的色彩，色彩鲜艳、色域宽广，但目前应用范围较窄，只限于铝、锌、镉、镍等几种金属，主要是铝合金。

将金属或合金的制件作为阳极，采用电解的方法使其表面形成氧化物薄膜。金属氧化物薄膜改变了表面状态和性能，如表面着色，提高耐腐蚀性、增强耐磨性及硬度，保护金属表面等。

涂饰、电镀、阳极氧化都属于金属表面着色工艺，即采用化学、电解、机械等方法，使金属表面形成各种色泽的涂层、镀层或膜层。

7.5　金属表面肌理工艺

金属表面肌理工艺即采用化学、机械等方法，使金属表面形成各种不同的质感（视感和触感）。金属肌理处理的方法主要有抛光、拉丝、雕刻等。

7.5.1 抛光

利用机械、化学或电化学的方法，使工件表面粗糙度降低，以获得光亮、平整表面的加工方法，是利用抛光工具和磨料颗粒或其他抛光介质对工件表面进行的修饰加工。抛光不能提高工件的尺寸精度或几何形状精度，而是以得到光滑表面或镜面光泽为目的，有时也用以消除光泽（消光）。抛光工艺主要分为：机械抛光、化学抛光、电解抛光（电化学抛光）。不锈钢件、镀铬件等都可抛光；铝件采用机械抛光加电解抛光后能接近不锈钢镜面效果，给人以高档简约、时尚未来的感觉。

（1）机械抛光

机械抛光是靠切削、材料表面塑性变形去掉被抛光材料的凸部而得到平滑面的抛光方法。通常以抛光轮作为抛光工具。抛光轮一般用多层帆布、毛毡或皮革叠制而成，两侧用金属圆板夹紧，其轮缘涂敷由微粉磨料和油脂等均匀混合而成的抛光剂。抛光时，高速旋转的抛光轮压向工件，使磨料对工件表面产生滚压和微量切削，从而获得光亮的加工表面，当采用非油脂性的消光抛光剂时，可对光亮表面消光以改善外观。表面质量要求高的可采用超精研抛的方法。超精研抛是采用特制的磨具，在含有磨料的研抛液中，紧压在工件被加工表面上，作高速旋转运动。该技术是各种抛光方法中最高的，光学镜片模具常采用这种方法。

不锈钢材料经过机械加工或经过焊接和热处理加工后表面会有一定的粗糙度，需要进行抛光处理，才能获得光滑和一致的纹理，满足制品表面精饰的目的。机械抛光是通过高速转动的抛光轮与不锈钢表面形成连续摩擦，达到对不锈钢表面的切削，获得相应的光制面或毛质面。不锈钢机械抛光包括松膜、去膜、化学钝化等处理工序，易造成零件过腐蚀和失铬现象。

（2）化学抛光

化学抛光是金属表面通过有规则溶解达到光亮平滑。在化学抛光过程中，钢铁零件表面不断形成钝化氧化膜和氧化膜不断溶解，且前者要强于后者。由于零件表面微观的不一致性，表面微观凸起部位优先溶解，且溶解速率大于凹下部位的溶解速率；而且膜的溶解和膜的形成始终同时进行，只是其速率有差异，结果使钢铁零件表面粗糙度得以整平，从而获得平滑光亮的表面。抛光可以填充表面毛孔、划痕以及其他表面缺陷，从而提高疲劳阻力、腐蚀阻力。这种方法的主要优点是不需要复杂设备，可以抛光形状复杂的工件，也可以同时抛光很多工件，效率高。化学抛光的核心问题是抛光液的配制。

（3）电解抛光

电解抛光基本原理与化学抛光相同，即靠选择性的溶解材料表面微小凸出部分，使表面光滑。与化学抛光相比，可以消除阴极反应的影响，效果较好。电解抛光过程分为两步：宏观整平——溶解物向电解液中扩散，材料表面几何粗糙下降；微光平整——阳极极化，表面光亮度提高。

不锈钢电解抛光是特殊的阳极过程，在此阳极过程中，挂在阳极上的金属制品表面被整平并呈现光洁的外观。不锈钢电化学抛光是一种表面精饰工艺，广泛用于不锈钢制品表面的去毛刺、精饰。该工艺通常用于零部件的加工，因为它们的形状难以用传统方法进行抛光。该工艺常用于冷轧钢板的表面，因为其表面比热轧钢板的表面光滑。小焊疤和锐棱可以通过该工艺清除掉。该工艺着重处理表面上的突出部分，优先对它们进行溶解。奥氏体不锈钢的电解抛光效果很好。具有以下突出优点：①极大提高表面

耐蚀性，由于电解对元素选择性溶出，使表面生产一层致密坚固富铬固体透明层，并形成等电式表面，从而消除和减轻微电池腐蚀；②电解抛光后的微观表面比机械抛光的更光滑，反光率更高，使设备不粘壁、不挂料、易清洗；③电解抛光不受工件尺寸和形状的限制，对不宜机械抛光的工件进行抛光，例如管内壁、弯头、螺栓、螺母和容器内壁，电解抛光应用广泛。生产流程：研磨—去油—清洗—酸洗—清洗—电解抛光—清洗—侵蚀—清洗—烘干。

根据不锈钢产品的复杂程度和使用要求不同可分别采用机械抛光、化学抛光、电化学抛光等方法来达到镜面光泽，一般有6k、8k、高级镜面等级别。机械抛光光泽、平整性好，整个产品光泽达不到一致，光泽保持时间不长，适合简单工件、中小产品，复杂件无法加工。化学抛光效率高，速度快，光亮度不足，适合复杂产品，光亮度要求不高的产品。电解抛光可实现镜面光泽，能长期保持，适合要求长时间保持镜面光亮产品，工艺稳定，易操作。

7.5.2 拉丝

金属表面拉丝处理是利用研磨材料通过研磨工具与工件在一定压力下相对运动使金属表面产生丝状图案或纹理，起到装饰效果的一种表面处理手段。由于表面拉丝处理能够体现金属材料的质感，所以得到了越来越多用户的喜爱和越来越广泛的应用。

表面拉丝的加工方式，要根据拉丝效果的要求、不同的工件表面大小和形状选择不同的加工方式。拉丝方式有手工拉丝和机械拉丝两种方式。常用的机械拉丝的方式有以下几种。

（1）平压式砂带拉丝

平压式拉丝是很常见的一种拉丝方式，工件固定在模具上，研磨砂带高速运转，砂带的背面有一个气动控制的可以上下移动的压块，下压后砂带贴服在被加工表面进行拉丝。通常使用的设备是平压式砂带机。

平压式拉丝适应于小面积平面的拉丝表面，广泛应用于数码相机外壳的拉丝、手机外壳的拉丝等。这种拉丝表面出来的线纹通常是连续丝纹的直丝。由于使用砂带，具有广泛的粒度范围选择，所以既可以选用粗粒度砂带加工出粗犷、手感明显的线纹，也可以选用细粒度砂带而加工出较为细腻的丝纹。砂带对这个表面整体研磨拉丝，会产生大量的热量，并且在工件的拉丝一面产生应力集中的问题，尤其对薄壁零件会产生起翘变形的问题。所以这种方式适应于小面积的拉丝加工。由于是下压式的操作，所以通常是应用于平面，表面不能有突台，例如突起的文字标志等。通过对压块等模具的巧妙设计，也可以对略有弯曲的工件进行拉丝。

（2）不织布辊刷拉丝

工件由传输带传送通过不织布辊刷，辊刷高速旋转对工件表面进行拉丝。拉丝时可以采用辊刷振动和辊刷不振动两种方式，同时配合不同加工速度从而产生长短不同的线纹。不织布辊刷振动，可以产生非常均匀一致的不连续丝纹（短丝）；不织布辊刷不振动，可以产生连续丝纹（长丝或叫直丝）。

辊刷拉丝方式可以适合大面积拉丝，因为拉丝采用的是线接触的方式，而非平压式方式的面接触，从而避免了大量热量的产生。同时使用的是不织布结构研磨产品，有很好的冷研磨效果。用这种拉丝方式，拉丝表面可以带一定曲率，甚至是小突台，例如文字标志等，因为不织布辊刷有很好的贴服性，可以连续作业，提高了生产效率。一种辊刷采用振动和不振动，可以产生两种拉丝线纹效果。不织布辊刷拉丝的线纹不具有凹凸的手感，但线纹的视觉感观明显。

（3）宽砂带拉丝

这种拉丝方式是最传统的拉丝方式，用于平面拉丝，特别适合板材加工。砂带高速旋转，板材由输送带通过砂带，进行打磨拉丝，通常将不锈钢板、铝合金等板材做成拉丝半成品，以便进一步制作成以板材为原料的产品，例如不锈钢的电梯拉丝门板，不锈钢柜台，铝合金机箱等。这种方式拉出的线纹通常很细很短促，可以叫做雪花纹。这种方式要求砂带的贴服性比较好，板材的线纹效果才能更均匀。

（4）无心磨拉丝

这是采用无心磨的方式进行拉丝的方式。使用的研磨产品是不织布拉丝轮或者砂带。这种方式适用于圆管形工件，拉丝的线纹通常是短丝纹，丝纹的长短与工件的旋转速度，研磨产品的旋转速度和研磨产品本身有关。

（5）抛光机拉丝

只是采用机器的转速带动尼龙轮，通过人工的技术进行打磨产品。适用于不规则电镀产品。

拉丝可根据装饰需要，制成直纹（图7-22）、乱纹（图7-23）、螺纹（图7-24）、波纹和旋纹等几种。以不锈钢材料为例，各种拉丝效果如下：

   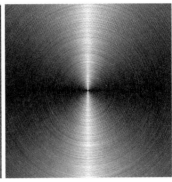

图7-22 直纹拉丝　　　　　　　　图7-23 乱纹拉丝　　　　　　　　图7-24 螺纹

直纹拉丝是指在板表面用机械摩擦的方法加工出直线纹路。它具有刷除板表面划痕和装饰板表面的双重作用。直纹拉丝有连续丝纹和断续丝纹两种。连续丝纹是从上到下不间断的纹路，一般采用固定拉丝机工件前后运动即可。

乱纹拉丝是在高速运转的铜丝刷下，使钢板前后左右移动摩擦所获得的一种无规则、无明显纹路的亚光丝纹。这种加工对板的表面要求较高。

螺纹是利用毛毡的旋转与拖板的直线移动，在板表面旋擦出宽度一致的螺纹纹路。

7.5.3 喷砂与喷丸

利用高速砂流的冲击作用清理和粗化金属表面的过程。采用压缩空气为动力，以形成高速喷射束将喷料（铜矿砂、石英砂、金刚砂、铁砂、海南砂等）高速喷射到需要处理的工件表面，使工件表面的外表面的外表或形状发生变化，由于磨料对工件表面的冲击和切削作用，使工件的表面获得一定的清洁度和不同的粗糙度，使工件表面的机械性能得到改善，因此提高了工件的抗疲劳性，增加了它和涂层之间

的附着力，延长了涂膜的耐久性，也有利于涂料的流平和装饰。对于某些特殊用途工件，喷砂可实现不同的反光或亚光的光饰效果。

喷丸处理是一种表面强化工艺，即使用丸粒轰击工件表面并植入残余压应力，提升工件疲劳强度的冷加工工艺。喷丸不但除锈，除表面氧化皮，还可去除零件机加工毛刺，消除零件内应力，减少热处理后零件变形，提高零件表面耐磨性、抗疲劳和耐腐蚀性、受压能力等。喷丸处理的优点是设备简单、成本低廉、不受工件形状和位置限制、操作方便，缺点是工作环境较差、单位产量低、效率低。喷丸的种类有钢丸、铸铁丸、玻璃丸、陶瓷丸等。

喷丸与喷砂都是使用高压风或压缩空气作动力，将其高速的吹出去冲击工件表面达到清理效果，但选择的介质不同，效果也不相同。

喷砂处理后，工件表面污物被清除掉，工件表面被微量破坏，表面积大幅增加，从而增加了工件与涂/镀层的结合强度。经过喷砂处理的工件表面为金属本色，但是由于表面为毛糙面，光线被折射掉，故没有金属光泽，为发暗表面。

喷丸处理后，工件表面污物被清除掉。由于加工过程中，工件表面没有被破坏，加工时产生的多余能量就会引起工件基体的表面强化。经过喷丸处理的工件表面也为金属本色，但是由于表面为球状面，光线部分被折射掉，故工件加工为亚光效果。

7.5.4 激光雕刻（镭雕）

以数控技术为基础，激光为加工媒介，金属材料在激光照射下瞬间的熔化和气化的物理变性，从而达到加工的目的。通过激光雕刻机使用镭雕技术，可将矢量化图文轻松地"打印"到所加工的基材上。该技术优点在于：

① 精密：材料表面最细线宽可达到 0.015mm，并且为非接触式加工，不会造成产品变形；
② 高效率：可在最短时间内得到新产品的实物，多品种、小批量也只需更改矢量图文档即可；
③ 可特殊加工：满足特殊加工需求，可加工内表面或倾斜表面；
④ 环保节能：无污染，不含任何有害物质。

7.5.5 金属蚀刻

金属蚀刻也称光化学腐蚀，是利用化学或热蚀对金属表面进行腐蚀处理而得到的一种表面装饰效果。通过曝光制版、显影后，将要蚀刻纹样区域上的保护膜去除，在金属蚀刻时接触化学溶液，达到溶解腐蚀的作用，形成凹凸或者镂空成型的效果。一些产品上的花纹或是文字LOGO常常是蚀刻加工所制作。铝板、不锈钢表面都可以进行蚀刻。

7.5.6 金属表面压花

金属压花是通过机械设备在金属板上进行压纹、压花加工，使板面出现凹凸纹路，也称花纹板。可以采用的花纹种类很多，有编竹纹、棱形、小方格、大小米粒、菊纹、石纹、熊猫等，也可按要求开模定制。压花金属板材轧制时是用带有图案的工作辊轧制的，其工作辊通常用侵蚀液体加工的，板上的凹凸深度因图案而不同，最小可以达到0.02～0.03mm。通过工作辊不断旋转轧制后，图案周期性重复，所制压花板长度方向基本上不受限制。金属压花板具备耐看、耐用、耐磨、美观、易清洁、免维护、抗击、抗压、抗刮痕及不留手指印等优点。家具上的门板、台面、壁板、装饰板都可通过专门模具进行压纹、压花一次成型（图7-25）。

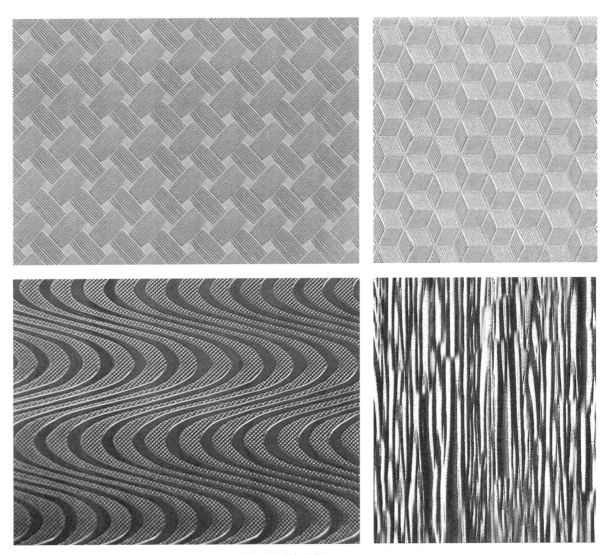

图7-25 不锈钢压花

7.5.7 金属烫印

金属烫印是指利用专用的金属烫印版，通过加热、加压的方式将烫印箔转移到承印材料表面。而金属基材烫印则需要通过专有金属烫印膜，或者在基材表面做喷涂后，再进行烫印膜的附着加工。由于烫印箔具备多样性特征，所以同样可将金属基材进行快捷、多样化，并且更加环保地进行表面烫印处理加

工，以达到不同效果。

7.5.8 金属板覆膜

金属板覆膜技术是把塑料膜和金属板通过高温热压，将膜贴在金属板上的加工技术。

覆膜板的生产无溶剂和废气排出，也不需要涂料烘干，对环境的污染更少，对能源的节约也非常明显。可用作覆膜板的基材非常广泛，有镀锡薄钢板、镀铬薄钢板、冷轧薄钢板、铝板、铝合金板、不锈钢板、铜板等。根据不同的使用要求，复合薄膜的材料也非常广泛，有PP、PE、PET、PVC、VCM、尼龙、布、激光膜和纸等。覆膜板的生产过程，采用全自动覆膜设备一次完成，生产效率高，质量好。

复习思考题

1、金属表面处理的目的是什么？金属表面处理的方法有哪些？

2、磷化的目的是什么？

3、氧化和钝化的作用是什么？

4、试述空气喷涂的原理及其优缺点。

5、什么是静电喷涂？静电喷涂比空气喷涂有哪些优点？存在什么缺点？

6、静电喷涂的原理是什么？

7、静电粉末喷涂有哪些特点？

8、热喷涂的特点是什么？

9、电泳涂装的特点是什么？

10、简要说明电镀的基本原理和种类。

参考文献

［1］《金属家具制造》编写组.金属家具制造［M］.北京：轻工业出版社，1986.

［2］李异.金属表面艺术装饰处理［M］.北京：化学工业出版社，2008.

［3］张继娟，张绍明.整体橱柜设计与制造［M］.北京：中国林业出版社，2016.

［4］张仲凤，张继娟.家具结构设计［M］.北京：机械工业出版社，2012.

［5］中华人民共和国国家质量监督检验检疫总局，中国国家标准化管理委员会.GB/T 3325-2008 金属家具通用技术条件［S］.北京：中国标准出版社，2008.

［6］中国五金制品协会.T/CNHA-1006-2017家用不锈钢整体厨柜［S］.团体标准，2017

［7］柏家奎.蜂窝式不锈钢填充物板［P］.中国专利：CN104228158A，2014-12-24.

［8］郝景新，刘文金，吴新凤.基于纸质蜂窝的家具板件结构与工艺技术［J］.包装工程，2012，(22)：29-32.

［9］谌震，张继娟.金属家具的起源与发展［J］.湖南包装，2017，32（3）：64-66,69.

［10］冯中宇.一种高档不锈钢橱柜免焊柜体板及生产方法［P］.中国专利：CN103070557A，2013-05-01.

［11］冯中宇.一种不锈钢橱柜可拆装式柜体及子母扣件［P］.中国专利：CN102940399A，2013-02-27.

［12］冯中宇.家具用带磁性调节脚和踢脚板［P］.中国专利：CN203028612U，2013-07-03.

［13］戴湘生.不锈钢橱柜［P］.中国专利：CN203290464U，2013-11-20.

［14］李沛伦.一种不锈钢橱柜柜体快装机构［P］.中国专利：CN205072409U，2016-03-09.

［15］王道静.家具五金发展及无框蜂窝板家具专用五金件研究［D］.南京林业大学，2011.

［16］冯中宇.橱柜用可伸缩隐蔽式层板托及层板孔遮蔽件［P］.中国专利：CN203028615U，2013-07-03.